“十二五”普通高等教育本科国家级规划教材

微 积 分

第 2 版

田立平　谢 斌　编著

机 械 工 业 出 版 社

本书内容包括：函数与极限、导数与微分、中值定理与导数的应用、不定积分、微分方程与差分方程初步、定积分、多元函数的微积分和无穷级数。各章配有循序渐进、难度适当的典型习题，书末附有各章习题的参考答案。

本书内容在不影响本学科的系统性、科学性的前提下，力求通俗简明而又重点突出，可供经济管理类本科各专业使用，也可供高职、高专的师生参考。

图书在版编目（CIP）数据

微积分/田立平，谢斌编著．—2版．—北京：机械工业出版社，2012.6（2025.7重印）

ISBN 978-7-111-38153-2

Ⅰ.①微…　Ⅱ.①田…②谢…　Ⅲ.①微积分-高等学校-教材　Ⅳ.①O172

中国版本图书馆CIP数据核字（2012）第078678号

机械工业出版社（北京市百万庄大街22号　邮政编码100037）
策划编辑：牛新国　责任编辑：牛新国　封面设计：赵颖喆
责任印制：刘　媛
北京富资园科技发展有限公司印刷
2025年7月第2版第8次印刷
169mm×239mm · 16印张 · 307千字
标准书号：ISBN 978-7-111-38153-2
定价：28.00元

第2版前言

本书第2版是在第1版的基础上遵循以下几条原则进行修订的。

1. 修正了第1版中的一些错误。

2. 对第1版中的某些内容进行了一些补充；调整了一些习题的前后次序，使得知识结构体系更加合理。

3. 针对前六章习题量不够充足、题目难度不够层次化的不足，在每一章节的后面增加了一些稍微有点难度的习题。

本版修订工作主要由田立平完成。感谢同行和读者在教学实践中提出的意见和建议。第2版中存在的问题，欢迎广大专家、同行和读者继续给予批评指正。

作　者

第1版前言

为全面贯彻落实科学发展观，切实把高等教育的重点放在提高教育质量上，教育部、财政部实施了“高等学校本科教学质量与教学改革工程”，北京市教育委员会响应教育部的号召，相应实施了“质量工程计划”，其中教材建设是教学质量工程的重要内容。在这样的背景下，数学公共基础系列课程教学团队作为北京市的优秀教学团队，编写一套适合一般高等学校经济管理类各专业的便于教、学的基础数学教材是义不容辞的责任，也是团队成员多年来的心愿。在北京物资学院和信息学院的关心以及机械工业出版社的大力支持下，我们组织有多年教学经验的老教师和富有朝气、知识渊博的青年教师，在团队长期集体备课教案以及学校精品课教案的基础上，编写了这本教材。本教材的内容框架是根据教育部数学与统计学教学指导委员会2007年制定的“经济管理类本科数学基础课程教学基本要求”，以及2009年教育部关于硕士研究生入学考试数学三、四合并，针对经济管理类各专业编写的。

本书内容包括函数与极限、导数与微分、微分中值定理与导数应用、不定积分、微分方程与差分方程初步、定积分、多元函数的微积分和无穷级数。

本书在内容处理上注意到经济管理类各专业以及一般高等学校生源的情况，具有如下特点：在不影响本学科的系统性、科学性的前提下，尽量使数学概念、理论与方法易于学生掌握，简化和略去了某些结论冗繁的推导或仅给出直观解释，力求做到通俗、简明而又重点突出，条理清晰，层次分明，难点处理得当而又形象直观；使数学文化与数学建模思想在教学内容中渗透，并将作者多年来积累的教学经验和成果适时融入；例题和习题选取不求多但求精典，而且尽可能地将微积分与经济管理领域中的实际问题相结合，与全国硕士生入学统一考试《数学考试大纲》相结合，在例题与习题的难度配置上遵循了循序渐进的原则，突出应用性、实用性；以培养学生分析问题、解决问题和运用数学知识的能力为宗旨。

本书第一至第四章由谢斌老师编写，第五至第八章由田立平教授编写。在本书的编写过程中得到了北京物资学院领导和同仁们的大力支持，特别是得到了数学教研室所有同仁的帮助，是他们给了我们很多有价值的建议，在此表示衷心的感谢！本书由北京市优秀教学团队——数学公共基础系列课程教学团队项目（项目编号：PHR200907230）支持。

由于作者水平有限，加之时间比较仓促，本书难免会有欠妥和错误之处，恳请专家、学者和读者的批评指正，以便能使本书在教学实践中不断改进和完善。

作　者

目　录

第一章　函数与极限

函数与极限是微积分最重要的基本概念，函数是微积分研究的对象，极限理论是微积分的理论基础.

第一节　函　　数

一、区间与邻域

1. 区间

定义 1.1　满足不等式 $a<x<b(a<b)$ 的所有实数 x 的集合，称为以 a、b 为端点的开区间，记作（a，b）.

类似地，有闭区间 $[a, b]=\{x|a\leqslant x\leqslant b\}$，半开区间 $(a, b]=\{x|a<x\leqslant b\}$ 和 $[a, b)=\{x|a\leqslant x<b\}$ 等，称为有限区间. 而区间 $(a, +\infty)$、$[a, +\infty)$、$(-\infty, a)$、$(-\infty, a]$ 称为无限区间.

2. 邻域

定义 1.2　设 $a\in\mathbf{R}$，$\delta>0$，数集 $\{x||x-a|<\delta\}$ 称为 a 的 δ 邻域，记作

$$U(a,\delta)=\{x||x-a|<\delta\}=(a-\delta,a+\delta).$$

a 称为邻域的中心；δ 称为邻域的半径. 常又表示为 $U(a)$，简称为 a 的邻域.

去掉中心 a 的数集 $\{x|0<|x-a|<\delta\}$ 称为 a 的 δ 去心邻域，记作

$$\mathring{U}(a,\delta)=\{x|0<|x-a|<\delta\}=(a-\delta,a+\delta)-\{a\}.$$

常又表示为 $\mathring{U}(a)$，简称为 a 的去心邻域.

类似地，数集 $\{x|0<x-a<\delta\}$ 称为 a 的右邻域，数集 $\{x|-\delta<x-a<0\}$ 称为 a 的左邻域.

二、函数的概念

1. 变量

我们在研究过程中常常涉及到各种各样的量，其中变化的量称为变量，不变化的量称为常量或常数. 函数是考察变量之间关系的重要概念.

例如，球的半径 r 与该球的体积 V：$V=\frac{4}{3}\pi r^3$，其中 π 是圆周率，是常量.

$\forall r\in[0,+\infty)$ 都对应一个球的体积 V. r 和 V 都是变量，它们之间的关系用函数来表达.

2. 函数的定义

定义 1.3 设 D 是非空数集，若对 D 中任意数 x，按照某一确定的对应法则 f，总有惟一确定的数 $y\in\mathbf{R}$ 与之对应，则称 f 是定义在 D 上的函数，记作

$$y=f(x),\ (\forall x\in D)$$

简写为"$y=f(x)$"，或称"$f(x)$ 是 x 的函数（值）". 其中数 x 称为自变量，数 y 称为因变量.

数集 D 称为函数 f 的定义域，函数值的集合 $f(D)=\{f(x)\mid x\in D\}$称为函数 f 的值域. 函数的两要素为定义域和对应法则，与变量用何符号表示没有关系.

3. 单值函数与多值函数

在函数 $y=f(x)$ 的定义中，要求对应于 x 值的 y 值是惟一确定的，这种函数也称为单值函数. 如果取消惟一这个要求，即对应于 x 值，可以有两个或两个以上确定的 y 值与之对应，那么函数 $y=f(x)$ 称为多值函数. 例如函数 $y=\pm\sqrt{r^2-x^2}$是多（双）值函数.

以后若不特别声明，只讨论单值函数.

4. 函数举例

例 1 取整函数 $y=[x]$，表示 $\forall x\in\mathbf{R}$，对应的 y 是不超过 x 的最大整数.

如 $[2.5]=2$，$[3]=3$，$[0]=0$，$[-\pi]=-4$，（图 1-1）.

例 2 符号函数 $\operatorname{sgn}(x)=\begin{cases}-1, & x<0\\ 0, & x=0\\ 1, & x>0\end{cases}$

例 3 $y=|x|=\begin{cases}x, & x\geqslant 0\\ -x, & x<0\end{cases}$，（图 1-2）.

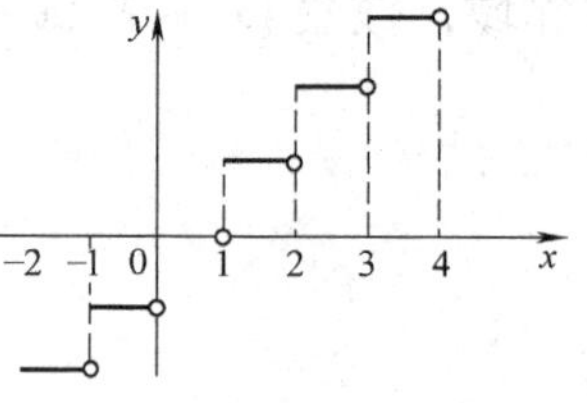

图 1-1

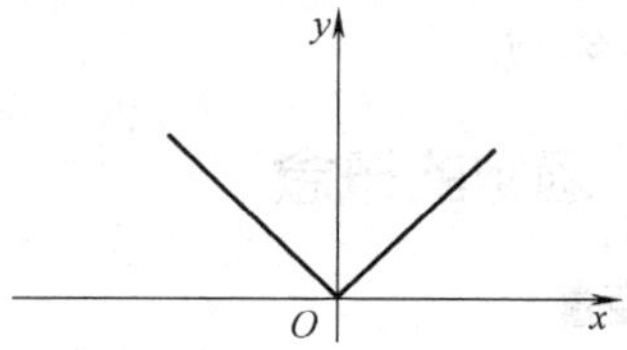

图 1-2

上述几个函数的定义域分成了若干部分，而在不同部分上，函数值用不同的表达式表示，这样的函数称为分段函数.

三、函数的性质

1. 有界性

定义 1.4　设函数 $f(x)$ 在数集 A 上有定义，若 $\exists M>0$，使得 $\forall x\in A$，有 $|f(x)|\leqslant M$，则称函数 $f(x)$ 在 A 有界，否则称 $f(x)$ 在 A 无界.

例如，函数 $y=\sin x$ 在（$-\infty$，$+\infty$）内是有界的，因为对 $\forall x\in\mathbf{R}$，都有 $|\sin x|\leqslant 1$. 函数 $y=\dfrac{1}{x}$ 在（0，1）内是无界的，在 $[2,+\infty)$ 上是有界的.

2. 单调性

定义 1.5　设函数 $f(x)$ 在数集 A 上有定义，若对 $\forall\ x_1,\ x_2\in A$ 且 $x_1<x_2$，有 $f(x_1)<f(x_2)$（$f(x_1)>f(x_2)$），则称函数 $f(x)$ 在 A 上严格单调增加（严格单调减少）；若上述不等式改为 $f(x_1)\leqslant f(x_2)$（$f(x_1)\geqslant f(x_2)$），则称函数 $f(x)$ 在 A 上单调增加（单调减少）.

例如，函数 $y=x^3$ 在（$-\infty$，$+\infty$）内是严格单调增加的．函数 $y=2x^2+1$ 在（$-\infty$，0）内是严格单调减少的，在 $[0,+\infty)$ 内是严格单调增加的．因此，在（$-\infty$，$+\infty$）内，$y=2x^2+1$ 不是单调函数.

3. 奇偶性

定义 1.6　设函数 $f(x)$ 定义在数集 A 上，若 $\forall x\in A$，有 $-x\in A$，且

$$f(-x)=-f(x)\ (f(-x)=f(x)),$$

则称函数 $f(x)$ 是奇函数（偶函数）. 奇函数的图像关于原点对称，偶函数的图像关于 y 轴对称.

例如，函数 $y=x^4+3x^2$，$y=\sqrt{1-x^2}$，$y=\dfrac{\sin x}{x}$ 都是偶函数．函数 $y=\dfrac{1}{x}$，$y=x^3$，$y=x\cos x$ 都是奇函数.

4. 周期性

定义 1.7　设函数 $f(x)$ 定义在数集 A 上，若 $\exists l>0$，使得对于 $\forall x\in A$，有 $x\pm l\in A$，且 $f(x\pm l)=f(x)$，则称函数 $f(x)$ 是周期函数，l 称为函数 $f(x)$ 的一个周期.

由定义可知，周期不惟一．若 l 是函数 $f(x)$ 的周期，则 $2l$ 也是它的周期，$nl(n\in\mathbf{N})$ 也是它的周期．若函数 $f(x)$ 有最小的正周期，通常称之为函数 $f(x)$ 的基本周期，简称为周期.

例如，$y=\sin x$ 就是周期函数，周期为 2π. 再如，常函数 $y=1$ 也是周期函数，任意正实数都是它的周期，所以常函数 $y=1$ 没有基本周期.

四、复合函数与反函数

1. 复合函数

定义 1.8 设函数 $z=f(y)$ 定义在数集 B 上，函数 $y=\varphi(x)$ 定义在数集 A 上，又 $\varphi(A)\cap B\neq\varnothing$. $\forall x\in A$，按照对应关系 φ，对应惟一一个 $y\in B$，若再按照对应关系 f，对应惟一一个 z，即 $\forall x\in A$，可对应惟一一个 z. 于是在 A 上定义了一个函数，表示为 $f\circ\varphi$，称为函数 $y=\varphi(x)$ 与 $z=f(y)$ 的复合函数，即

$$z=(f\circ\varphi)(x)=f[\varphi(x)],\ x\in A.$$

y 称为中间变量.

例如，函数 $z=\sqrt{y}$ 的定义域是区间 $[0,\ +\infty)$，函数 $y=1-x^2$ 的定义域是 $\mathbf{R}$. 为使其生成复合函数，必须要求

$$y=1-x^2\geqslant 0,\ \text{即}\ -1\leqslant x\leqslant 1$$

于是，$\forall x\in[-1,\ 1]$，函数 $y=1-x^2$ 与 $z=\sqrt{y}$ 生成了复合函数

$$z=\sqrt{1-x^2}.$$

又如，三个函数

$$u=\sqrt{z},\qquad z=\ln y,\qquad y=2x+3,$$

生成的复合函数是 $u=\sqrt{\ln(2x+3)}$，　$x\in[-1,\ +\infty)$.

2. 反函数

定义 1.9 设函数 $y=f(x)$，$x\in I$. 若对任意 $y\in f(I)$，有惟一确定的 $x\in I$ 与之对应，使得 $f(x)=y$，则在 $f(I)$ 上定义了一个函数，记作

$$x=f^{-1}(y),\ y\in f(I)$$

称为函数 $y=f(x)$ 的反函数. 原来的函数 $y=f(x)$ 称为直接函数.

按照书写习惯，将自变量写成 x，因变量写成 y，所以反函数 $x=f^{-1}(y)$ 常常被写作 $y=f^{-1}(x)$.

反函数 $y=f^{-1}(x)$ 的图像与直接函数 $y=f(x)$ 的图像关于直线 $y=x$ 对称（图 1-3）.

定理 1.1 若函数 $y=f(x)$ 在某区间 I 上严格单调增加（严格单调减少），则函数 $y=f(x)$ 存在反函数，且反函数 $x=f^{-1}(y)$ 在 $f(I)$ 上也严格单调增加（严格单调减少）.

定理中“严格”两字不可忽略. 如单调函数 $y=[x]$ 非严格单调，不存在反函数.

函数是严格单调的仅是存在反函数的充分条件，如函数

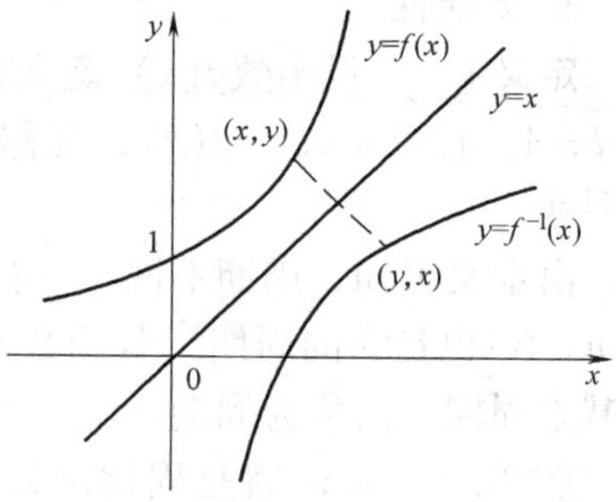

图 1-3

$$y=\begin{cases}-x+1, & -1\leqslant x<0\\ x, & 0\leqslant x\leqslant 1\end{cases}$$

在区间 $[-1, 1]$ 上不是单调函数，但它存在反函数

$$x=f^{-1}(y)=\begin{cases}y, & 0\leqslant y\leqslant 1\\ 1-y, & 1<y\leqslant 2\end{cases}.$$

五、初等函数

1. 基本初等函数

（1）常数函数　$y=c$；

（2）幂函数　$y=x^{\alpha}$；

（3）指数函数　$y=a^x$，$(a>0, a\neq 1)$. 特例 $y=\mathrm{e}^x$；

（4）对数函数　$y=\log_a x$，$(a>0, a\neq 1)$. 特例 $y=\ln x$；

（5）三角函数　$y=\sin x$，$y=\cos x$，$y=\tan x$，$y=\cot x$，$y=\sec x$，$y=\csc x$；

（6）反三角函数 $y=\arcsin x$，$y=\arccos x$，$y=\arctan x$，$y=\operatorname{arccot} x$.

2. 初等函数

定义 1.10　由基本初等函数经过有限次的四则运算及复合生成的用一个式子表达的函数称为初等函数.

例如，函数 $y=\sin\left(\ln\sqrt{x^2-1}\right)$ 是一个初等函数，它是由 $y=\sin u$，$u=\ln v$，$v=w^{\frac{1}{2}}$，$w=x^2-1$ 经过四则运算及复合而得的.

由定义可知，那些不能用一个式子表达的分段函数，都不是初等函数.

习题 1.1

1. 求函数的定义域：

（1）$y=\dfrac{x}{\ln(x+2)}$；　　（2）$y=\arcsin\sqrt{x^2-9}$.

2. 设 $y=f(x)$ 的定义域是 $[0, 1]$，求复合函数 $f(\sin x)$ 的定义域.

3. 下列几对函数中，函数 $f(x)$ 与 $g(x)$ 相同的是哪一对？

（1）$f(x)=\lg x^2$ 与 $g(x)=2\lg x$；（2）$f(x)=x$ 与 $g(x)=\sqrt{x^2}$；

（3）$f(x)=|x|$ 与 $g(x)=\sqrt{x^2}$；（4）$f(x)=1$ 与 $g(x)=\dfrac{x}{x}$.

4. 某地电话局按如下办法收费．每月通话次数不超过 30 次或不通话，收费 20 元；若超过部分每次以 0.18 元计算，请列出函数的表达式.

5. 设 $y=f(x)=3x^2-2x-1$，求 $f(1)$，$f(0)$，$f(a)$，$f(-x)$，$f(x+1)$，$f(f(x))$.

6. 设函数 $f(x)=\begin{cases}x^2, & -2\leqslant x<0\\ 2, & x=0\\ 1+x, & 0<x\leqslant 3\end{cases}$，求函数的定义域，并求函数值 $f(-1)$，$f(0)$，$f(2)$.

7. 已知函数 $f(x)=\begin{cases}2\sqrt{x}, & 0\leqslant x\leqslant 1\\ 1+x, & x>1\end{cases}$，写出 $f(x)$ 的定义域及值域，并求 $f\left(\frac{1}{2}\right)$ 和 $f\left(\frac{1}{t}\right)$.

8. 证明：函数 $y=-x^2+1$ 在区间 $(-\infty, 0]$ 内单调增加，在区间 $[0, +\infty)$ 内单调减少.

9. 证明函数 $f(x)=\frac{x}{x^2+1}$ 在它的整个定义域内有界.

10. 判断下列函数的奇偶性：

(1) $f(x)=x\sin x+\cos x$；(2) $f(x)=\ln\frac{1-x}{1+x}$；(3) $f(x)=2x^4+3x^3+1$.

11. 求函数 $y=\ln(x+2)-3$ 的反函数.

12. 设函数 $f(x)=\begin{cases}3x+1, & x<1\\ x, & x\geqslant 1\end{cases}$，求 $f[f(x)]$.

13. 求 $y=\begin{cases}x^2, & -1\leqslant x<0\\ \ln x, & 0<x\leqslant 1\\ 2e^{x-1}, & 1<x\leqslant 2\end{cases}$ 的反函数及其定义域.

14. 下列函数由哪些基本初等函数复合而成？

(1) $y=a^{\tan x}$；(2) $y=\ln\arcsin x^2$.

15. 设 $f(x)$ 的定义域为 $[0, 2a]$，求 $f(x+a)+f(x-a)$ 的定义域.

16. 设 $f(x)=\arcsin x$，$\phi(x)=\ln x$，求 $\phi[f(x)]$ 的定义域.

17. 已知 $f(x)$ 的定义域为 $[0, 1]$，则 $f(\arctan x)$ 的定义域.

18. 已知 $f\left(x-\frac{1}{x}\right)=\frac{x^3-x}{x^4+1}$，求 $f(x)$.

19. 判别下列函数的奇偶性：

(1) $f(x)=\ln(x+\sqrt{1+x^2})$；(2) $f(x)=\frac{e^x-e^{-x}}{e^x+e^{-x}}\ln\frac{1-x}{1+x}$.

20. 设下面所考虑的函数都是定义在区间 $(-l, l)$ 上的，证明：

(1) 任意一个函数总可以写成一个奇函数与一个偶函数的和；

(2) 两个偶函数的和是偶函数；两个奇函数的和是奇函数；

(3) 两个偶函数之积为偶函数；两个奇函数之积为偶函数；偶函数和奇函数之积为奇函数.

第二节　数列的极限

一、数列

通俗地讲，数列就是一系列数排成的一列（排）.

定义 1.11　数列是定义在自然数集上的函数，记为 $x_n=f(n)$，$n=1, 2, 3\cdots$.

数列的对应值可以按下标从小到大排成一列：x_1，x_2，…，x_n，…，有时也简记为$\{x_n\}$或数列x_n. 数列中的每一个数称为数列的项，第n项x_n称为一般项或通项.

例1　"一尺之棰，日截其半，万世不竭". ——《庄子·天下篇》

这句话说明，长一尺的棒子，每天截去一半，无限制地进行下去，那么剩下部分的长构成一个数列：$\frac{1}{2}$，$\frac{1}{2^2}$，$\frac{1}{2^3}$，…，$\frac{1}{2^n}$，…，通项为$\frac{1}{2^n}$.

例2　$2, \frac{3}{2}, \frac{4}{3}, \cdots \frac{n+1}{n}, \cdots$；$1, 3, 5, \cdots, 2n-1, \cdots$；

$1, -1, 1, \cdots, (-1)^{n-1}, \cdots$；$1, \frac{1}{2}, \frac{1}{3}, \cdots, \frac{1}{n}, \cdots$；

$1, -\frac{1}{2}, \frac{1}{3}, -\frac{1}{4}, \cdots, (-1)^{n-1}\frac{1}{n}, \cdots$；$a, a, a, \cdots, a, \cdots$

都是数列.

在数轴上，数列的每项都相应有点与之对应. 如果将x_n依次在数轴上描出相应的点的位置，我们能否发现点的位置的变化趋势呢？显然，$\left\{\frac{1}{2^n}\right\}$，$\left\{\frac{1}{n}\right\}$是无限接近于0的；$\{2n-1\}$是无限增大的；$\{(-1)^{n-1}\}$的项是在1与$-1$两点之间跳动的，不接近于某一常数；$\left\{\frac{n+1}{n}\right\}$无限接近常数1.

对于数列来说，最重要的是研究其在变化过程中无限接近某一常数的那种渐趋稳定的状态，这就是常说的数列的极限问题.

二、数列的极限

1. 数学描述

若数列$\{x_n\}$的极限为a，则意味当$n\to\infty$，即n无限增大时，x_n无限接近a，在数学上用距离$|x_n-a|$来度量x_n接近a的程度. 因为n越大，x_n越接近于a，所以n越大，$|x_n-a|$越小，所以对任意的正数ε，在适当的n以后，$|x_n-a|$应该可以小于指定的正数ε.

比如，我们来考察$\left\{\frac{n+1}{n}\right\}$的情况. 不难发现随着$n$的增大，$\frac{n+1}{n}$无限地接近1，亦即$n$充分大时，$\frac{n+1}{n}$与1可以任意地接近，即$\left|\frac{n+1}{n}-1\right|$可以任意地小，换言之，当$n$充分大时，$\left|\frac{n+1}{n}-1\right|$可以小于预先给定的无论多么小的正数$\varepsilon$.

例如，取$\varepsilon=\frac{1}{100}$，由$\left|\frac{n+1}{n}-1\right|=\frac{1}{n}<\frac{1}{100}$，可得$n>100$，即$\left\{\frac{n+1}{n}\right\}$从第

101 项开始，以后的项 $x_{101}=\frac{102}{101}$，$x_{102}=\frac{103}{102}$，…都满足不等式 $|x_n-1|<\frac{1}{100}$，或者说，当 $n>100$ 时，有 $\left|\frac{n+1}{n}-1\right|<\frac{1}{100}$.

同理，若取 $\varepsilon=\frac{1}{10000}$，由 $\left|\frac{n+1}{n}-1\right|=\frac{1}{n}<\frac{1}{10000}$，可得 $n>10000$，即 $\left\{\frac{n+1}{n}\right\}$从第 10001 项开始，以后的项 $x_{10001}=\frac{10002}{10001}$，$x_{10002}=\frac{10003}{10002}$，…都满足不等式 $|x_n-1|<\frac{1}{10000}$，或者说，当 $n>10000$ 时，有 $\left|\frac{n+1}{n}-1\right|<\frac{1}{10000}$.

一般地，不论给定的正数 ε 多么小，总存在一个正整数 N，当 $n>N$ 时，有 $\left|\frac{n+1}{n}-1\right|<\varepsilon$. 这就充分体现了当 n 越来越大时，$\frac{n+1}{n}$无限接近 1 这一事实．这个数“1”称为当 $n\to\infty$ 时，$\left\{\frac{n+1}{n}\right\}$的极限.

2. 数列极限的定义

定义 1.12 设 $\{x_n\}$ 是一个数列，a 是常数．若对于任意的正数 ε（不论 ε 多么小），总存在一个正整数 N，使得当 $n>N$ 时，不等式 $|x_n-a|<\varepsilon$ 恒成立，则称常数 a 为数列 x_n 当 $n\to\infty$ 时的极限，或称数列 x_n 收敛于 a，记为 $\lim\limits_{n\to\infty}x_n=a$ 或 $x_n\to a(n\to\infty)$.

这时我们说数列是收敛的，否则称数列是发散的.

例 3 证明数列 $2,\frac{3}{2},\frac{4}{3},\cdots,\frac{n+1}{n},\cdots$收敛于 1.

证 对 $\forall\varepsilon>0$，要使得 $\left|\frac{n+1}{n}-1\right|=\frac{1}{n}<\varepsilon$，只须 $n>\frac{1}{\varepsilon}$，所以取 $N=\left[\frac{1}{\varepsilon}\right]$，当 $n>N$ 时，有 $\left|\frac{n+1}{n}-1\right|=\frac{1}{n}<\varepsilon$，所以 $\lim\limits_{n\to\infty}\frac{n+1}{n}=1$.

这里的 N 是随 ε 的变小而变大的，是依赖于 ε 的函数．解题中，只要说明存在一个 N，使得当 $n>N$ 时，有 $|x_n-a|<\varepsilon$ 就行了，而不必求最小的 N.

例 4 证明 $\lim\limits_{n\to\infty}\frac{\sqrt{n^2+a^2}}{n}=1$.

证 对 $\forall\varepsilon>0$，因为 $\left|\frac{\sqrt{n^2+a^2}}{n}-1\right|=\frac{a^2}{n(\sqrt{n^2+a^2}+n)}<\frac{a^2}{n}$

所以要使得 $\left|\frac{\sqrt{n^2+a^2}}{n}-1\right|<\varepsilon$，只须 $\frac{a^2}{n}<\varepsilon$ 就行了.

即有 $n>\frac{a^2}{\varepsilon}$.

所以取 $N=[\frac{a^2}{\varepsilon}]$，当 $n>N$ 时，因为有 $\frac{a^2}{n}<\varepsilon$，从而可得 $\left|\frac{\sqrt{n^2+a^2}}{n}-1\right|<\varepsilon$，所以 $\lim\limits_{n\to\infty}\frac{\sqrt{n^2+a^2}}{n}=1$.

从例 4 可以看出，有时找 N 比较困难，这时我们可把 $|x_n-a|$ 适当地变形、放大.

例 5　设 $|q|<1$，用“$\varepsilon-N$”定义证明 $1, q, q^2, \cdots, q^{n-1}, \cdots$ 的极限为 0.

证　若 $q=0$，结论是显然的.

现设 $0<|q|<1$，对 $\forall\varepsilon>0$，（因为 ε 越小越好，不妨设 $\varepsilon<1$），要使得 $|q^{n-1}-0|<\varepsilon$，即 $|q|^{n-1}<\varepsilon$，只须两边取对数后，$(n-1)\ln|q|<\ln\varepsilon$ 成立就行了. 因为 $0<|q|<1$，所以 $\ln|q|<0$，从而只须 $n-1>\frac{\ln\varepsilon}{\ln|q|}$ 即 $n>1+\frac{\ln\varepsilon}{\ln|q|}$.

取 $N=1+\left[\frac{\ln\varepsilon}{\ln|q|}\right]$，则当 $n>N$ 时，有 $|q^{n-1}-0|<\varepsilon$ 成立.

即　$\lim\limits_{n\to\infty}q^{n-1}=0 \qquad (|q|<1)$.

3. 数列极限的几何意义

由不等式 $|x_n-a|<\varepsilon$ 等价于 $a-\varepsilon<x_n<a+\varepsilon$，我们可得数列极限的几何意义：对于任意一个邻域 $U(a, \varepsilon)$，数列中总存在某一项 x_N，在此项后面的所有项 $x_{N+1}, x_{N+2}, \cdots$，它们在数轴上对应的点，都位于邻域 $U(a, \varepsilon)$ 中（图 1-4）. 因为 $\varepsilon>0$ 可以任意小，所以随着 n 的增大，数列中各项所对应的点 x_n 都无限聚集在点 a 附近.

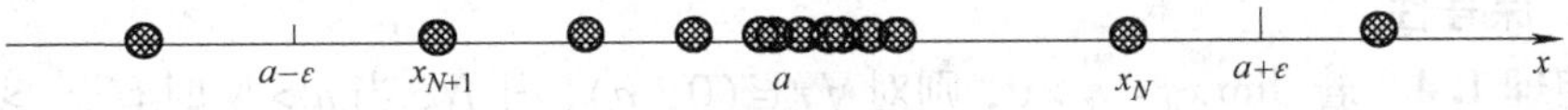

图 1-4

三、收敛数列的性质

1. 极限惟一性

定理 1.2　若数列 $\{x_n\}$ 收敛，则它只有一个极限.

证　设 a 和 b 为 x_n 的任意两个极限，下面要证 $a=b$.

由极限的定义，对 $\forall\varepsilon>0$，必分别存在自然数 N_1，N_2，

当 $n>N_1$ 时，有 $|x_n-a|<\varepsilon\cdots(1)$

当 $n>N_2$ 时，有 $|x_n-b|<\varepsilon\cdots(2)$

令 $N=\max\{N_1, N_2\}$，当 $n>N$ 时，(1)，(2) 同时成立.

现考察 $|a-b|=|(x_n-b)-(x_n-a)|\leqslant|x_n-b|+|x_n-a|<\varepsilon+\varepsilon=2\varepsilon$.

由于 a，b 均为常数，ε 为任意小的正数，故有 $a=b$，所以 x_n 的极限只能有一个.

例 6 证明数列 $x_n=(-1)^{n+1}$ 是发散的.

证 反证法.

假设 x_n 收敛，由惟一性，设 $\lim\limits_{n\to\infty}x_n=a$.

由定义，取 $\varepsilon=\frac{1}{2}$，则存在自然数 N，当 $n>N$ 时，$|x_n-a|<\varepsilon=\frac{1}{2}$，即

$$a-\frac{1}{2}<x_n<a+\frac{1}{2}$$

但因为 x_n 交替取值 1 与 -1，而此两数不可能同时落在长度为 1 的开区间 $(a-\frac{1}{2}, a+\frac{1}{2})$ 内，所以矛盾，故 $x_n=(-1)^{n+1}$ 发散.

2. 有界性

定理 1.3 若数列 x_n 收敛，那么它一定有界．即存在 $M>0$，对 $\forall n$ 都有 $|x_n|\leqslant M$

证 设 $\lim\limits_{n\to\infty}x_n=a$，由定义，对于 $\varepsilon=1$，$\exists$ 自然数 N，当 $n>N$ 时，$|x_n-a|<\varepsilon=1$，所以当 $n>N$ 时，$|x_n|\leqslant|x_n-a|+|a|<1+|a|$，令 $M=\max\{|x_1|, |x_2|, \cdots, |x_N|, 1+|a|\}$，显然对一切 n，$|x_n|\leqslant M$.

但是，本定理的逆定理不成立，即有界未必收敛．如数列 $x_n=(-1)^{n+1}$ 有界，但不收敛.

3. 保号性

定理 1.4 若 $\lim\limits_{n\to\infty}x_n=a>0$，则对 $\forall r\in(0, a)$，$\exists N$，当 $n>N$ 时有 $x_n>r>0$；若 $\lim\limits_{n\to\infty}x_n=a<0$，则对 $\forall r\in(a, 0)$，$\exists N$，当 $n>N$ 时有 $x_n<r<0$.

证 第一种情况下，设 $\lim\limits_{n\to\infty}x_n=a>0$，取 $\varepsilon=a-r>0$，则 $\exists N$，当 $n>N$ 时，有 $|x_n-a|<\varepsilon=a-r$，从而有 $a-(a-r)<x_n$，即 $x_n>r>0$.

第二种情况留予读者自证.

习题 1.2

1. 观察下列数列变化趋势，写出它们的极限.

(1) $x_n=\frac{n-1}{n+1}$；　　(2) $x_n=\frac{\cos\frac{n}{2}\pi}{n}$.

2. 根据数列极限定义证明：$\lim\limits_{n\to\infty}0.\underbrace{99\cdots9}_{n个9}=1$.

3. 已知 $x_n=\dfrac{(-1)^n}{(n+1)^2}$，证明数列$\{x_n\}$的极限为 0.

4. 设数列 $\{x_n\}$ 有界，又 $\lim\limits_{n\to\infty}y_n=0$，证明：$\lim\limits_{n\to\infty}x_n\cdot y_n=0$.

5. 设 $\lim\limits_{n\to\infty}a_n=a$，$\lim\limits_{n\to\infty}b_n=b$. 证明：若 $a>b$，则 $\exists N$，使得 $\forall n>N$，有 $a_n>b_n$.

6. 若数列 $\{y_n\}$ 满足 $|y_n-a|<\dfrac{1}{n}$，$n=1, 2, 3, \cdots$，则当 $n\to\infty$ 时，必有（　　）.

A. y_n 是无穷小量　B. y_n 是无界变量　C. $\lim\limits_{n\to\infty}y_n=a$　D. y_n 是无穷大量

7. 求极限 $\lim\limits_{n\to\infty}\left[\dfrac{1}{1.3}+\dfrac{1}{3.5}+\dfrac{1}{5.7}+\cdots+\dfrac{1}{(2n-1)(2n+1)}\right]$.

8. 若 $\lim\limits_{n\to\infty}\left(\dfrac{1}{n^k}+\dfrac{2}{n^k}+\cdots+\dfrac{n}{n^k}\right)=0$，求 k 的取值范围.

9. 若 $\lim\limits_{n\to\infty}x_n=a$，证明：$\lim\limits_{n\to\infty}\dfrac{x_1+x_2+\cdots+x_n}{n}=a$

10. 设数列$\{x_n\}$有界，又 $\lim\limits_{n\to\infty}y_n=0$，证明：$\lim\limits_{n\to\infty}x_ny_n=0$.

11. 若 $\lim\limits_{n\to\infty}u_n=a$，证明 $\lim\limits_{n\to\infty}|u_n|=|a|$. 并举例说明数列$\{|u_n|\}$有极限，但数列$\{u_n\}$未必有极限.

12. 对于数列$\{x_n\}$，证明：$\lim\limits_{n\to\infty}x_n=a\Leftrightarrow\lim\limits_{k\to\infty}x_{2k-1}=\lim\limits_{k\to\infty}x_{2k}=a$.

第三节　函数的极限

从上一节我们知道，数列是特殊的函数，极限的实质就是自变量变化时，函数值的变化趋势，那么一般函数的极限又如何呢?

一、当$x\to\infty$时，函数$f(x)$的极限

1. $x\to+\infty$ 时，函数 $f(x)$ 的极限

设函数 f 定义在区间$[a, +\infty)$上，类似于数列情形，我们研究当自变量 x 趋于 $+\infty$ 时，对应的函数值能否无限地接近于某个定数 A. 例如，对于函数 $f(x)=\dfrac{1}{x}$.

从图 1-5 可见，当 x 无限增大时，函数值无限地接近于 0.

函数 $f(x)(x\to+\infty)$ 的极限定义与数列$\{x_n\}$的极限定义很相似. 这是因为它们的自变量的变化趋势相同（$x\to+\infty$ 与 $n\to+\infty$）.

定义 1.13　设函数 $f(x)$ 在区间$(a, +\infty)$上有定义，A 是常数. 若 $\forall\varepsilon>0$，$\exists X>0$，使得对于 $\forall x>X$，有 $|f(x)-A|<\varepsilon$，则称函数 $f(x)$ 当 $x\to+\infty$ 时以 A 为极限，表示为

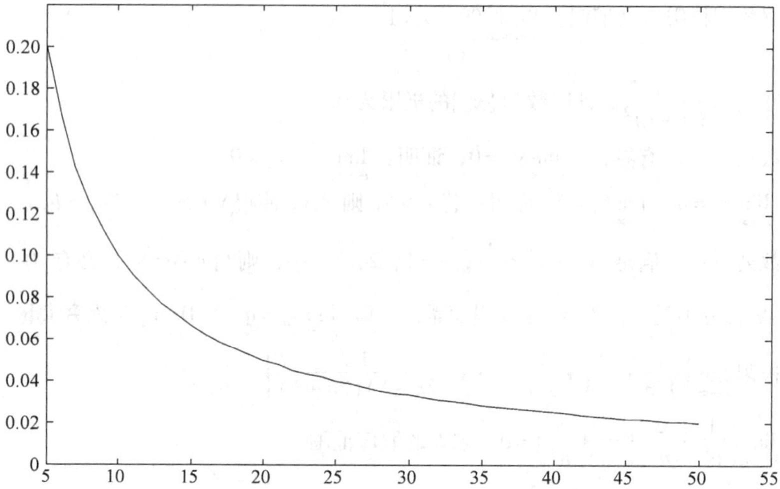

图 1-5

$$\lim_{x\to+\infty} f(x)=A \quad 或 \quad f(x)\to A \quad (x\to+\infty).$$

在定义中，正数 X 的作用与数列极限定义中 N 的作用相类似，表明 x 充分大的程度；但这里所考虑的是比 X 大的所有实数 x，而不仅仅是正整数 n. 因此，当 x 趋于 $+\infty$ 时函数 f 以 A 为极限意味着：A 的任意小邻域内必含有 f 在 $+\infty$ 的某邻域内的全部函数值.

几何意义

几何意义如图 1-6 所示.

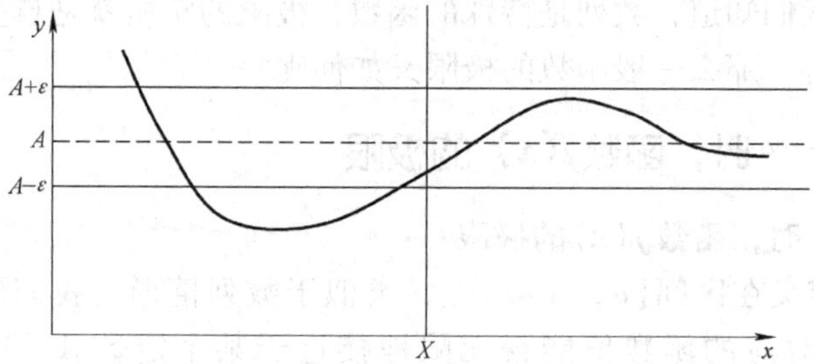

图 1-6

对任意的 $\varepsilon>0$，在坐标平面上平行于 x 轴的两条直线 $y=A+\varepsilon$ 与 $y=A-\varepsilon$，围成以直线 $y=A$ 为中心线、宽为 2ε 的带形区域；定义中的“当 $x>X$ 时有 $|f(x)-A|<\varepsilon$”表示：在直线 $x=X$ 的右方，曲线 $y=f(x)$ 全部落在这个带形区域之内. 如果正数 ε 给的小一点，即当带形区域更窄一点时，那么直线 $x=X$ 一般要往右平移；但无论带形区域如何窄，总存在这样的正数 X，使得曲线 $y=f(x)$ 在直线 $x=X$ 的右边部分全部落在这更窄的带形区域内.

与定义 1.13 相仿，我们得到

2. $x\to-\infty$ 时，函数 $f(x)$ 的极限

定义 1.14　设函数 $f(x)$ 在区间 $(-\infty, a)$ 上有定义，A 是常数，若 $\forall\varepsilon>0$，$\exists X>0$，使得对于 $\forall x<-X$，有 $|f(x)-A|<\varepsilon$，则称函数 $f(x)$ 当 $x\to-\infty$ 时以 A 为极限，表示为

$$\lim_{x\to-\infty} f(x)=A \quad 或 \quad f(x)\to A \quad (x\to-\infty).$$

3. $x\to\infty$ 时，函数 $f(x)$ 的极限

定义 1.15　设函数 $f(x)$ 在集合 $\{x \mid |x|>a\}$ 上有定义，A 是常数，若 $\forall\varepsilon>0$，$\exists X>0$，使得对于 $\forall x$ 满足 $|x|>X$，有 $|f(x)-A|<\varepsilon$，则称函数 $f(x)$ 当 $x\to\infty$ 时以 A 为极限，表示为

$$\lim_{x\to\infty} f(x)=A \quad 或 \quad f(x)\to A \quad (x\to\infty)$$

例 1　证明 $\lim\limits_{x\to\infty}\frac{1}{x}=0$.（图 1-7）

证　任给 $\varepsilon>0$，取 $M=\frac{1}{\varepsilon}$，则当 $|x|>M$ 时有

$$\left|\frac{1}{x}-0\right|=\frac{1}{|x|}<\frac{1}{M}=\varepsilon$$

所以 $\lim\limits_{x\to\infty}\frac{1}{x}=0$.

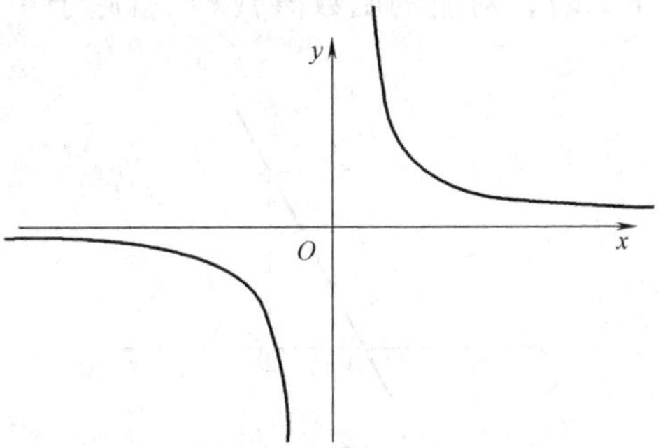

图 1-7

例 2　证明 $\lim\limits_{x\to-\infty} 2^x=0$.

证　$\forall\varepsilon>0$，要使 $|2^x-0|=2^x<\varepsilon$，只要 $x<\frac{\ln\varepsilon}{\ln 2}$ 就可以了（这里不妨设 $\varepsilon<1$），取 $X=-\frac{\ln\varepsilon}{\ln 2}$，于是 $\forall\varepsilon>0$，$\exists X=-\frac{\ln\varepsilon}{\ln 2}$，使得 $\forall x<-X$，有 $|2^x-0|<\varepsilon$，即

$$\lim_{x\to-\infty} 2^x=0.$$

例 3　证明（1）$\lim\limits_{x\to-\infty}\arctan x=-\frac{\pi}{2}$；（2）$\lim\limits_{x\to+\infty}\arctan x=\frac{\pi}{2}$.

证　任给 $\varepsilon>0$，由于

$$\left|\arctan x-\left(-\frac{\pi}{2}\right)\right|<\varepsilon \tag{1-1}$$

等价于 $-\varepsilon-\frac{\pi}{2}<\arctan x<\varepsilon-\frac{\pi}{2}$，而此不等式的左半部分对任何 x 都成立，所以只要考察其右半部分 x 的变化范围.

为此，先限制 $\varepsilon<\frac{\pi}{2}$，则有

$$x < \tan\left(\varepsilon - \frac{\pi}{2}\right) = -\tan\left(\frac{\pi}{2} - \varepsilon\right)$$

故对任给的正数 $\varepsilon\left(<\frac{\pi}{2}\right)$，只须取 $X = \tan\left(\frac{\pi}{2} - \varepsilon\right)$，则当 $x < -X$ 时便有式(1-1)成立．这就证明了（1）．类似地可证明（2）．

综合（1）、（2）由极限的定义可知，当 $x\to\infty$ 时 $\arctan x$ 不存在极限．

二、当$x\to x_0$时，函数$f(x)$的极限

考察函数$f(x)=2x+1$．当 x 趋于 2 时，可以看到它们所对应的函数值就趋于 5（图 1-8）．

函数$f(x)=\frac{x^2-4}{x-2}$．当 $x\neq 2$ 时，$f(x)=x+2$，由此可见，当 x 不等于 2 而趋于 2 时，对应的函数值$f(x)$ 就趋于 4（图 1-9）．

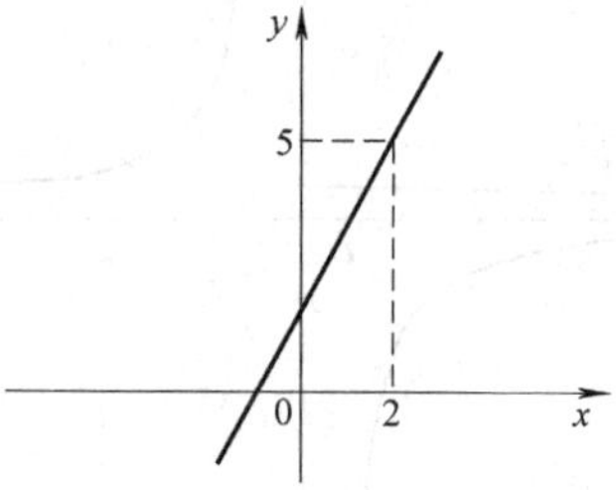

图 1-8

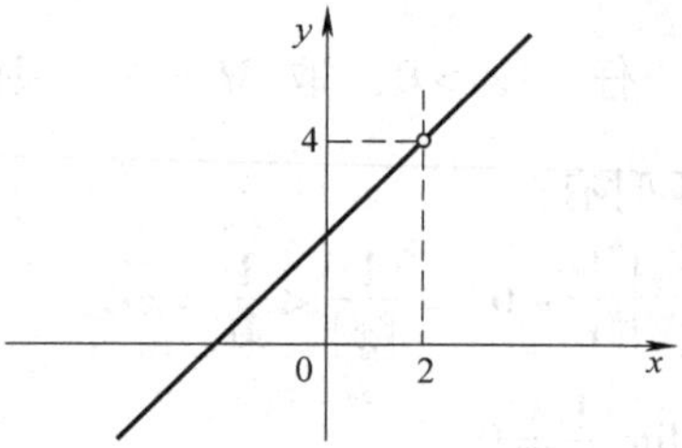

图 1-9

不难看出，上述两个例子和上段中 $x\to\infty$ 时的极限存在情形相似，这里是“当 x 趋于 x_0（但不等于 x_0）时，对应的函数值 $f(x)$ 就趋于某一确定的数 A”．

定义 1.16 设函数$f(x)$ 在 x_0的某个去心邻域内有定义，A 是常数，若$\forall\varepsilon>0$，$\exists\delta>0$，使得$\forall x$ 满足$0<|x-x_0|<\delta$，有$|f(x)-A|<\varepsilon$．则称函数$f(x)$ 当 x 趋于 x_0时以 A 为极限，表示为

$$\lim_{x\to x_0} f(x) = A \quad 或 \quad f(x)\to A \quad (x\to x_0).$$

在此极限定义中，“$0<|x-x_0|<\delta$”指出 $x\neq x_0$，这说明函数$f(x)$ 在 x_0的极限与函数$f(x)$ 在 x_0的定义和取值无关．x_0既可以不属于函数$f(x)$ 的定义域，又可以属于函数$f(x)$ 的定义域，但这时函数$f(x)$ 在 x_0的极限与$f(x)$ 在 x_0的函数值$f(x_0)$ 可以没有任何联系．

几何意义 $\varepsilon-\delta$ 定义表明，任意画一条以直线 $y=A$ 为中心线，宽为 2ε 的横带（无论怎样窄），必存在一条以 $x=x_0$为中心，宽为 2δ 的直带，使直带内的

函数图像全部落在横带内（图 1-10）.

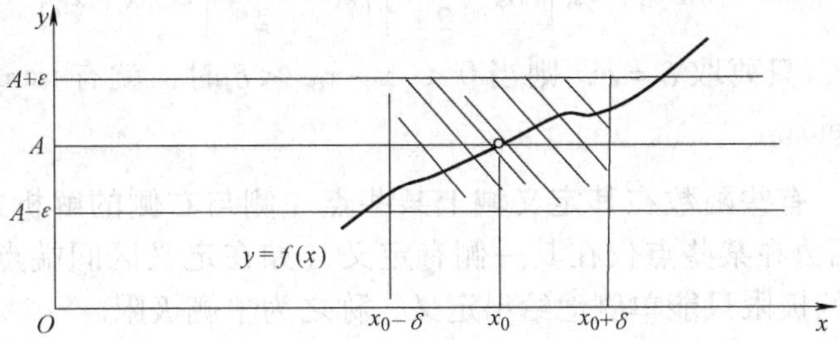

图 1-10

例 4　$\lim\limits_{x\to x_0} x = x_0$.

证　这里 $|f(x)-A| = |x-x_0|$，因此对于任意给定的正数 ε，可取正数 $\delta=\varepsilon$，当 $0<|x-x_0|<\delta$ 时，不等式 $|f(x)-A| = |x-x_0|<\varepsilon$ 成立.

所以 $\lim\limits_{x\to x_0} x = x_0$.

例 5　设 $f(x)=\dfrac{x^2-4}{x-2}$，证明 $\lim\limits_{x\to 2} f(x)=4$.

证　由于当 $x\neq 2$ 时，$|f(x)-4| = \left|\dfrac{x^2-4}{x-2}-4\right| = |x+2-4| = |x-2|$，故对给定的 $\varepsilon>0$，只要取 $\delta=\varepsilon$，则当 $0<|x-2|<\delta$ 时有 $|f(x)-4|<\varepsilon$. 这就证明了 $\lim\limits_{x\to 2} f(x)=4$.

例 6　证明：$\lim\limits_{x\to x_0}\sin x=\sin x_0$

证　先建立一个不等式：当 $0<x<\dfrac{\pi}{2}$ 时有

$$\sin x < x < \tan x \tag{1-2}$$

事实上，在如图 1-11 所示的单位圆内，当 $0<x<\dfrac{\pi}{2}$ 时，显然有

$$S_{\triangle OAD} < S_{扇形OAD} < S_{\triangle OAB},$$

即　$\dfrac{1}{2}\sin x < \dfrac{1}{2}x < \dfrac{1}{2}\tan x$，由此立得式（1-2）.

又当 $x\geqslant\dfrac{\pi}{2}$ 时有 $\sin x\leqslant 1<x$，故对一切 $x>0$ 都有 $\sin x<x$；当 $x<0$ 时，由 $\sin(-x)<-x$ 得 $-\sin x<-x$. 综上，我们又得到不等式

$$|\sin x|\leqslant|x|,\ x\in R \tag{1-3}$$

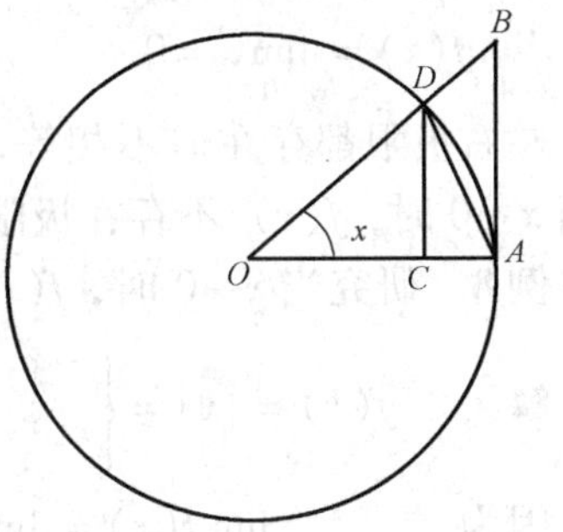

图 1-11

由此，从式（1-3）得

$$|\sin x-\sin x_0|=2\left|\cos\frac{x+x_0}{2}\right|\left|\sin\frac{x-x_0}{2}\right|\leqslant|x-x_0|.$$

对任给的 $\varepsilon>0$，只要取 $\delta=\varepsilon$，则当 $0<|x-x_0|<\delta$ 时，就有 $|\sin x-\sin x_0|<\varepsilon$. 所以 $\lim\limits_{x\to x_0}\sin x=\sin x_0$.

单侧极限 有些函数在其定义域上某些点左侧与右侧的解析式不同（如分段函数），或函数在某些点仅在其一侧有定义（如在定义区间端点处），这时函数在那些点上的极限只能单侧地给出定义，称之为单侧极限.

例如，函数

$$f(x)=\begin{cases}x^2, & x\geqslant 0\\ \sin x, & x<0\end{cases}$$

当 $x>0$ 而趋于 0 时，应按 $f(x)=x^2$ 来考察函数值的变化趋势；当 $x<0$ 而趋于 0 时，应按 $f(x)=\sin x$ 来考察.

又如函数 $\sqrt{1-x^2}$ 在其定义区间 $[-1,1]$ 端点 $x=\pm1$ 处的极限，也只能在点 $x=-1$ 的右侧和点 $x=1$ 的左侧来分别讨论.

定义 1.17 设函数 $f(x)$ 在 x_0 的左邻域（右邻域）有定义，A 是常数. 若 $\forall\varepsilon>0$，$\exists\delta>0$，使得 $\forall x$ 满足 $x_0-\delta<x<x_0$（$x_0<x<x_0+\delta$），有

$$|f(x)-A|<\varepsilon,$$

则称 A 是函数 $f(x)$ 在 x_0 的左极限（右极限）. 记作

$$\lim_{x\to x_0^-}f(x)=A\text{ 或 }f(x_0-0)=A,\ \left(\lim_{x\to x_0^+}f(x)=A\text{ 或 }f(x_0+0)=A\right).$$

左极限与右极限统称为单侧极限. 它们与极限的关系，有下述定理

定理 1.5 $\lim\limits_{x\to x_0}f(x)=A$ 的充要条件是 $\lim\limits_{x\to x_0^-}f(x)=\lim\limits_{x\to x_0^+}f(x)=A$.

类似有 $\lim\limits_{x\to\infty}f(x)=A$ 等价于 $\lim\limits_{x\to-\infty}f(x)=\lim\limits_{x\to+\infty}f(x)=A$.

例 7 设 $f(x)=\begin{cases}1, & x<0\\ x, & x\geqslant 0\end{cases}$，研究当 $x\to0$ 时，$f(x)$ 的极限是否存在.

解 当 $x<0$ 时，$\lim\limits_{x\to0^-}f(x)=\lim\limits_{x\to0^-}1=1$，而当 $x>0$ 时，$\lim\limits_{x\to0^+}f(x)=\lim\limits_{x\to0^+}x=0$.

左右极限都存在但不相等，所以，由定理 1.5 可知当 $x\to0$ 时，$f(x)$ 不存在极限（图 1-12）.

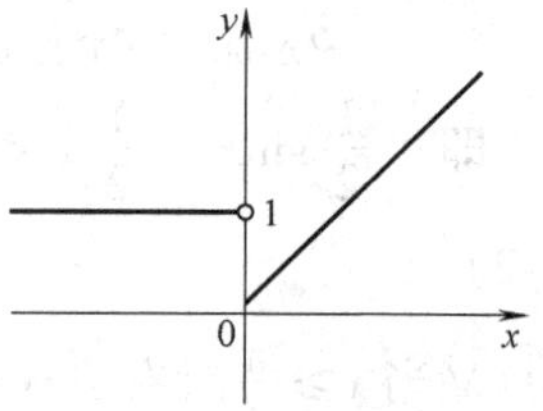

图 1-12

例 8 研究当 $x\to0$ 时，$f(x)=|x|$ 的极限.

解 $f(x)=|x|=\begin{cases}-x, & x<0\\ x, & x\geqslant 0\end{cases}$

因为 $\lim\limits_{x\to0^+}f(x)=\lim\limits_{x\to0^+}x=0$；$\lim\limits_{x\to0^-}f(x)=\lim\limits_{x\to0^-}(-x)=0$

所以，由定理 1.5 可得$\lim\limits_{x\to0}|x|=0$.

三、函数极限的性质

在本节中，我们引入了下述六种类型的函数极限.

(1) $\lim\limits_{x\to+\infty}f(x)$；　(2) $\lim\limits_{x\to-\infty}f(x)$；　(3) $\lim\limits_{x\to\infty}f(x)$；

(4) $\lim\limits_{x\to x_0^+}f(x)$；　(5) $\lim\limits_{x\to x_0^-}f(x)$；　(6) $\lim\limits_{x\to x_0}f(x)$.

它们具有与数列极限相类似的一些性质，以后我们都以第（6）种类型的极限为代表来叙述并证明这些性质．至于其他类型极限的性质及其证明，只要相应地做些修改即可.

1. 极限惟一性

定理 1.6　若极限 $\lim\limits_{x\to x_0}f(x)$ 存在，则此极限是惟一的.

证　设 A、B 都是 $f(x)$ 当 $x\to x_0$ 时的极限，则对任给的 $\varepsilon>0$，分别存在正数 δ_1 与 δ_2，使得当 $0<|x-x_0|<\delta_1$ 时有

$$|f(x)-A|<\varepsilon \tag{1-4}$$

当 $0<|x-x_0|<\delta_2$ 时有

$$|f(x)-B|<\varepsilon \tag{1-5}$$

取 $\delta=\min(\delta_1,\ \delta_2)$，则当 $0<|x-x_0|<\delta$ 时，式（1-4）与式（1-5）同时成立，故有

$$|A-B|=|(f(x)-A)-(f(x)-B)|\leqslant|f(x)-A|+|f(x)-B|<2\varepsilon$$

由 ε 的任意性得 $A=B$. 这就证明了极限是惟一的.

2. 局部有界性

定理 1.7　若极限 $\lim\limits_{x\to x_0}f(x)$ 存在，则 $f(x)$ 在 x_0 某空心邻域 $\mathring{U}(x_0)$ 内有界.

证　设 $\lim\limits_{x\to x_0}f(x)=A$. 取 $\varepsilon=1$，则存在 $\delta>0$，使得对一切 $x\in\mathring{U}(x_0,\ \delta)$ 有

$$|f(x)-A|<1,$$

即

$$|f(x)|<|A|+1.$$

这就证明了 f 在 $\mathring{U}(x_0,\ \delta)$ 内有界.

3. 局部保号性

定理 1.8　若 $\lim\limits_{x\to x_0}f(x)=A>0$（或 <0），则对任何正数 $r<A$（或 $r<-A$），存在 $\mathring{U}(x_0,\ \delta)$，使得对一切 $x\in\mathring{U}(x_0,\ \delta)$，有

$$f(x)>r>0(\text{或}f(x)<-r<0).$$

证　设 $A>0$，对任何 $r\in(0,\ A)$，取 $\varepsilon=A-r$，则存在 $\delta>0$，使得对一切 x

$\in \mathring{U}(x_0, \delta)$，有 $f(x) > A - \varepsilon = r$，这就证得结论．对于 $A < 0$ 的情形可类似地证明．

推论 1.1 （保不等式性）设 $\lim\limits_{x \to x_0} f(x)$ 与 $\lim\limits_{x \to x_0} g(x)$ 都存在，且在某邻域 $\mathring{U}(x_0, \delta')$ 内有 $f(x) \leqslant g(x)$，则

$$\lim_{x \to x_0} f(x) \leqslant \lim_{x \to x_0} g(x) \tag{1-6}$$

证 设 $\lim\limits_{x \to x_0} f(x) = A$，$\lim\limits_{x \to x_0} g(x) = B$，则对任给的 $\varepsilon > 0$，分别存在正数 δ_1 与 δ_2，使得当 $0 < |x - x_0| < \delta_1$ 时有

$$A - \varepsilon < f(x) \tag{1-7}$$

当 $0 < |x - x_0| < \delta_2$ 时有

$$g(x) < B + \varepsilon \tag{1-8}$$

令 $\delta = \min(\delta', \delta_1, \delta_2)$，则当 $0 < |x - x_0| < \delta$ 时，不等式 $f(x) \leqslant g(x)$ 与式（1-7），式（1-8）同时成立，于是有 $A - \varepsilon < f(x) \leqslant g(x) < B + \varepsilon$，从而 $A < B + 2\varepsilon$. 由 ε 的任意性得 $A \leqslant B$，即式（1-6）成立.

习题 1.3

1. 讨论当 $x \to \infty$ 时，函数 $f(x) = 1 + \dfrac{1}{x}$ 的变化情况.
2. 设函数 $f(x) = \sin x$. 讨论当 $x \to \infty$ 时，函数的变化情况.
3. 根据极限定义证明：$\lim\limits_{x \to 1}(2x - 1) = 1$.
4. 设 $x_0 > 0$，证明 $\lim\limits_{x \to x_0} \sqrt{x} = \sqrt{x_0}$.
5. 证明 $\lim\limits_{x \to x_0} \cos x = \cos x_0$.
6. 设函数 $f(x) = \begin{cases} x + 1, & x \leqslant 0 \\ x - 1, & x > 0 \end{cases}$ 试讨论函数 $f(x)$ 在 $x = 0$ 处的极限.
7. 讨论 $f(x) = \dfrac{x}{x}$，$g(x) = \dfrac{|x|}{x}$，当 $x \to 0$ 时的左右极限.
8. 已知 $f(x) = \begin{cases} \sqrt{x - 3}, & x \geqslant 3 \\ x + a, & x < 3 \end{cases}$，且 $\lim\limits_{x \to 3} f(x)$ 存在，求 a.
9. 当 $x \to 1$ 时，函数 $f(x) = \dfrac{x^2 - 1}{x - 1} e^{\frac{1}{x-1}}$ 的极限（　　）.

A. 为 ∞　　B. 不存在　　C. 等于 2　　D. 等于 0

10. “$f(x)$ 在点 $x = x_0$ 处有定义”是“$x \to x_0$ 时，$f(x)$ 有极限”的（　　）.

A. 必要条件　　B. 充分条件　　C. 充分必要条件　　D. 无关条件

11. 设$f(x)=\begin{cases}\cos\dfrac{1}{x} & x>0\\ x\cos\dfrac{1}{x} & x<0\end{cases}$，由于（　　），所以$\lim\limits_{x\to0}f(x)$不存在．

A. $f(x)$在$x=0$处不存在　　B. $\lim\limits_{x\to0^+}f(x)$不存在

C. $\lim\limits_{x\to0^-}f(x)$不存在　　D. $\lim\limits_{x\to0^+}f(x)$和$\lim\limits_{x\to0^-}f(x)$都存在，但不等

12. 若$\lim\limits_{x\to0}\dfrac{f(mx)}{x}=\dfrac{1}{3}$，求$\lim\limits_{x\to0}\dfrac{f(nx)}{x}$，其中$mn\neq0$.

13. 下列说法不正确的是（　　）.

A. 无穷大数列一定是无界　　B. 无界数列不一定是无穷大

C. 有极限的数列一定有界　　D. 有界数列一定存在极限

第四节　极限运算法则

一、四则运算法则

定理 1.9　若$\lim\limits_{x\to x_0}f(x)=a$，$\lim\limits_{x\to x_0}g(x)=b$，则

（1）$\lim\limits_{x\to x_0}[f(x)\pm g(x)]=a\pm b=\lim\limits_{x\to x_0}f(x)\pm\lim\limits_{x\to x_0}g(x)$；

（2）$\lim\limits_{x\to x_0}f(x)\cdot g(x)=ab=\lim\limits_{x\to x_0}f(x)\cdot\lim\limits_{x\to x_0}g(x)$；

（3）当$b\neq0$时，$\lim\limits_{x\to x_0}\dfrac{f(x)}{g(x)}=\dfrac{a}{b}=\dfrac{\lim\limits_{x\to x_0}f(x)}{\lim\limits_{x\to x_0}g(x)}$.

证　此处只证明（2）.

因为$\lim\limits_{x\to x_0}f(x)=a$，存在$\delta_0>0$，当$0<|x-x_0|<\delta_0$时，$|f(x)|\leqslant M$.

$$\forall\varepsilon>0,\begin{cases}\exists\delta_1>0,\forall x:0<|x-x_0|<\delta_1,\text{有}|f(x)-a|<\varepsilon;\\ \exists\delta_2>0,\ \forall x:\ 0<|x-x_0|<\delta_2,\text{有}|g(x)-b|<\varepsilon,\end{cases}$$

取$\delta=\min\{\delta_0,\ \delta_1,\ \delta_2\}$，则当$0<|x-x_0|<\delta$时，有

$$|f(x)g(x)-ab|=|f(x)g(x)-f(x)b+f(x)b-ab|$$
$$\leqslant|f(x)|\cdot|g(x)-b|+|b||f(x)-a|<M\varepsilon+|b|\varepsilon=(M+|b|)\varepsilon,$$

即
$$\lim_{x\to x_0}f(x)\cdot g(x)=ab=\lim_{x\to x_0}f(x)\cdot\lim_{x\to x_0}g(x).$$

定理的（1）、（2）可推广到有限多个函数的和或积的情形；

作为定理中（2）的特殊情形，我们有

$$\lim_{x\to x_0}cf(x)=c\lim_{x\to x_0}f(x),\ \lim_{x\to x_0}[f(x)]^n=[\lim_{x\to x_0}f(x)]^n.$$

例 1　求$\lim\limits_{x\to1}(2x-1)$.

解 $\lim\limits_{x\to 1}(2x-1)=\lim\limits_{x\to 1}2x-\lim\limits_{x\to 1}1=2\lim\limits_{x\to 1}x-\lim\limits_{x\to 1}1=2\cdot 1-1=1.$

例 2 求 $\lim\limits_{x\to 2}\dfrac{x^2-1}{x^3+3x-1}$.

解 $$\lim_{x\to 2}\frac{x^2-1}{x^3+3x-1}=\frac{\lim\limits_{x\to 2}(x^2-1)}{\lim\limits_{x\to 2}(x^3+3x-1)}=\frac{\lim\limits_{x\to 2}x^2-\lim\limits_{x\to 2}1}{\lim\limits_{x\to 2}x^3+\lim\limits_{x\to 2}3x-\lim\limits_{x\to 2}1}$$
$$=\frac{(\lim\limits_{x\to 2}x)^2-\lim\limits_{x\to 2}1}{(\lim\limits_{x\to 2}x)^3+3\lim\limits_{x\to 2}x-\lim\limits_{x\to 2}1}=\frac{2^2-1}{2^3+3\cdot 2-1}=\frac{3}{13}.$$

从例 1 和例 2 中可以看出，对于有理整函数（多项式）和有理分式函数（分母不为零），求其极限时，只要把自变量 x 的极限值代入函数就可以了.

设多项式 $$f(x)=a_0x^n+a_1x^{n-1}+\cdots+a_n,$$

则 $$\lim_{x\to x_0}f(x)=\lim_{x\to x_0}(a_0x^n+a_1x^{n-1}+\cdots+a_n)$$
$$=a_0(\lim_{x\to x_0}x)^n+a_1(\lim_{x\to x_0}x)^{n-1}+\cdots+a_n$$
$$=a_0x_0^n+a_1x_0^{n-1}+\cdots+a_n$$
$$=f(x_0).$$

对于有理分式函数 $f(x)=\dfrac{P(x)}{Q(x)}$，其中 $P(x)$，$Q(x)$ 均为多项式，$Q(x_0)\neq 0$.

则 $$\lim_{x\to x_0}f(x)=\lim_{x\to x_0}\frac{P(x)}{Q(x)}=\frac{\lim\limits_{x\to x_0}P(x)}{\lim\limits_{x\to x_0}Q(x)}=\frac{P(x_0)}{Q(x_0)}=f(x_0).$$

例 3 求 $\lim\limits_{x\to\infty}\dfrac{3x^3-4x^2+2}{7x^3+5x^2-3}$.

解 $$\lim_{x\to\infty}\frac{3x^3-4x^2+2}{7x^3+5x^2-3}=\lim_{x\to\infty}\frac{3-\dfrac{4}{x}+\dfrac{2}{x^3}}{7+\dfrac{5}{x}-\dfrac{3}{x^3}}=\frac{3}{7}.$$

例 4 求 $\lim\limits_{x\to\infty}\dfrac{2x^2-1}{3x^4+x^2-2}$.

解 $$\lim_{x\to\infty}\frac{2x^2-1}{3x^4-x^2-2}=\lim_{x\to\infty}\frac{\dfrac{2}{x^2}-\dfrac{1}{x^4}}{3+\dfrac{1}{x^2}-\dfrac{2}{x^4}}=\frac{0}{3}=0.$$

若 $Q(x_0)=0$，不满足定理条件，不能用上述结论，需采用其他手段.

例 5 求 $\lim\limits_{x\to 2}\dfrac{2-x}{4-x^2}$.

解　当 $x\to 2$ 时，$x\neq 2$，$x-2\neq 0$.

所以　$\lim\limits_{x\to 2}\dfrac{2-x}{4-x^2}=\lim\limits_{x\to 2}\dfrac{2-x}{(2-x)(2+x)}=\lim\limits_{x\to 2}\dfrac{1}{2+x}=\dfrac{1}{4}.$

例 6　求 $\lim\limits_{x\to 1}\dfrac{x^2+x-2}{2x^2+x-3}$.

解　当 $x\to 1$ 时，分子、分母均趋于 0，因为 $x\neq 1$，约去公因子 $(x-1)$，

所以　$\lim\limits_{x\to 1}\dfrac{x^2+x-2}{2x^2+x-3}=\lim\limits_{x\to 1}\dfrac{x+2}{2x+3}=\dfrac{3}{5}.$

例 7　求 $\lim\limits_{x\to -1}\left(\dfrac{1}{x+1}-\dfrac{3}{x^3+1}\right)$.

解　当 $x\to -1$ 时，$\dfrac{1}{x+1}$，$\dfrac{3}{x^3+1}$ 都没有极限，故不能直接用定理 1.9，但当 $x\neq -1$ 时，

$$\frac{1}{x+1}-\frac{3}{x^3+1}=\frac{(x+1)(x-2)}{(x+1)(x^2-x+1)}=\frac{x-2}{x^2-x+1},$$

所以 $\lim\limits_{x\to -1}\left(\dfrac{1}{x+1}-\dfrac{3}{x^3+1}\right)=\lim\limits_{x\to -1}\dfrac{x-2}{x^2-x+1}=\dfrac{-1-2}{(-1)^2-(-1)+1}=-1.$

例 8　求 $\lim\limits_{x\to 2}\dfrac{x^2}{x-2}$.

解　当 $x\to 2$ 时，$x-2\to 0$，故不能直接用定理 1.9，又 $x^2\to 4$，考虑：$\lim\limits_{x\to 2}\dfrac{x-2}{x^2}=\dfrac{2-2}{4}=0$，由此可知 $\dfrac{x^2}{x-2}$ 在 $x\to 2$ 时，函数值无限增大，记为 $\lim\limits_{x\to 2}\dfrac{x^2}{x-2}=\infty$.

例 9　求 $\lim\limits_{x\to 4}\dfrac{\sqrt{x}-2}{x-4}$.

解　$\lim\limits_{x\to 4}\dfrac{\sqrt{x}-2}{x-4}=\lim\limits_{x\to 4}\dfrac{(\sqrt{x}-2)(\sqrt{x}+2)}{(x-4)(\sqrt{x}+2)}=\lim\limits_{x\to 4}\dfrac{x-4}{(x-4)(\sqrt{x}+2)}=\lim\limits_{x\to 4}\dfrac{1}{\sqrt{x}+2}=\dfrac{1}{4}.$

例 10　设 $a_0\neq 0$，$b_0\neq 0$，m，n 为自然数，则

$$\lim_{x\to\infty}\frac{a_0x^n+a_1x^{n-1}+\cdots+a_n}{b_0x^m+b_1x^{m-1}+\cdots+b_m}=\begin{cases}\dfrac{a_0}{b_0} & \text{当 } n=m \text{ 时}\\ 0 & \text{当 } n<m \text{ 时.}\\ \infty & \text{当 } n>m \text{ 时}\end{cases}$$

证　当 $x\to\infty$ 时，分子、分母极限均不存在，故不能用定理 1.9，先变形：

$$\lim_{x\to\infty}\frac{a_0x^n+a_1x^{n-1}+\cdots+a_n}{b_0x^m+b_1x^{m-1}+\cdots+b_m}=\lim_{x\to\infty}x^{n-m}\cdot\frac{a_0+\dfrac{a_1}{x}+\cdots+\dfrac{a_n}{x^n}}{b_0+\dfrac{b_1}{x}+\cdots+\dfrac{b_m}{x^m}}$$

$$=\begin{cases}1\cdot\dfrac{a_0+0+\cdots+0}{b_0+0+\cdots+0} & \text{当 } n=m \text{ 时}\\ 0\cdot\dfrac{a_0+0+\cdots+0}{b_0+0+\cdots+0} & \text{当 } n<m \text{ 时}\\ \infty\cdot\dfrac{a_0+0+\cdots+0}{b_0+0+\cdots+0} & \text{当 } n>m \text{ 时}\end{cases}=\begin{cases}\dfrac{a_0}{b_0} & \text{当 } n=m \text{ 时}\\ 0 & \text{当 } n<m \text{ 时.}\\ \infty & \text{当 } n>m \text{ 时}\end{cases}$$

例 11 求 $\lim\limits_{n\to\infty}\left(\dfrac{1}{n^2}+\dfrac{2}{n^2}+\cdots+\dfrac{n}{n^2}\right)$.

解 当 $n\to\infty$ 时，这是无穷多项相加，故不能直接用定理 1.9，先变形

$$\lim_{n\to\infty}\left(\frac{1}{n^2}+\frac{2}{n^2}+\cdots+\frac{n}{n^2}\right)=\lim_{n\to\infty}\frac{1}{n^2}(1+2+\cdots+n)$$

$$=\lim_{n\to\infty}\frac{1}{n^2}\cdot\frac{n(n+1)}{2}=\lim_{n\to\infty}\frac{n+1}{2n}=\frac{1}{2}.$$

二、复合函数的极限运算法则

定理 1.10 设 $\lim\limits_{x\to x_0}\varphi(x)=a$，且 x 满足 $0<|x-x_0|<\delta_1$ 时，$\varphi(x)\neq a$，又 $\lim\limits_{u\to a}f(u)=A$，则有

$$\lim_{x\to x_0}f[\varphi(x)]=\lim_{u\to a}f(u)=A.$$

证 由 $\lim\limits_{u\to a}f(u)=A$，对于 $\forall\varepsilon>0$，$\exists\eta>0$，当 $0<|u-a|<\eta$ 时，有

$$|f(u)-A|<\varepsilon;$$

又 $\lim\limits_{x\to x_0}\varphi(x)=a$，则对上述 $\eta>0$，$\exists\delta_2>0$，使得当 $0<|x-x_0|<\delta_2$ 时，有

$$|\varphi(x)-a|<\eta.$$

取 $\delta=\min\{\delta_1,\delta_2\}$，则当 $0<|x-x_0|<\delta$ 时，有

$$0<|\varphi(x)-a|=|u-a|<\eta,$$

故

$$|f[\varphi(x)]-A|=|f(u)-A|<\varepsilon.$$

结论成立.

若定理中 $\lim\limits_{x\to x_0}\varphi(x)=\infty$，类似可证 $\lim\limits_{x\to x_0}f[\varphi(x)]=\lim\limits_{u\to\infty}f(u)=A$.

例 12 求 $\lim\limits_{x\to1}\dfrac{x-1}{\sqrt{x}-1}$.

解 令 $u=\sqrt{x}$，则 $\lim\limits_{x\to1}u=1$，从而 $\dfrac{x-1}{\sqrt{x}-1}=\dfrac{u^2-1}{u-1}=u+1$

故
$$\lim_{x\to 1}\frac{x-1}{\sqrt{x}-1}=\lim_{u\to 1}(u+1)=2.$$

习题1.4

1. 求$\lim\limits_{x\to 2}4x^2-6x-3$.

2. 求$\lim\limits_{x\to 1}\dfrac{2x^2-1}{3x^2-6x+5}$.

3. 求$\lim\limits_{x\to 1}\dfrac{x^2-3x+1}{2x^2+4x-6}$.

4. 求$\lim\limits_{x\to 3}\dfrac{x^2-4x+3}{x^2-9}$.

5. 求$\lim\limits_{x\to 3}\dfrac{\sqrt{x+1}-2}{x-3}$.

6. 求$\lim\limits_{x\to\infty}\dfrac{3x^2-4x+2}{2x^2+3x-1}$.

7. 求$\lim\limits_{x\to\infty}\dfrac{2x^2-x+3}{4x^3+2x-1}$.

8. 求$\lim\limits_{x\to 2}\left(\dfrac{1}{2-x}-\dfrac{4}{4-x^2}\right)$.

9. 求$\lim\limits_{x\to+\infty}x(\sqrt{x^2+1}-x)$.

10. 试确定常数a，使得$\lim\limits_{x\to\infty}(\sqrt[3]{1-x^3}-ax)=0$.

11. 设$f(x)=\lim\limits_{t\to+\infty}\dfrac{x+e^{tx}}{1+e^{tx}}$，求$f(x)$.

12. $\lim\limits_{x\to 2}\left(\dfrac{1}{x-2}-\dfrac{a}{x^2-4}\right)=b$，求$a$，$b$.

13. 设α是正整数，若$\lim\limits_{x\to\infty}\dfrac{x^{200}}{x^\alpha-(x-1)^\alpha}=\beta\neq 0$，求$\alpha$，$\beta$.

14. 求$\lim\limits_{x\to-\infty}\dfrac{\sqrt{4x^2+x-1}+x+1}{\sqrt{x^2+\sin x}}$.

15. 在自变量的某种同一变化趋势下，下列结果成立的有（　　）.

A. 已知$\lim f(x)$∃，而$\lim g(x)$不∃，则$\lim[f(x)\pm g(x)]$不∃

B. 若$\lim f(x)=a$，则$\lim f(x)\cdot g(x)=a\cdot\lim g(x)$

C. 已知$\lim\dfrac{f(x)}{g(x)}$∃，且$\lim g(x)=0$，则$\lim f(x)=0$

D. 已知$\lim f(x)\cdot g(x)$∃，且$\lim g(x)=\infty$，则$\lim f(x)=0$

16. 求$\lim\limits_{x\to-8}\dfrac{\sqrt{1-x}-3}{2+\sqrt[3]{x}}$.

17. 求$\lim\limits_{x\to\infty}\dfrac{x-\sin x}{x+\cos x}$.

18. 极限$\lim\limits_{x\to\infty}\frac{1-2e^x}{1+e^x}\arctan x$. 是否存在?

19. 设$f(x)=\frac{px^2+qx+5}{x-5}(p,\ q\in R)$

(1) p, q为何值时$\lim\limits_{x\to\infty}f(x)=0$?

(2) p, q为何值时$\lim\limits_{x\to\infty}f(x)=1$?

(3) p, q为何值时$\lim\limits_{x\to5}f(x)=1$?

第五节　两个重要极限

一、极限存在准则Ⅰ与第一个重要极限

1. 准则Ⅰ（夹逼准则）

定理1.11　若

(1) 函数$f(x)$, $g(x)$, $h(x)$ 在点x_0的某去心邻域内满足:

$$g(x)\leqslant f(x)\leqslant h(x),$$

(2) $\lim\limits_{x\to x_0}g(x)=A$, $\lim\limits_{x\to x_0}h(x)=A$,

则

$$\lim_{x\to x_0}f(x)=A.$$

证　$\forall\varepsilon>0$, 因为$\lim\limits_{x\to x_0}g(x)=A$且$\lim\limits_{x\to x_0}h(x)=A$, 则

$\exists\delta_1>0$, 当$0<|x-x_0|<\delta_1$时, 有$|g(x)-A|<\varepsilon$, 从而$A-\varepsilon<g(x)$,

$\exists\delta_2>0$, 当$0<|x-x_0|<\delta_2$时, 有$|h(x)-A|<\varepsilon$, 从而$h(x)<A+\varepsilon$,

取$\delta=\min\{\delta_1,\ \delta_2\}$, 则当$0<|x-x_0|<\delta$时, 有

$$A-\varepsilon<g(x)\leqslant f(x)\leqslant h(x)<A+\varepsilon,$$

所以有 $\lim\limits_{x\to x_0}f(x)=A$.

2. 第一个重要极限

作为准则Ⅰ的应用，下面将证明第一个重要极限: $\lim\limits_{x\to0}\frac{\sin x}{x}=1$.

证　由第三节例6, 我们可知$\sin x<x<\tan x$, 以$\sin x$除各项得

$$1<\frac{x}{\sin x}<\frac{1}{\cos x}\quad\text{或}\quad\cos x<\frac{\sin x}{x}<1.$$

从而　$0<1-\frac{\sin x}{x}<1-\cos x=2\sin^2\frac{x}{2}\leqslant2\left(\frac{x}{2}\right)^2$. 当$x\to0$时, $\frac{1}{2}x^2\to0$, 利用准则Ⅰ, 有

$$\lim_{x\to0}\left(1-\frac{\sin x}{x}\right)=0\ \text{即}\ \lim_{x\to0}\frac{\sin x}{x}=1.$$

类似地，我们有 $\lim \frac{\sin\varphi(x)}{\varphi(x)}=1$ （$\lim\varphi(x)=0$），即极限为 0 的函数的正弦与其本身的比值的极限为 1.

例 1　求 $\lim\limits_{x\to 0}\frac{\arcsin x}{x}$.

解　令 $t=\arcsin x$，$\lim\limits_{x\to 0}\frac{\arcsin x}{x}=\lim\limits_{t\to 0}\frac{t}{\sin t}=\lim\limits_{t\to 0}\frac{1}{\frac{\sin t}{t}}=1$.

例 2　求 $\lim\limits_{x\to\pi}\frac{\sin x}{x-\pi}$.

解　令 $t=\pi-x$，$\lim\limits_{x\to\pi}\frac{\sin x}{x-\pi}=\lim\limits_{x\to\pi}\frac{\sin(\pi-x)}{x-\pi}=\lim\limits_{t\to 0}\frac{\sin t}{-t}=-1$.

例 3　求 $\lim\limits_{x\to 0}\frac{\tan 3x}{x}$.

解　$\lim\limits_{x\to 0}\frac{\tan 3x}{x}=\lim\limits_{x\to 0}3\cdot\frac{\sin 3x}{3x}\cdot\frac{1}{\cos x}=3\cdot 1\cdot 1=3$.

例 4　求 $\lim\limits_{x\to 0}\frac{1-\cos x}{x^2}$.

解

$$\lim_{x\to 0}\frac{1-\cos x}{x^2}=\lim_{x\to 0}\frac{2\sin^2\frac{x}{2}}{x^2}=\frac{1}{2}\lim_{x\to 0}\frac{\sin^2\frac{x}{2}}{\left(\frac{x}{2}\right)^2}=\lim_{x\to 0}\frac{1}{2}\left(\frac{\sin\frac{x}{2}}{\frac{x}{2}}\right)^2=\frac{1}{2}\cdot 1^2=\frac{1}{2}$$

二、极限存在准则Ⅱ与第二个重要极限

1. 准则Ⅱ（单调有界准则）**单调有界数列必有极限.**

如果数列 x_n 满足：$x_1\leqslant x_2\leqslant\cdots\leqslant x_n\leqslant\cdots$，就称之为单调增加数列；若满足：$x_1\geqslant x_2\geqslant\cdots\geqslant x_n\geqslant\cdots$，就称之为单调减少数列；同理亦有严格单增数列或严格单减数列. 通称为单调数列和严格单调数列.

如果 $\exists M$，使得 $x_n\leqslant M$（$n=1, 2, \cdots$），就称数列 $\{x_n\}$ 有上界；若 $\exists M$，使得 $x_n\geqslant M$（$n=1, 2, \cdots$），就称数列 $\{x_n\}$ 有下界. 既有上界又有下界的数列称为有界数列.

准则Ⅱ的证明从略.

准则Ⅱ可推广到函数情形中去，在此不再赘述.

例 5　证明数列

$$\sqrt{2},\ \sqrt{2+\sqrt{2}},\cdots,\sqrt{2+\sqrt{2+\cdots+\sqrt{2}}},\cdots,$$

收敛，并求其极限.

解 数列的单调递增是显然的，有界性很容易用归纳法证明，而且 $a_{n+1}=\sqrt{2+a_n}$，利用单调有界准则，设其极限为 A，则有

$$A=\sqrt{2+A},$$

可得 $A=2$.

2. 第二个重要极限

作为准则Ⅱ的一个应用，下面来证明极限 $\lim\limits_{x\to\infty}(1+\frac{1}{x})^x=\mathrm{e}$.

首先，设 $x_n=\left(1+\frac{1}{n}\right)^n$，我们来证明数列 $\{x_n\}$ 收敛.

证 先证明，对 $\forall 0\leqslant a<b$ 和正整数 n，有不等式

$$\frac{b^{n+1}-a^{n+1}}{b-a}<(n+1)b^n.$$

事实上，

$$\frac{b^{n+1}-a^{n+1}}{b-a}=\frac{(b-a)(b^n+b^{n-1}a+\cdots+ba^{n-1}+a^n)}{b-a}$$

$$=b^n+b^{n-1}a+\cdots+ba^{n-1}+a^n<(n+1)b^n.$$

该不等式又可变形为

$$b^n[(n+1)a-nb]<a^{n+1},\quad (0\leqslant a<b,\ n \text{ 为正整数})$$

在此不等式中，取 $a=1+\frac{1}{n+1}$，$b=1+\frac{1}{n}$，则有 $0\leqslant a<b$，就有

$\left(1+\frac{1}{n}\right)^n<\left(1+\frac{1}{n+1}\right)^{n+1}$，从而有 x_n 单调增加，

取 $a=1$，$b=1+\frac{1}{2n}$，又有 $\left(1+\frac{1}{2n}\right)^n\cdot\frac{1}{2}<1$ 对 $\forall n$ 成立，

从而 $\left(1+\frac{1}{2n}\right)^n<2$，即 $x_{2n}=\left(1+\frac{1}{2n}\right)^{2n}<4$.

又由 $x_{2n-1}<x_{2n}$，可得 $x_n<4$. 所以数列 $\{x_n\}$ 有界

由单调有界原理，数列 $\{x_n\}=\left\{\left(1+\frac{1}{n}\right)^n\right\}$ 有极限，我们将此极限记作 e，则 $\lim\limits_{n\to\infty}\left(1+\frac{1}{n}\right)^n=\mathrm{e}$.

e 是一个无理数，$\mathrm{e}=2.718281828459045\cdots$

类似可以证明 $\lim\limits_{x\to\infty}\left(1+\frac{1}{x}\right)^x=\lim\limits_{n\to\infty}\left(1+\frac{1}{n}\right)^n=\mathrm{e}$，这里从略.

设 $x=\frac{1}{\alpha}$，则 $x\to\infty$ 等价于 $\alpha\to0$，因此我们也可以得到 $\lim\limits_{\alpha\to0}(1+\alpha)^{\frac{1}{\alpha}}=\mathrm{e}$

类似地，有 $\lim(1+\varphi(x))^{\frac{1}{\varphi(x)}}=\mathrm{e}$ （$\lim\varphi(x)=0$）.

指数函数 $y=e^x$ 及自然对数 $y=\ln x$ 中的底就是这个常数 e

例 6　求 $\lim\limits_{x\to\infty}\left(\dfrac{x}{1+x}\right)^x$.

解　$\lim\limits_{x\to\infty}\left(\dfrac{x}{1+x}\right)^x=\lim\limits_{x\to\infty}\dfrac{1}{\left(1+\dfrac{1}{x}\right)^x}=\dfrac{1}{\lim\limits_{x\to\infty}\left(1+\dfrac{1}{x}\right)^x}=\dfrac{1}{e}$.

例 7　求 $\lim\limits_{x\to\infty}\left(1+\dfrac{2}{x}\right)^{3x}$.

解　令 $\alpha=\dfrac{2}{x}$，则当 $x\to\infty$ 时 $\alpha\to 0$. 故

$$\lim_{x\to\infty}\left(1+\frac{2}{x}\right)^{3x}=\lim_{\alpha\to 0}(1+\alpha)^{\frac{6}{\alpha}}=\lim_{\alpha\to 0}\left[(1+\alpha)^{\frac{1}{\alpha}}\right]^6=e^6$$

例 8　求 $\lim\limits_{x\to\infty}\left(1-\dfrac{1}{x}\right)^{x+1}$

解
$$\lim_{x\to\infty}\left(1-\frac{1}{x}\right)^{x+1}=\lim_{x\to\infty}\left[\left(1+\frac{1}{-x}\right)^{-x}\right]^{-1}\left(1-\frac{1}{x}\right)$$
$$=\left[\lim_{x\to\infty}\left(1+\frac{1}{-x}\right)^{-x}\right]^{-1}\cdot\lim_{x\to\infty}\left(1-\frac{1}{x}\right)=\frac{1}{e}.$$

例 9　求 $\lim\limits_{n\to\infty}\left(\dfrac{2n-1}{2n+1}\right)^n$

解
$$\lim_{n\to\infty}\left(\frac{2n-1}{2n+1}\right)^n=\lim_{n\to\infty}\left(1-\frac{2}{2n+1}\right)^n$$
$$=\lim_{n\to\infty}\left(1-\frac{1}{n+\frac{1}{2}}\right)^{n+\frac{1}{2}}\cdot\left(1-\frac{1}{n+\frac{1}{2}}\right)^{-\frac{1}{2}}$$
$$=\frac{1}{e}\cdot 1^{-\frac{1}{2}}=\frac{1}{e}.$$

习题 1.5

1. 求极限

(1) $\lim\limits_{x\to 0}\dfrac{\tan x}{x}$;　(2) $\lim\limits_{x\to 0}\dfrac{\sin 3x}{x}$;　(3) $\lim\limits_{x\to 0}\dfrac{\arctan x}{2x}$;

(4) $\lim\limits_{x\to 0}\dfrac{\sin(\sin x)}{x}$;　(5) $\lim\limits_{x\to 0}x\cot x$;　(6) $\lim\limits_{x\to\infty}x\sin\dfrac{1}{x}$.

2. 求极限

(1) $\lim\limits_{x\to\infty}\left(1-\dfrac{1}{x}\right)^{kx}$;　(2) $\lim\limits_{x\to 0}\dfrac{\ln(1+x)}{x}$;　(3) $\lim\limits_{x\to\infty}\left(\dfrac{x+1}{x-1}\right)^x$;

(4) $\lim\limits_{x\to\frac{\pi}{2}}(1+\cos x)^{3\sec x}$.

3. 设 $0<x_1<1$，$n=1, 2, \cdots$，$x_{n+1}=2x_n-x_n^2$，证明数列 $\{x_n\}$ 的极限存在，并求其极限.

4. 下列极限中正确的是（　　）.

A. $\lim\limits_{x\to\infty} x\sin x=1$　B. $\lim\limits_{x\to\infty} x\sin\dfrac{1}{x}=1$　C. $\lim\limits_{x\to\infty}\dfrac{1}{x}\sin\dfrac{1}{x}=1$　D. $\lim\limits_{x\to\infty}\dfrac{1}{x}\sin x=1$

5. 设 $f(x+1)=\lim\limits_{n\to\infty}\left(\dfrac{n+x}{n-2}\right)^n$，求 $f(x)$.

6. 若 $\lim\limits_{x\to\infty}\left(\dfrac{x+2a}{x-a}\right)^x=8$，求 a.

7. 求极限 $\lim\limits_{x\to+\infty}\left(1-\dfrac{2}{x}\right)^{\sqrt{x}+2}$.

8. 求极限 $\lim\limits_{x\to0}(\cos x+\sin^2x)^{\frac{1}{x^2}}$.

9. 证明 $\lim\limits_{n\to\infty}\left(\dfrac{1}{\sqrt{n^2+1}}+\dfrac{1}{\sqrt{n^2+2}}+\cdots+\dfrac{1}{\sqrt{n^2+n}}\right)$ 存在，并求其值.

10. 求极限 $\lim\limits_{x\to0}\left(x\cdot\sin\dfrac{1}{x}-\dfrac{1}{x}\cdot\sin x\right)$.

11. 求极限 $\lim\limits_{x\to\infty}\left(x\cdot\sin\dfrac{1}{x}-\dfrac{1}{x}\cdot\sin x\right)$.

12. 求极限 $\lim\limits_{x\to+\infty}\dfrac{x\sqrt{x}\sin\dfrac{1}{x}}{\sqrt{x}-1}$.

13. 极限 $\lim\limits_{x\to0}\dfrac{\sqrt{2-2\cos x}}{\arcsin x}$. 存在吗？

14. 设 $x_1>0$，$x_{n+1}=\dfrac{1}{2}\left(x_n+\dfrac{a}{x_n}\right)$，$n=1, 2\cdots$，$a>0$，证：$\lim\limits_{n\to\infty}x_n$ ∃存在并求值.

15. 求极限 $\lim\limits_{n\to\infty} n[\ln(n+1)-\ln n]$.

16. 讨论极限 $\lim\limits_{x\to0}\left(\dfrac{2+e^{\frac{1}{x}}}{1+e^{\frac{1}{x}}}+\dfrac{\sin x}{|x|}\right)$.

17. 求极限 $\lim\limits_{x\to0}(1+e^x\sin^2x)^{\frac{1}{1-\cos x}}$.

18. 证明 $\lim\limits_{n\to\infty}(1+2^n+3^n)^{\frac{1}{n}}=3$.

第六节　无穷小与无穷大

一、无穷小

定义 1.18　若 $\lim\limits_{x\to x_0}f(x)=0$，则称 $f(x)$ 是当 $x\to x_0$ 时的无穷小量，又称无穷小.

在上述定义中，将 $x\to x_0$ 换成 $x\to x_0^+$，$x\to x_0^-$，$x\to+\infty$，$x\to-\infty$，$x\to\infty$ 以及 $n\to\infty$，可定义不同形式的无穷小. 例如

当 $x \to 0$ 时，函数 x^3，$\sin x$，$\tan x$ 都是无穷小.

当 $x \to +\infty$ 时，函数 $\frac{1}{x^2}$，$\left(\frac{1}{2}\right)^x$，$\frac{\pi}{2} - \arctan x$ 都是无穷小.

当 $n \to \infty$ 时，数列 $\left\{\frac{1}{n}\right\}$，$\left\{\frac{1}{2^n}\right\}$，$\left\{\frac{n}{n^2+1}\right\}$ 都是无穷小.

无穷小是极限为零的变量，而不是“很小的数”．除零之外的任何常数，无论它的绝对值怎么小，都不是无穷小.

由无穷小的定义及极限的四则运算法则，可得如下性质.

定理 1.12　若函数 $f(x)$ 与 $g(x)$ 都是 $x \to x_0$ 时的无穷小，则函数 $f(x) \pm g(x)$ 是 $x \to x_0$ 时的无穷小.

定理 1.13　若函数 $f(x)$ 是 $x \to x_0$ 时的无穷小，函数 $g(x)$ 在 x_0 的某去心邻域 $\mathring{U}(x_0, \delta)$ 有界，则 $f(x) \cdot g(x)$ 是 $x \to x_0$ 时的无穷小.

特别地，若 $f(x)$ 与 $g(x)$ 都是 $x \to x_0$ 时的无穷小，则函数 $f(x) \cdot g(x)$ 也是 $x \to x_0$ 时的无穷小.

推论 1.2　常量与无穷小的乘积仍是无穷小.

定理 1.14　$\lim\limits_{x \to x_0} f(x) = A$ 的充要条件是 $f(x) = A + \alpha(x)$，其中 $\alpha(x)$ 是 $x \to x_0$ 时的无穷小.

证　必要性，设 $\lim\limits_{x \to x_0} f(x) = A$，令 $\alpha(x) = f(x) - A$，则 $f(x) = A + \alpha(x)$，只须证明当 $x \to x_0$ 时 $\alpha(x)$ 是无穷小量.

事实上，因为 $\lim\limits_{x \to x_0} f(x) = A$，所以对于 $\forall \varepsilon > 0$，$\exists \delta > 0$，当 $0 < |x - x_0| < \delta$ 时，有 $|f(x) - A| < \varepsilon$，由定义 1.18，$\alpha(x) = f(x) - A$ 是无穷小.

充分性，设 $f(x) = A + \alpha(x)$，其中 $\alpha(x)$ $(x \to x_0)$ 是无穷小，则 $f(x) - A = \alpha(x)$．因 $\alpha(x)$ $(x \to x_0)$ 是无穷小，则对于 $\forall \varepsilon > 0$，$\exists \delta > 0$，当 $0 < |x - x_0| < \alpha$ 时，有 $|f(x) - A| = |\alpha(x)| < \varepsilon$.

所以
$$\lim_{x \to x_0} f(x) = A.$$

二、无穷大

定义 1.19　设 $f(x)$ 在 x_0 的某去心邻域内有定义，若对 $\forall M > 0$，$\exists \delta > 0$，当 $0 < |x - x_0| < \delta$ 时，有 $|f(x)| > M$，则称函数 $f(x)$ 是 $x \to x_0$ 时的无穷大，表示为
$$\lim_{x \to x_0} f(x) = \infty \text{ 或 } f(x) \to \infty \ (x \to x_0).$$

将定义中不等式 $|f(x)| > M$ 改为 $f(x) > M$ 或 $f(x) < -M$，则称函数 $f(x)$ 是 $x \to x_0$ 时的正无穷大或负无穷大．分别表示为
$$\lim_{x \to x_0} f(x) = +\infty \text{ 或 } f(x) \to +\infty \ (x \to x_0).$$

$$\lim_{x\to x_0} f(x) = -\infty \text{ 或 } f(x)\to -\infty\ (x\to x_0).$$

无穷大不是很大的数，无穷大是在随着自变量的变化过程中，绝对值无限地增大的变量.

例 1 证明 $\lim\limits_{x\to 1}\dfrac{1}{x-1}=\infty$.

证 $\forall M>0$，要使 $\left|\dfrac{1}{x-1}\right| = \dfrac{1}{|x-1|} > M$，只须 $|x-1| < \dfrac{1}{M}$，取 $\delta = \dfrac{1}{M}$，于是 $\forall M>0$，$\exists \delta = \dfrac{1}{M} > 0$，当 $0<|x-1|<\delta$ 时，有 $\left|\dfrac{1}{x-1}\right| > M$.

例 2 证明 $\lim\limits_{x\to +\infty} a^x = +\infty\ (a>1)$

证 $\forall M>0(M>1)$，要使不等式 $a^x>M$ 成立，只要 $x>\log_a M$，取 $X=\log_a M$，于是 $\exists X=\log_a M$，当 $x>X$ 时，有 $a^x>M$.

三、无穷小与无穷大的关系

定理 1.15 在自变量的同一变化过程中，

(1) 若 $f(x)$ 是无穷大，则 $\dfrac{1}{f(x)}$ 是无穷小；

(2) 若 $f(x)$ 是无穷小，且 $f(x)\neq 0$，则 $\dfrac{1}{f(x)}$ 是无穷大.

证 只证 (2). $\forall M>0$，设当 $x\to x_0$ 时，$f(x)$ 是无穷小，则对 $\varepsilon = \dfrac{1}{M}>0$，$\exists \delta>0$，使得当 $0<|x-1|<\delta$ 时，有 $|f(x)|<\dfrac{1}{M}$，也就是 $\left|\dfrac{1}{f(x)}\right|>M$. 即函数 $\dfrac{1}{f(x)}$ 是 $x\to x_0$ 时的无穷大.

四、无穷小的比较

当 $x\to 0$ 时，x，$2x$，x^2 都是无穷小，但它们趋于 0 的速度却不一样. 如下表：

x	1	0.5	0.1	0.01	0.001	…	$\to 0$
$2x$	2	1	0.2	0.02	0.002	…	$\to 0$
x^2	1	0.25	0.01	0.0001	0.000001	…	$\to 0$

显然，x^2 趋于 0 的速度最快，而 x 与 $2x$ 趋于 0 的速度相差不大. 由此，引入无穷小的比较.

定义 1.20 设 α 与 β 是在自变量的同一变化过程中的两个无穷小，且 $\beta\neq 0$.

若 $\lim\dfrac{\alpha}{\beta}=0$，则称 α 是 β 的高阶无穷小. 记为 $\alpha = o(\beta)$.

若$\lim\frac{\alpha}{\beta}=\infty$，则称$\alpha$是$\beta$的低阶无穷小.

若$\lim\frac{\alpha}{\beta}=c\neq 0$，则称$\alpha$与$\beta$是同阶无穷小. 特别地，若$\lim\frac{\alpha}{\beta}=1$，则称$\alpha$与$\beta$是等价无穷小，记为$\alpha\sim\beta$.

例 3　（1）因 $\lim\limits_{x\to 0}\frac{\tan x}{x}=\lim\limits_{x\to 0}\frac{\sin x}{x}\cdot\lim\limits_{x\to 0}\frac{1}{\cos x}=1$，所以 $\tan x\sim x$.

（2）因 $\lim\limits_{x\to 0}\frac{1-\cos x}{x}=\lim\limits_{x\to 0}\frac{2\sin^2\frac{x}{2}}{x}=0$，所以 $1-\cos x$ 是 x 的高阶无穷小.

（3）因 $\lim\limits_{x\to 0}\frac{3x^4-x^3+x^2}{5x^2}=\lim\limits_{x\to 0}\left(\frac{3}{5}x^2-\frac{1}{5}x+\frac{1}{5}\right)=\frac{1}{5}$，所以两者是同阶无穷小.

定理 1.16　若$\alpha\sim\alpha'$，$\beta\sim\beta'$，且$\lim\frac{\beta'}{\alpha'}$存在，则 $\lim\frac{\beta}{\alpha}=\lim\frac{\beta'}{\alpha'}$.

这是因为$\lim\frac{\beta}{\alpha}=\lim\left(\frac{\beta}{\beta'}\cdot\frac{\beta'}{\alpha'}\cdot\frac{\alpha'}{\alpha}\right)=\lim\frac{\beta}{\beta'}\lim\frac{\beta'}{\alpha'}\lim\frac{\alpha'}{\alpha}=\lim\frac{\beta'}{\alpha'}$.

例 4　求 $\lim\limits_{x\to 0}\frac{\tan 2x}{\sin 3x}$.

解　当 $x\to 0$ 时，$\tan 2x\sim 2x$，$\sin 3x\sim 3x$，所以$\lim\limits_{x\to 0}\frac{\tan 2x}{\sin 3x}=\lim\limits_{x\to 0}\frac{2x}{3x}=\frac{2}{3}$.

例 5　求 $\lim\limits_{x\to 0}\frac{\sin x}{x^3+3x}$.

解　当 $x\to 0$ 时，$\sin x\sim x$，无穷小 x^3+3x 与它本身显然是等价的，所以

$$\lim_{x\to 0}\frac{\sin x}{x^3+3x}=\lim_{x\to 0}\frac{x}{x(x^2+3)}=\lim_{x\to 0}\frac{1}{x^2+3}=\frac{1}{3}.$$

当 $x\to 0$ 时，常见的等价无穷小有

$\sin x\sim x$，$\arcsin x\sim x$，$\tan x\sim x$，$\arctan x\sim x$，$\ln(1+x)\sim x$，$e^x-1\sim x$；

$1-\cos x\sim\frac{1}{2}x^2$；

$(1+x)^m-1\sim mx$.

习题 1.6

1. 直观判断下列变量，当 $x\to$? 时是无穷小；当 $x\to$? 时是无穷大：

（1）$y=\frac{x}{x-1}$；（2）$y=\ln(1+x)$.

2. 当 $x\to 0$ 时，将下列无穷小与无穷小 x 进行阶的比较：

（1）$\tan x-\sin x$；（2）$\sqrt[3]{x}$；（3）$\sqrt{1+x}-1$；（4）$\ln(1+2x)$.

3. 证明：当 $x\to 0$ 时，e^x-1 与 x 是等价无穷小.

4. 用等价无穷小代换求极限：

（1）$\lim\limits_{x\to 0}\frac{1-\cos x}{x\sin x}$；（2）$\lim\limits_{x\to 0}\frac{\tan x-\sin x}{\sqrt{2+x^2}\,(e^{x^3}-1)}$；（3）$\lim\limits_{x\to 0}\frac{(1+x^2)^{\frac{1}{3}}-1}{\cos x-1}$.

5. 下列等式成立的有（　　）.

A. $\lim\limits_{x\to \pi}\frac{\sin mx}{\sin nx}=\frac{m}{n}$　　B. $\lim\limits_{x\to 0}\frac{\sin(\sin x)}{x^2}=1$

C. $\lim\limits_{x\to 1}\frac{\sin(x^2-1)}{x-1}=1$　　D. $\lim\limits_{x\to 0}\frac{\cos x-\cos 3x}{x^2}=4$

6. 当 $x\to 0$ 时，与 x 为等价无穷小的变量是（　　）.

A. $\frac{\sin x}{\sqrt{x}}$　B. $\frac{\sin x}{x}$　C. $\sqrt{1+x}-\sqrt{1-x}$　D. $x\cos\frac{1}{x}$

7. 设当 $x\to 0$ 时，$(1-\cos x)\ln(1+x^2)$ 是比 $x\sin x^n$ 高阶的无穷小，而 $x\sin x^n$ 是比（$e^{x^2}-1$）高阶的无穷小，则正整数 n 等于（　　）.

A. 0　B. 1　C. 2　D. 3

8. 求极限 $\lim\limits_{x\to\infty}\frac{7x^2+5}{3x-2}\sin\frac{1}{x}$.

9. 若 $\lim\limits_{x\to 0}\frac{f(x)}{x}=4$，求 $\lim\limits_{x\to 0}\frac{f(1-\cos x)}{x^2}$.

10. 求极限$\lim\limits_{x\to 0}\frac{e^x-e^{\sin x}}{x\ln\cos x}$.

11. 当 $x\to 0$ 时，与 x 等价的无穷小量是（　　）.

A. $1-e^{\sqrt{x}}$　B. $\sqrt{1+\sqrt{x}}-1$　C. $1-\cos\sqrt{x}$　D. $x-4x^2+5x^3$

12. 已知$\lim\limits_{x\to 0}\frac{\sqrt{1+f(x)\sin x}-1}{e^{3x}-1}=2$，求$\lim\limits_{x\to 0}f(x)$.

第七节　函数的连续

现实生活中，很多变量的变化是连续不断的，比如气温的变化、植物的生长、物体受热时面积的变化等，都是连续的变化. 这种现象在数学上用函数的连续性来反映和研究.

一、连续函数的概念

定义 1.21　在函数 $y=f(x)$ 的定义域中，设自变量 x 由 x_0变到 x_1，差 $\Delta x=x_1-x_0$称为自变量 x 的增量（改变量），相应的函数值的差 $\Delta y=f(x_1)-f(x_0)=f(x_0+\Delta x)-f(x_0)$ 称为函数 $y=f(x)$ 的增量（图 1-13）.

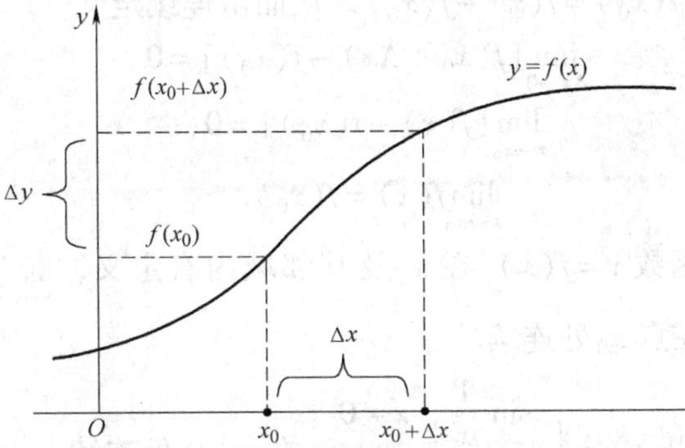

图 1-13

其中，Δx，Δy 是完整的记号，它们可正可负、也可为 0.

气温是时间的函数，当时间变化不大时，气温的变化不大．同样道理，时间变化不大时，植物的生长、物体受热时面积的变化也不大．从这个角度，就可以刻画函数的连续．

定义 1.22　设函数 $f(x)$ 在 x_0 的某邻域内有定义，若当自变量 x 在点 x_0 处的增量 Δx 趋于 0 时，相应的函数增量 Δy 也趋于 0，即

$$\lim_{\Delta x \to 0} \Delta y = 0$$

或

$$\lim_{\Delta x \to 0} [f(x_0 + \Delta x) - f(x_0)] = 0$$

则称函数 $y = f(x)$ 在点 x_0 处连续（图 1-14）.

否则称为不连续（图 1-15）.

在定义 1.22 中，若令 $x = x_0 + \Delta x$，即 $\Delta x = x - x_0$，从而 $\Delta x \to 0$ 等价于 $x \to x_0$.

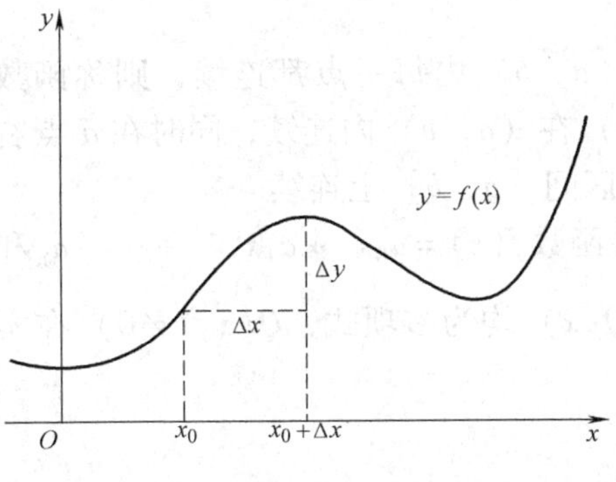

图 1-14

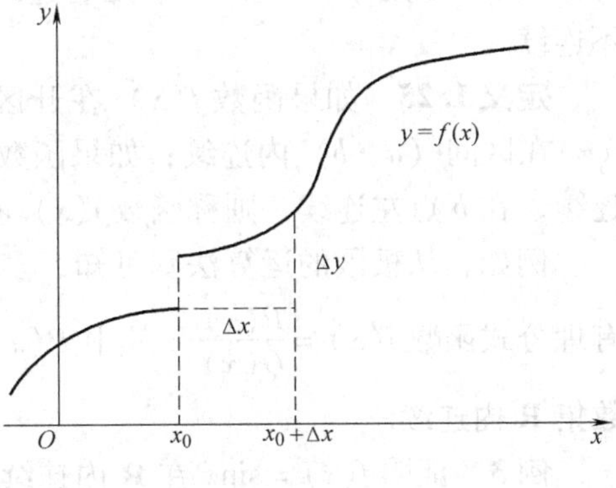

图 1-15

又 $\Delta y=f(x_0+\Delta x)-f(x_0)=f(x)-f(x_0)$，从而由连续定义

有
$$\lim_{\Delta x\to 0}[f(x_0+\Delta x)-f(x_0)]=0$$

等价于
$$\lim_{x\to x_0}[f(x)-f(x_0)]=0,$$

即
$$\lim_{x\to x_0}f(x)=f(x_0).$$

定义 1.23 设函数 $y=f(x)$ 在 x_0 及其邻域内有定义，若 $\lim\limits_{x\to x_0}f(x)=f(x_0)$，则称函数 $y=f(x)$ 在点 x_0 处连续.

例 1 证明函数 $f(x)=\begin{cases}x\sin\dfrac{1}{x}, & x\neq 0\\ 0, & x=0\end{cases}$ 在 $x=0$ 处连续.

证 因 $\lim\limits_{x\to 0}x\sin\dfrac{1}{x}=0$，又 $f(0)=0$，所以 $\lim\limits_{x\to 0}f(x)=f(0)$

由定义可知，函数 $f(x)$ 在 $x=0$ 处连续.

由左右极限的定义，类似地可以得到左右连续.

定义 1.24 设函数 $y=f(x)$ 在点 x_0 及其左邻域（右邻域）内有定义，若 $\lim\limits_{x\to x_0^-}f(x)=f(x_0)$（$\lim\limits_{x\to x_0^+}f(x)=f(x_0)$），则函数 $f(x)$ 在点 x_0 处左连续（右连续）.

显然，函数 $y=f(x)$ 在点 x_0 处连续的充要条件是函数 $y=f(x)$ 在点 x_0 处既左连续又右连续.

例 2 讨论函数 $f(x)=\begin{cases}x+2, & x\geqslant 0\\ x-2, & x<0\end{cases}$ 在 $x=0$ 处的连续性.

解 因为 $\lim\limits_{x\to 0^+}f(x)=\lim\limits_{x\to 0^+}(x+2)=2=f(0)$，

$\lim\limits_{x\to 0^-}f(x)=\lim\limits_{x\to 0^-}(x-2)=-2\neq f(0)$，

所以，函数 $f(x)$ 在 $x=0$ 处右连续但不左连续，从而函数 $f(x)$ 在 $x=0$ 处不连续.

定义 1.25 如果函数 $f(x)$ 在开区间 (a,b) 内每一点都连续，则称函数 $f(x)$ 在区间 (a,b) 内连续；如果函数 $f(x)$ 在 (a,b) 内连续，同时在 a 点右连续，在 b 点左连续，则称函数 $f(x)$ 在闭区间 $[a,b]$ 上连续.

例如，从极限的运算法则可知，多项式函数 $f(x)=a_0x^n+a_1x^{n-1}+\cdots+a_n$ 和有理分式函数 $f(x)=\dfrac{P(x)}{Q(x)}$（其中 $P(x)$，$Q(x)$ 均为多项式，$Q(x_0)\neq 0$）在实数集 $\mathbf{R}$ 内连续.

例 3 证明 $f(x)=\sin x$ 在 $\mathbf{R}$ 内连续.

证 任取 $x_0\in\mathbf{R}$，自变量在 x_0 处获得增量 Δx，令 $x=x_0+\Delta x$. 由不等式

$$\left|\cos\frac{x+x_0}{2}\right|\leqslant 1 \text{ 与 } \left|\sin\frac{x-x_0}{2}\right|\leqslant\frac{|x-x_0|}{2}$$

得　$$|\Delta y| = |\sin x - \sin x_0| = 2\left|\cos\frac{x+x_0}{2}\right|\cdot\left|\sin\frac{x-x_0}{2}\right|\leqslant 2\frac{|x-x_0|}{2} = |\Delta x|$$

故　$$\lim_{\Delta x\to 0}\Delta y = 0$$

所以正弦函数 $\sin x$ 在 x_0 处连续．由 x_0 的任意性，$\sin x$ 在 $\mathbf{R}$ 内连续．

二、函数的间断点

从连续的定义可知，$f(x)$ 在点 x_0 处连续必须满足三个条件：

（1）$f(x)$ 在点 x_0 处有确切的函数值 $f(x_0)$；

（2）当 $x\to x_0$ 时，$f(x)$ 有确定的极限；

（3）这个极限值就等于 $f(x_0)$．

定义 1.26　如果函数 $y=f(x)$ 在点 x_0 处不满足连续性条件，则称函数 $f(x)$ 在点 x_0 处间断（或不连续）．点 x_0 称为函数 $f(x)$ 的间断点（或不连续点）．

显然，$f(x)$ 在点 x_0 处不满足连续性定义的条件有三种情况：

（1）函数 $f(x)$ 在点 x_0 处无定义；

（2）函数 $f(x)$ 在点 x_0 处有定义，但 $\lim\limits_{x\to x_0}f(x)$ 不存在；

（3）函数 $f(x)$ 在点 x_0 处有定义，$\lim\limits_{x\to x_0}f(x)$ 存在，但 $\lim\limits_{x\to x_0}f(x)\neq f(x_0)$．

对间断点，可按其产生间断的不同原因进行分类．

定义 1.27　若 $f(x)$ 在点 x_0 的左、右极限都存在，但不都等于 $f(x_0)$，则称点 x_0 是函数 $f(x)$ 的第一类间断点．若 $f(x)$ 在 x_0 的左、右极限至少有一个不存在，则称点 x_0 为 $f(x)$ 的第二类间断点．

若 $f(x)$ 在 x_0 的左、右极限存在且相等，但不等于 $f(x_0)$，或 $f(x_0)$ 无意义，称点 x_0 为 $f(x)$ 的可去间断点．

例 4　$f(x)=\dfrac{x^2-1}{x-1}$，讨论 $f(x)$ 在 $x=1$ 点处的间断情况．

解　$\lim\limits_{x\to 1}\dfrac{x^2-1}{x-1}=\lim\limits_{x\to 1}(x+1)=2$，

但 $f(x)$ 在 $x=1$ 处无意义，故在 $x=1$ 处 $f(x)$ 间断．

若补充定义 $f(x)=\begin{cases}\dfrac{x^2-1}{x-1}, & x\neq 1\\ 2, & x=1\end{cases}$，则 $f(x)$ 在 $x=1$ 处连续，$x=1$ 是 $f(x)$ 的可去间断点（图 1-16）．

例 5　设 $f(x)=\begin{cases}x, & x\neq 1\\ 2, & x=1\end{cases}$，讨论 $f(x)$ 在 $x=1$ 点处的间断情况．

解 因为$f(1)=2$，$\lim\limits_{x\to 1}f(x)=1$，所以

$$\lim_{x\to 1}f(x)\neq f(1),$$

故 $x=1$ 是$f(x)$ 的可去间断点（图 1-17）.

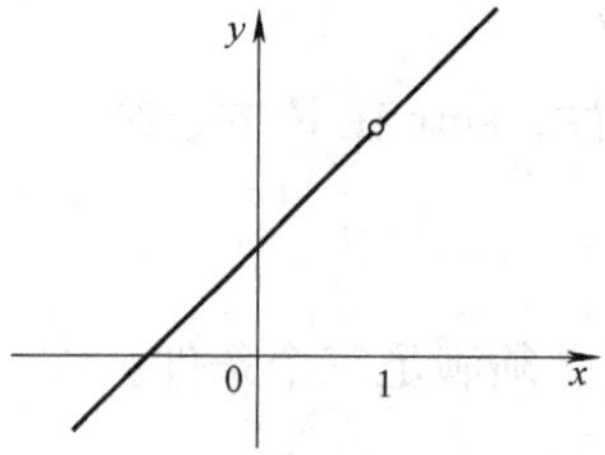

图 1-16

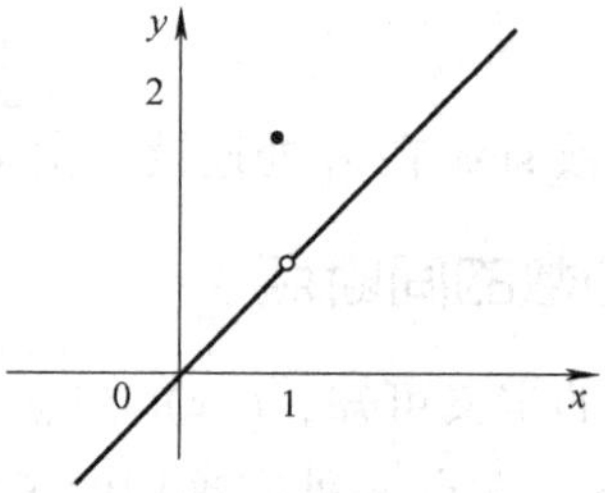

图 1-17

若改变$f(x)$ 在 $x=1$ 处的定义使得$f(1)=1$，则$f(x)$ 在 $x=1$ 处连续.

若$f(x)$ 在 x_0的左、右极限存在但不相等，称点 x_0为$f(x)$ 的跳跃间断点.

例 6 $f(x)=\begin{cases}\dfrac{x}{|x|} & x\neq 0\\ 0 & x=0\end{cases}$，讨论$f(x)$ 在 $x=1$ 点处的间断情况.

解 $\lim\limits_{x\to 0^-}f(x)=-1$，$\lim\limits_{x\to 0^+}f(x)=1$，所以 $x=0$ 是跳跃间断点（图 1-18）.

可去间断点和跳跃间断点都属于第一类间断点.

若$f(x)$ 在 x_0的左、右极限至少有一个是∞，则称点 x_0为$f(x)$ 的无穷间断点.

例 7 设$f(x)=\begin{cases}\dfrac{1}{x} & x\neq 0\\ 0 & x=0\end{cases}$，讨论$f(x)$ 在点 $x=0$ 处的间断情况.

解 函数在 $x=0$ 点左、右极限都不存在，且都是∞，故 $x=0$ 是无穷间断点（图 1-19）.

若$f(x)$ 在 x_0的左、右极限至少有一个是振荡的，则称点 x_0为$f(x)$ 的振荡间断点.

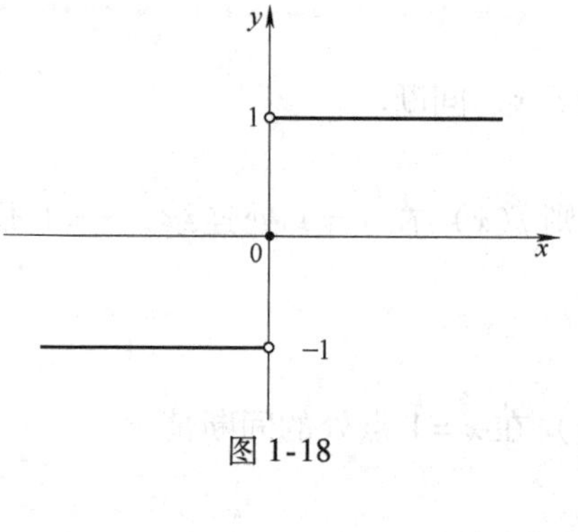

图 1-18

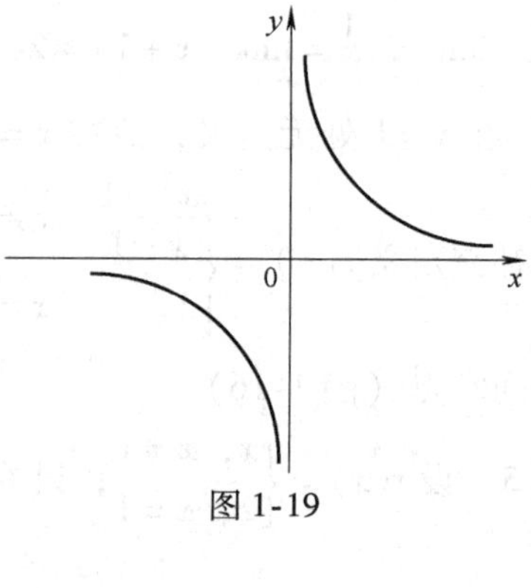

图 1-19

例 8　设 $f(x)=\begin{cases}\sin\dfrac{1}{x} & x\neq 0\\ 0 & x=0\end{cases}$，讨论 $f(x)$ 在 $x=0$ 点处的间断情况.

解　函数在 $x=0$ 点的左、右极限不存在，且都是振荡的，所以 $x=0$ 是振荡间断点（图1-20）.

无穷间断点和振荡间断点都属于第二类间断点.

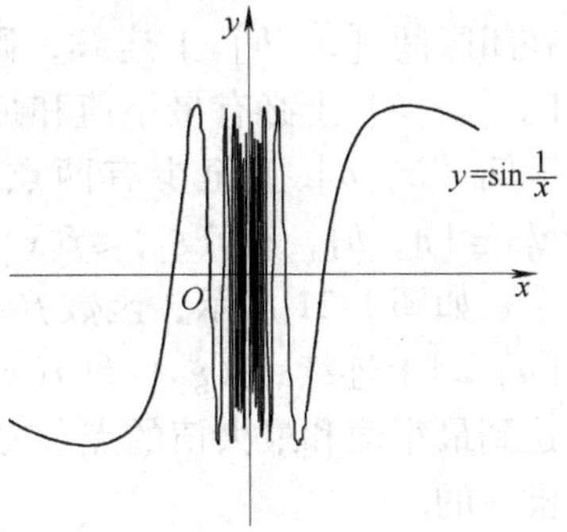

图 1-20

三、连续函数的运算性质

定理 1.17　若函数 $f(x)$ 与 $g(x)$ 都在 x_0 连续，则函数

$$f(x)\pm g(x),\ f(x)\ g(x),\ \frac{f(x)}{g(x)}(g(x_0)\neq 0)$$

在 x_0 也连续.

此定理可由极限的四则运算法则证明，留予读者.

定理 1.18　连续函数的复合函数是连续的.

证　设函数 $u=\varphi(x)$ 在 x_0 连续，且 $u_0=\varphi(x_0)$，而函数 $y=f(u)$ 在 u_0 连续，即 $\lim\limits_{u\to u_0}f(u)=f(u_0)$. 则 $\lim\limits_{x\to x_0}f[\varphi(x)]=\lim\limits_{u\to u_0}f(u)=f(u_0)=f[\varphi(x_0)]$.

故复合函数 $y=f[\varphi(x)]$ 在 x_0 连续.

同样可以证明，基本初等函数在其定义域内是连续的. 进而可以证明一切初等函数在其定义域内都是连续的. 这样，利用函数的连续性就可以直接代值来求函数的极限.

例 9　求 $\lim\limits_{x\to 0}(1+2x)^{\frac{3}{\sin x}}$.

解　利用函数连续性及等价无穷小代换，得

$$\lim_{x\to 0}(1+2x)^{\frac{3}{\sin x}}=\lim_{x\to 0}e^{\frac{3}{\sin x}\ln(1+2x)}=e^{\lim\limits_{x\to 0}\frac{3}{\sin x}\ln(1+2x)}=e^{\lim\limits_{x\to 0}\frac{3}{x}\cdot 2x}=e^6.$$

例 10　求 $\lim\limits_{x\to 1}(\cos(x^2-1)+\ln(2-e^{\sqrt{x}-1}))$.

解　利用函数连续性，得

$$\begin{aligned}\lim_{x\to 1}(\cos(x^2-1)+\ln(2-e^{\sqrt{x}-1}))&=\cos\lim_{x\to 1}(x^2-1)+\ln\lim_{x\to 1}(2-e^{\sqrt{x}-1}).\\&=\cos 0+\ln 1=1\end{aligned}$$

四、闭区间上连续函数的性质

定理 1.19（有界性定理）　若函数 $f(x)$ 在闭区间 $[a,b]$ 上连续，则它在 $[a,b]$ 上有界. 即存在 $M>0$，对于 $\forall x\in[a,b]$，有 $|f(x)|\leqslant M$.

一般说来，开区间上的连续函数不一定有界. 例如$f(x)=\frac{1}{x}$在（0，1）上连续，但它无界.

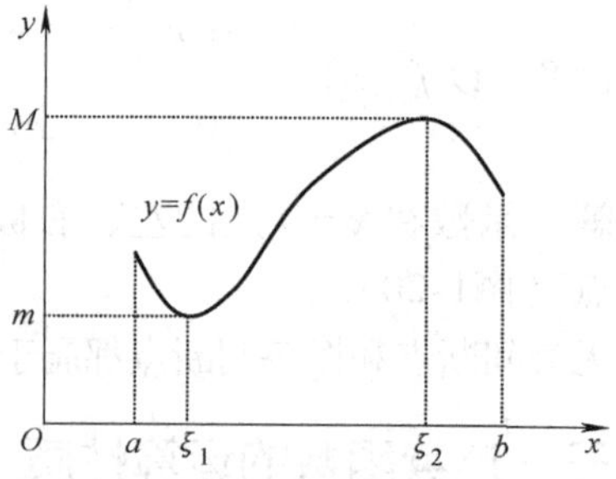

图 1-21

定理 1.20（最值定理） 若函数$f(x)$在闭区间［a，b］上连续，则$f(x)$在区间［a，b］上必有最小值和最大值. 即在区间［a，b］上至少有两点ξ_1和ξ_2，对$\forall x\in[a,b]$，有$f(\xi_1)\leqslant f(x)\leqslant f(\xi_2)$.

如图 1-21 所示，函数$f(x)$在闭区间$[a,b]$上连续，$f(\xi_1)$是$f(x)$在区间［a，b］上的最小值，$f(\xi_2)$是最大值. 达到最小值和最大值的点ξ_1或ξ_2有可能是闭区间的端点，并且这样的点未必是惟一的.

开区间内连续的函数不一定有此性质. 如函数$f(x)=\tan x$在区间$\left(-\frac{\pi}{2},\frac{\pi}{2}\right)$内连续，但$\lim\limits_{x\to\frac{\pi}{2}^-}\tan x=+\infty$，$\lim\limits_{x\to-\frac{\pi}{2}^+}\tan x=-\infty$，所以$f(x)=\tan x$在区间$\left(-\frac{\pi}{2},\frac{\pi}{2}\right)$内取不到最值.

同样的，若函数在闭区间上有间断点，也不一定有此性质. 例如函数

$$y=f(x)=\begin{cases}-x+1,0\leqslant x<1\\1, \quad x=1\\-x+3,1<x\leqslant 2\end{cases}$$

在闭区间［0，2］上有一间断点$x=1$，它取不到最大值和最小值（图 1-22 ）.

定理 1.21（零点定理） 若函数$f(x)$在闭区间［a，b］上连续，且$f(a)$与$f(b)$异号，则在（a，b）内至少存在一点ξ，使得$f(\xi)=0$. 这里的ξ称为函数的零点.

其几何意义如图 1-23 所示，在闭区间［a，b］上定义的连续曲线$y=f(x)$在两个端点a与b的图像分别在x轴的两侧，则此连续曲线至少与x轴有一个交点，交点的横坐标即ξ.

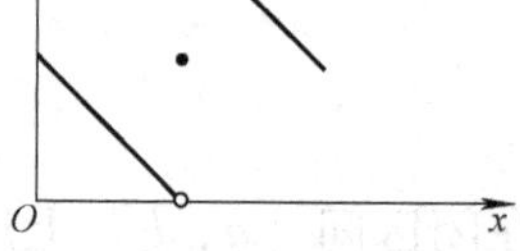

图 1-22

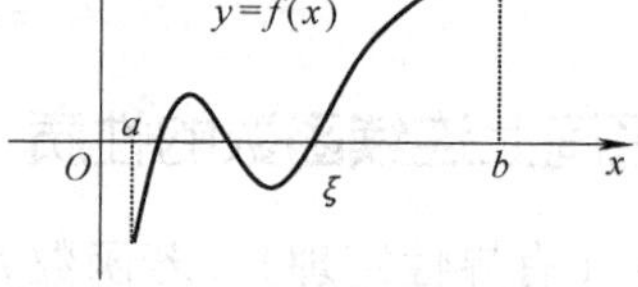

图 1-23

定理1.21也可表述为：若$f(x)$是闭区间$[a, b]$上的连续函数，且$f(a)$与$f(b)$异号，则方程$f(x)=0$在(a, b)内至少有一个根.

例11　判断方程$x^3-6x+2=0$的根的位置.

解　设$f(x)=x^3-6x+2$，则$f(x)$在$(-\infty, +\infty)$连续.

$f(-3)=-7<0$，$f(-2)=6>0$，$f(-1)=7>0$，$f(0)=2>0$，

$f(1)=-3<0$，$f(2)=-2<0$，$f(3)=11>0$.

根据零点定理，方程在$(-3, -2)$，$(0, 1)$和$(2, 3)$内各至少有一个根．又因为该方程为三次方程，至多有三个根，因此在区间$(-3, -2)$，$(0, 1)$和$(2, 3)$内，方程$x^3-6x+2=0$各有一个根.

定理1.22（介值定理）　若函数$f(x)$在闭区间$[a, b]$上连续，M与m分别是函数$f(x)$在区间$[a, b]$上的最大值和最小值，c是M，m间的任意实数（即$m<c<M$），则在区间(a, b)内至少存在一点ξ，使得$f(\xi)=c$（图1-24）.

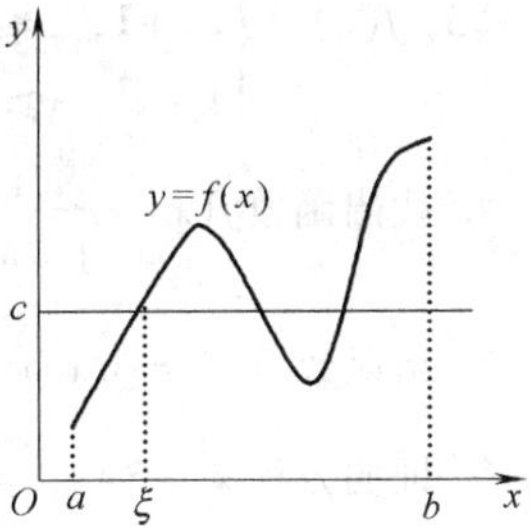

图1-24

证　若$m=M$，则函数$f(x)$在区间$[a, b]$上是常数，定理显然成立.

若$m<M$，则在闭区间$[a, b]$上必存在两点x_1和x_2，使得$f(x_1)=M$，$f(x_2)=m$．不妨设$x_1<x_2$.

作辅助函数$\varphi(x)=f(x)-c$，则$\varphi(x)$在区间$[a, b]$上连续且$\varphi(x_1)=f(x_1)-c>0$，$\varphi(x_2)=f(x_2)-c<0$.

由零点定理，在区间(x_1, x_2)内至少存在一点ξ，使得$\varphi(\xi)=f(\xi)-c=0$，即$f(\xi)=c$.

例12　设函数$f(x)$在区间$[a, b]$上连续，且$a<x_1<x_2<\cdots<x_n<b$，c_1，c_2，…，c_n为任意正实数，则必存在$\xi\in[a, b]$，使得$f(\xi)=\dfrac{c_1f(x_1)+c_2f(x_2)+\cdots+c_nf(x_n)}{c_1+c_2+\cdots+c_n}$.

解　因为函数$f(x)$在区间$[a, b]$上连续，则在区间$[a, b]$上必存在最小值m和最大值M，

从而
$$c_1m\leqslant c_1f(x_1)\leqslant c_1M,\cdots,c_nm\leqslant c_nf(x_n)\leqslant c_nM,$$
可得
$$(c_1+\cdots c_n)m\leqslant c_1f(x_1)+\cdots+c_nf(x_n)\leqslant(c_1+\cdots c_n)M$$
即
$$m\leqslant\frac{c_1f(x_1)+c_2f(x_2)+\cdots+c_nf(x_n)}{c_1+c_2+\cdots+c_n}\leqslant M$$
由介值定理，必存在$\xi\in[a, b]$，使得
$$f(\xi)=\frac{c_1f(x_1)+c_2f(x_2)+\cdots+c_nf(x_n)}{c_1+c_2+\cdots+c_n}.$$

习题1.7

1. 证明函数 $y=x^2$ 连续.

2. 讨论函数 $f(x)=\begin{cases}\dfrac{\sin 3x}{x}, & x<0\\ 3, & x=0\\ \ln(1+x)+3, & x>0\end{cases}$ 在 $x=0$ 处的连续性.

3. 求下列函数的间断点，并判断类型

(1) $y=\dfrac{1}{(x-2)^2}$；　　(2) $y=\dfrac{x^2-1}{x^2-3x+2}$；

(3) $f(x)=\begin{cases}0, & x<1\\ 2x+1, & 1\leqslant x<2;\\ 1+x^2, & x\geqslant 2\end{cases}$　　(4) $f(x)=\begin{cases}\dfrac{1-\cos x}{x^2}, & x\neq 0\\ 0, & x=0\end{cases}$

4. 找出函数 $f(x)=\dfrac{1}{1-\mathrm{e}^{\frac{x}{1-x}}}$ 的间断点，并判断类型.

5. 给函数 $f(x)=\sin x\cos\dfrac{1}{x}$ 补充定义，使得 $f(x)$ 连续.

6. 证明方程 $x^5-3x+1=0$ 在区间（0，1）内有根.

7. 设 $f(x)=\mathrm{e}^x-2$，求证在区间（0，2）内至少存在一点 x_0，使 $f(x_0)=x_0$.

8. 若 $f(x)$ 在 $[a, b]$ 上连续，$a<x_1<x_2<b$，证明一定存在介于 a，b 之间的一点 ξ，使得 $\alpha f(x_1)+\beta f(x_2)=(\alpha+\beta)f(\xi)$ 成立，其中 $\alpha>0$，$\beta>0$.

9. 设 $f(x)$ 处处连续，且 $f(1)=2$，求 $\lim\limits_{x\to 0} f\left[\dfrac{1}{x}\ln(1+x)\right]$.

10. 设函数 $f(x)=\lim\limits_{n\to\infty}\dfrac{1-x}{1+x^{2n}}$，则函数 $f(x)$（　　）.

A. 存在间断点 $x=-1$　　B. 存在间断点 $x=0$

C. 存在间断点 $x=1$　　D. 不存在间断点

11. 下列命题正确的是（　　）.

A. 若 $f(x)$ 在 $(-\infty, +\infty)$ 内有定义，则至少存在一点 x_0，使 $f(x)$ 在 x_0 点连续

B. 若 $f(x)$ 在 x_0 点连续，则 $|f(x)|$ 在 x_0 点必定连续

C. 若 $f(x)$ 在 (a, b) 内连续，则 $f(x)$ 在 (a, b) 内一定能取到最大值和最小值

D. 若 $f(x)$ 在 (a, b) 内连续，且 $f(a)\cdot f(b)<0$，则至少存在一点 $\xi\in(a, b)$，使 $f(\xi)=0$

12. 设 $f(x)$ 在 $x=a$ 连续，$\varphi(x)$ 在 $x=a$ 间断，又 $f(a)\neq 0$，则（　　）.

A. $\varphi(f(x))$ 在 $x=a$ 间断　　B. $f(\varphi(x))$ 在 $x=a$ 间断

C. $(\varphi(x))^2$ 在 $x=a$ 间断　　D. $\dfrac{\varphi(x)}{f(x)}$ 在 $x=a$ 间断

13. 设 $f(x)$ 在 $[0, 2a]$ 上连续，且 $f(0)=f(2a)$，证明 $\exists\xi\in[0, a]$，使 $f(\xi)=f(\xi+a)$.

14. 设函数$f(x)=\begin{cases}(1+2x)^{\frac{1}{x}}, & x<0\\ b, & x=0\\ e^{\frac{a\sin 2x}{x}}, & x>0\end{cases}$，求 a，b 使$f(x)$在（$-\infty$，$+\infty$）上连续.

15. 已知方程 $x^3+(2m-3)x+m^2-m=0$ 有三个不等实根，分别介于$(-\infty,0)$，$(0,1)$，$(1,+\infty)$内，求 m 的取值范围.

16. 设$f(x)=\lim\limits_{n\to\infty}\dfrac{x^{2n-1}+ax^2+bx}{x^{2n}+1}$处处连续，求 a，b 的值.

第二章　导数与微分

第一节　导　　数

一、引例

1. 做变速直线运动物体的速度

设物体沿横轴运动，路程 s 是时间 t 的函数 $s=f(t)$.

如果运动是匀速的，当时间由 t_1 改变到 t_2 时，在这一段时间里的平均速度定义为

$$\bar{v}=\frac{\Delta s}{\Delta t}=\frac{f(t_2)-f(t_1)}{t_2-t_1}.$$

如果物体的运动是变速的，我们用在某一时刻 t_0 的瞬时速度 $v(t_0)$ 来更好地反映物体运动的状况.

当时间由 t_0 改变到 $t_0+\Delta t$ 时，以平均速度 $\bar{v}$ 作为瞬时速度 $v(t_0)$ 的近似值. 显然 Δt 越接近 0，平均速度 $\bar{v}$ 就越接近 $v(t_0)$，$\bar{v}$ 在 Δt 趋于 0 时的极限就是物体在时刻 t_0 的瞬时速度的准确值.

$$v(t_0)=\lim_{\Delta t\to 0}\frac{\Delta s}{\Delta t}=\lim_{\Delta t\to 0}\frac{f(t_0+\Delta t)-f(t_0)}{\Delta t}.$$

2. 曲线的切线

设函数 $y=f(x)$ 图形如图 2-1 所示，过曲线 $y=f(x)$ 上的一点 $P_0(x_0, y_0)$，作曲线的切线. 在曲线上另取一点 $P(x_0+\Delta x, y_0+\Delta y)$，过这两点可以作一条割线 P_0P，倾斜角为 φ.

$$\tan\varphi=\frac{\Delta y}{\Delta x}=\frac{f(x_0+\Delta x)-f(x_0)}{\Delta x}$$

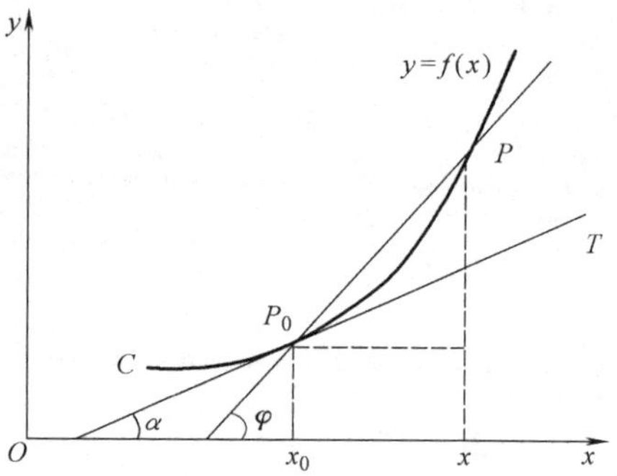

图 2-1

当 $\Delta x\to 0$ 时，点 P_0 趋于 P，割线 P_0P 的极限位置就是曲线过 P_0 点的切线 P_0T，此时 φ 的极限为切线的倾斜角 α，切线斜率为

$$\tan\alpha=\lim_{\Delta x\to 0}\tan\varphi=\lim_{\Delta x\to 0}\frac{\Delta y}{\Delta x}=\lim_{\Delta x\to 0}\frac{f(x_0+\Delta x)-f(x_0)}{\Delta x}$$

以上两个例子的具体含义不同，但是抽象的极限表达式却是一致的，我们称这种特殊的极限为函数的导数.

二、导数的概念

1. 导数的定义

定义 2.1　设函数 $y=f(x)$ 在点 x_0 的某邻域内有定义，当自变量在点 x_0 处取得增量 $\Delta x(\Delta x\neq 0)$ 时，函数 $f(x)$ 相应地取得增量 $\Delta y=f(x_0+\Delta x)-f(x_0)$. 若极限

$$\lim_{\Delta x\to 0}\frac{\Delta y}{\Delta x}=\lim_{\Delta x\to 0}\frac{f(x_0+\Delta x)-f(x_0)}{\Delta x}$$

存在，则称函数 $f(x)$ 在点 x_0 处可导，此极限称为函数 $f(x)$ 在点 x_0 处的导数（或微商），记作 $f'(x_0)$ 或 $\left.\frac{\mathrm{d}y}{\mathrm{d}x}\right|_{x=x_0}$.

反之，若此极限不存在，则称函数 $f(x)$ 在点 x_0 处不可导.

由此定义可知，引例 1 中的瞬时速度 $v(t)$ 是路程 s 对时间 t 的导数，即

$$v(t_0)=\lim_{\Delta t\to 0}\frac{\Delta s}{\Delta t}=s'(t_0)=\left.\frac{\mathrm{d}s}{\mathrm{d}t}\right|_{t=t_0}.$$

引例 2 中的切线斜率就是函数 y 对自变量 x 的导数，即

$$\tan\alpha=\lim_{\Delta x\to 0}\frac{\Delta y}{\Delta x}=f'(x_0)=\left.\frac{\mathrm{d}y}{\mathrm{d}x}\right|_{x=x_0}.$$

导数定义有时候也写成其他形式，如

$$f'(x_0)=\lim_{h\to 0}\frac{f(x_0+h)-f(x_0)}{h}\quad(\Delta x=h),$$

或

$$f'(x_0)=\lim_{x\to x_0}\frac{f(x)-f(x_0)}{x-x_0}\quad(x=x_0+\Delta x).$$

若函数 $f(x)$ 在区间 I 上可导，即 $\forall x\in \mathrm{I}$，都对应着一个导数值 $f'(x)$，则 $f'(x)$ 是区间 I 上的函数，称为函数 $f(x)$ 在区间 I 上的导函数，也简称为导数，记作 $f'(x)$，y' 或 $\frac{\mathrm{d}y}{\mathrm{d}x}$.

例 1　求函数 $f(x)=C$（C 为常数）的导数.

解　$y'=\lim\limits_{\Delta x\to 0}\frac{f(x+\Delta x)-f(x)}{\Delta x}=\lim\limits_{\Delta x\to 0}\frac{C-C}{\Delta x}=0$

例 2　求函数 $f(x)=x^n(n\in \mathrm{N}^+)$ 在点 $x=a$ 处的导数.

解　
$$\begin{aligned}f'(a)&=\lim_{x\to a}\frac{f(x)-f(a)}{x-a}=\lim_{x\to a}\frac{x^n-a^n}{x-a}\\&=\lim_{x\to a}(x^{n-1}+ax^{n-2}+a^2x^{n-3}+\cdots+a^{n-1})=na^{n-1}\end{aligned}$$

例3 求函数$f(x)=\sqrt{x}\ (x>0)$的导数.

解 由$\dfrac{\Delta y}{\Delta x}=\dfrac{\sqrt{x+\Delta x}-\sqrt{x}}{\Delta x}=\dfrac{(\sqrt{x+\Delta x}-\sqrt{x})(\sqrt{x+\Delta x}+\sqrt{x})}{\Delta x(\sqrt{x+\Delta x}+\sqrt{x})}$

$$=\frac{1}{\sqrt{x+\Delta x}+\sqrt{x}},$$

有
$$(\sqrt{x})'=\lim_{\Delta x\to 0}\frac{\Delta y}{\Delta x}=\lim_{\Delta x\to 0}\frac{\sqrt{x+\Delta x}-\sqrt{x}}{\Delta x}$$
$$=\lim_{\Delta x\to 0}\frac{1}{\sqrt{x+\Delta x}+\sqrt{x}}=\frac{1}{2\sqrt{x}}.$$

可以证明，对任意的实数α，有$(x^{\alpha})'=\alpha x^{\alpha-1}$.

例4 求正弦函数$f(x)=\sin x$的导函数.

解 由$\dfrac{\Delta y}{\Delta x}=\dfrac{\sin(x+\Delta x)-\sin x}{\Delta x}=\dfrac{2\cos\left(x+\frac{\Delta x}{2}\right)\sin\frac{\Delta x}{2}}{\Delta x}$

$$=\cos\left(x+\frac{\Delta x}{2}\right)\frac{\sin\frac{\Delta x}{2}}{\frac{\Delta x}{2}},$$

有
$$(\sin x)'=\lim_{\Delta x\to 0}\frac{\Delta y}{\Delta x}=\lim_{\Delta x\to 0}\cos\left(x+\frac{\Delta x}{2}\right)\frac{\sin\frac{\Delta x}{2}}{\frac{\Delta x}{2}}$$
$$=\lim_{\Delta x\to 0}\cos\left(x+\frac{\Delta x}{2}\right)\cdot\lim_{\Delta x\to 0}\frac{\sin\frac{\Delta x}{2}}{\frac{\Delta x}{2}}=\cos x.$$

同理，余弦函数$\cos x$在定义域$\mathbf{R}$也可导，且
$$(\cos x)'=-\sin x.$$

例5 求对数函数$f(x)=\log_a x(0<a\neq 1,\ x>0)$的导数.

解 由$\dfrac{\Delta y}{\Delta x}=\dfrac{1}{\Delta x}(\log_a(x+\Delta x)-\log_a x)=\dfrac{1}{\Delta x}\log_a\left(1+\dfrac{\Delta x}{x}\right)$

$$=\frac{1}{x}\frac{x}{\Delta x}\log_a\left(1+\frac{\Delta x}{x}\right)=\frac{1}{x}\log_a\left(1+\frac{\Delta x}{x}\right)^{\frac{x}{\Delta x}},$$

有
$$(\log_a x)'=\lim_{\Delta x\to 0}\frac{\Delta y}{\Delta x}=\lim_{\Delta x\to 0}\frac{1}{x}\log_a\left(1+\frac{\Delta x}{x}\right)^{\frac{x}{\Delta x}}$$
$$=\frac{1}{x}\log_a\left[\lim_{\Delta x\to 0}\left(1+\frac{\Delta x}{x}\right)^{\frac{x}{\Delta x}}\right]=\frac{1}{x}\log_a e=\frac{1}{x\ln a},$$

特别地，$(\ln x)'=\frac{1}{x\ln e}=\frac{1}{x}$.

2. 导数的几何意义

由引例可知，导数的几何意义是，若曲线的方程是 $y=f(x)$，则曲线在点 $P(x_0, y_0)$ 处的切线斜率是 $f(x)$ 在点 x_0 处的导数 $f'(x_0)$.

由此可得曲线在点 x_0 处切线的点斜式方程为

$$y-y_0=f'(x_0)(x-x_0).$$

法线方程为

$$y-y_0=-\frac{1}{f'(x_0)}(x-x_0)\ (f'(x_0)\neq 0).$$

例 6　求曲线 $y=x^3$ 在点 $P(x_0, y_0)$ 处的切线与法线方程.

解　由于 $(x^3)'|_{x=x_0}=3x^2|_{x=x_0}=3x_0^2$，所以 $y=x^3$ 在 $P(x_0, y_0)$ 处的切线方程为

$$y-y_0=3x_0^2(x-x_0),$$

当 $x_0\neq 0$ 时，法线方程为 $y-y_0=-\frac{1}{3x_0^2}(x-x_0)$，

当 $x_0=0$ 时，法线方程为 $x=0$.

3. 左、右导数

定义 2.2　设函数 $y=f(x)$ 在点 x_0 的某邻域内有定义，若左极限

$$\lim_{\Delta x\to 0^-}\frac{f(x_0+\Delta x)-f(x_0)}{\Delta x}$$

存在，则称函数 $f(x)$ 在 x_0 左可导，并称此极限为函数 $f(x)$ 在 x_0 的左导数，记为 $f'_-(x_0)$，即

$$f'_-(x_0)=\lim_{\Delta x\to 0^-}\frac{f(x_0+\Delta x)-f(x_0)}{\Delta x}.$$

类似地可以定义函数 $f(x)$ 在点 x_0 的右可导及右导数

$$f'_+(x_0)=\lim_{\Delta x\to 0^+}\frac{f(x_0+\Delta x)-f(x_0)}{\Delta x}.$$

左右导数统称为单侧导数.

若函数 $f(x)$ 在区间 (a, b) 内处处可导，且在 $x=a$ 点右可导，在 $x=b$ 点左可导，就称函数 $f(x)$ 在区间 $[a, b]$ 上可导.

由极限存在的充要条件，我们可得

定理 2.1　函数 $f(x)$ 在 x_0 可导的充要条件是函数 $f(x)$ 在 x_0 的左、右导数都存在且相等.

例 7　讨论 $f(x)=|x|$ 在 $x=0$ 处的连续性和可导性.

解 由题，$f(x)=\begin{cases}x, & x\geqslant 0\\ -x, & x<0\end{cases}$，（图 2-2）.

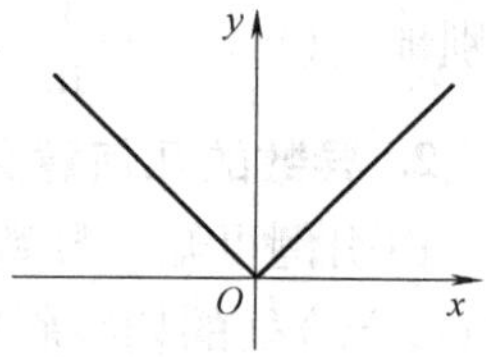

图 2-2

因为$f(0+0)=\lim\limits_{x\to 0^+}f(x)=\lim\limits_{x\to 0^+}x=0$

$f(0-0)=\lim\limits_{x\to 0^-}f(x)=\lim\limits_{x\to 0^-}(-x)=0$

所以$f(x)$在$x=0$点连续；

又$f'_+(0)=\lim\limits_{x\to 0^+}=\dfrac{f(x)-f(0)}{x-0}=\lim\limits_{x\to 0^+}\dfrac{x}{x}=1$

$$f'_-(0)=\lim_{x\to 0^-}\frac{f(x)-f(0)}{x-0}=\lim_{x\to 0^-}\frac{-x}{x}=-1$$

左右导数不相等，所以$f(x)$ 在$x=0$点不可导.

三、可导与连续

定理 2.2 若函数$f(x)$ 在点x_0处可导，则函数$f(x)$ 在点x_0处连续.

证 设在点x_0处自变量的增量是Δx，相应的函数增量是

$$\Delta y=f(x_0+\Delta x)-f(x_0),$$

由
$$\lim_{\Delta x\to 0}\Delta y=\lim_{\Delta x\to 0}\frac{\Delta y}{\Delta x}\cdot\Delta x=\lim_{\Delta x\to 0}\frac{\Delta y}{\Delta x}\cdot\lim_{\Delta x\to 0}\Delta x=f'(x_0)\cdot 0=0$$

得函数$f(x)$ 在点x_0处连续.

本定理的逆命题不成立，如例 7 所示.

例 8 求常数a，b，使得$f(x)=\begin{cases}e^x, & x\geqslant 0\\ ax+b, & x<0\end{cases}$在$x=0$点可导.

解 若使$f(x)$ 在$x=0$点可导，必在此点连续，故$\lim\limits_{x\to 0^+}f(x)=\lim\limits_{x\to 0^-}f(x)=f(0)$，有$e^0=a\cdot 0+b$，则$b=1$.

又若使$f(x)$ 在$x=0$点可导，此点处的左右导数必然存在且相等，

$$f'_-(0)=\lim_{x\to 0^-}\frac{(ax+b)-e^0}{x-0}=a$$

$$f'_+(0)=\lim_{x\to 0^+}\frac{e^x-e^0}{x-0}=1$$

所以由$f'_-(0)=f'_+(0)$，得$a=1$，此时$f(x)$ 在$x=0$点可导.

综上，所求常数为$a=b=1$.

习题 2.1

1. 求函数$y=x^2$在$x=1$处的导数.
2. 设$f'(x_0)$ 存在，求$\lim\limits_{h\to 0}\dfrac{f(x_0+h)-f(x_0-h)}{2h}$.

3. 设$f'(x)$存在，且$\lim\limits_{x\to 0}\dfrac{f(1)-f(1-x)}{2x}=-1$，求$f'(1)$.

4. 设$f(x)$在$x=0$处连续，且$\lim\limits_{x\to 0}\dfrac{f(x)}{x}$存在，证明$f(x)$在$x=0$处可导.

5. 讨论函数$f(x)=|x^{\frac{1}{3}}|$在$x=0$处的连续性和可导性.

6. 求曲线$y=\sqrt[3]{x}$在点（0，0）处的切线.

7. 设曲线$f(x)=x^{2n}$在点（1，1）处的切线与x轴的交点为$(a_n, 0)$，求$\lim\limits_{n\to\infty}f(a_n)$.

8. 讨论函数$f(x)=\begin{cases}x\arctan\dfrac{1}{x}, & x\neq 0\\ 0, & x=0\end{cases}$在点$x=0$处的连续性和可导性.

9. 设$f(x)$连续，可微，且$f(x)>0$，$f(0)=f'(0)=1$，求$\lim\limits_{x\to 0}[f(x)]^{\frac{1}{x}}$.

10. 设$f(x)$在$x=0$处连续，且$\lim\limits_{x\to 0}\dfrac{x-\sin x}{\ln(f(x)+2)}=1$，求$f'(0)$.

11. 求函数$f(x)=(x^2-x-2)|x^3-x|$的不可导的点.

12. 设$f(x)$可导，$F(x)=f(x)(1+|\sin x|)$，则$f(0)=0$是$F(x)$在$x=0$处可导的（　　）.

A. 充分必要条件　　B. 充分条件但非必要条件

C. 必要条件但非充分条件　　D. 既非充分条件又非必要条件

13. 已知$f(x)=(x-a)\varphi(x)$，其中$\varphi(x)$在$x=a$的某邻域内有定义且在$x=a$处连续，求$f'(a)$.

14. 设$f(x)=\lim\limits_{n\to\infty}\dfrac{x^2\mathrm{e}^{n(x-1)}+ax+b}{1+\mathrm{e}^{n(x-1)}}$可导，求$a$，$b$的值.

15. 已知$f(x)$是周期为5的连续函数，它在$x=0$的某邻域内满足$f(1+\sin x)-3f(1-\sin x)=8x+\alpha(x)$，其中$\alpha(x)$是当$x\to 0$时比$x$高阶的无穷小，且$f(x)$在$x=1$处可导，求曲线$y=f(x)$在点$(6, f(6))$处的切线方程.

16. 设奇函数$f(x)$在$[-\delta, \delta]$上有定义（$\delta>0$），在$x=0$处可导，问$x=0$是否为$\dfrac{(x+\sin x)f(x)}{x^2}$的可去间断点？说明理由.

第二节　导数的运算

一、导数的四则运算

定理 2.3　若函数$u(x)$与$v(x)$可导，则

（1）函数$u(x)\pm v(x)$可导，且$[u(x)\pm v(x)]'=u'(x)\pm v'(x)$；

（2）函数$u(x)v(x)$可导，且$[u(x)v(x)]'=u(x)v'(x)+u'(x)v(x)$；

（3）函数$\dfrac{u(x)}{v(x)}$可导（$v(x)\neq 0$），且$\left[\dfrac{u(x)}{v(x)}\right]'=\dfrac{u'(x)v(x)-u(x)v'(x)}{[v(x)]^2}$.

证　此处只证（2），其余类似可证.

设 $y=u(x)v(x)$，有

$$\begin{aligned}\Delta y&=u(x+\Delta x)v(x+\Delta x)-u(x)v(x)\\&=u(x+\Delta x)v(x+\Delta x)-u(x+\Delta x)v(x)+u(x+\Delta x)v(x)-u(x)v(x)\\&=u(x+\Delta x)[v(x+\Delta x)-v(x)]+v(x)[u(x+\Delta x)-u(x)]\\&=u(x+\Delta x)\Delta v+v(x)\Delta u.\end{aligned}$$

从而
$$\frac{\Delta y}{\Delta x}=u(x+\Delta x)\frac{\Delta v}{\Delta x}+v(x)\frac{\Delta u}{\Delta x}.$$

由定理2.2可知函数 $u(x)$ 连续，即 $\lim\limits_{\Delta x\to 0}u(x+\Delta x)=u(x)$. 则

$$\lim_{\Delta x\to 0}\frac{\Delta y}{\Delta x}=\lim_{\Delta x\to 0}u(x+\Delta x)\cdot\lim_{\Delta x\to 0}\frac{\Delta v}{\Delta x}+v(x)\cdot\lim_{\Delta x\to 0}\frac{\Delta u}{\Delta x}=u(x)v'(x)+u'(x)v(x).$$

即函数 $u(x)v(x)$ 可导，且 $[u(x)v(x)]'=u(x)v'(x)+u'(x)v(x)$.

推论2.1 若函数 $u_1(x)$，$u_2(x)$，…，$u_n(x)$ 都可导，则函数 $u_1(x)\pm u_2(x)\pm\cdots\pm u_n(x)$ 也可导，且 $[u_1(x)\pm u_2(x)\pm\cdots u_n(x)]'=u_1'(x)\pm u_2'(x)\pm\cdots\pm u_n'(x)$.

推论2.2 若函数 $u_1(x)$，$u_2(x)$，…，$u_n(x)$ 都可导，则函数 $u_1(x)u_2(x)\cdots u_n(x)$ 也可导，且

$$\begin{aligned}&[u_1(x)u_2(x)\cdots u_n(x)]'\\&=u_1'(x)u_2(x)\cdots u_n(x)+u_1(x)u_2'(x)\cdots u_n(x)+\cdots+u_1(x)u_2(x)\cdots u_n'(x).\end{aligned}$$

特别地，当 $v(x)=c$ 是常数时，有 $[cu(x)]'=cu'(x)+u(x)(c)'=cu'(x)$.

例1 设 $f(x)=x+2\sqrt{x}-\dfrac{2}{\sqrt{x}}$，求 $f'(x)$.

解 $$f'(x)=\left(x+2\sqrt{x}-\frac{2}{\sqrt{x}}\right)'=(x)'+(2\sqrt{x})'-\left(\frac{2}{\sqrt{x}}\right)'$$
$$=1+\frac{2}{2}\cdot\frac{1}{\sqrt{x}}-2\left(-\frac{1}{2}\right)\cdot\frac{1}{\sqrt{x^3}}=1+\frac{1}{\sqrt{x}}+\frac{1}{\sqrt{x^3}}.$$

例2 设 $f(x)=x\sin x\cdot\ln x$，求 $f'(x)$.

解 $$\begin{aligned}f'(x)&=(x\sin x\cdot\ln x)'=(x)'\sin x\cdot\ln x+x(\sin x)'\cdot\ln x+x\sin x\cdot(\ln x)'\\&=\sin x\cdot\ln x+x\cos x\cdot\ln x+\sin x.\end{aligned}$$

例3 求正切函数 $\tan x$ 与余切函数 $\cot x$ 的导数.

解 $$(\tan x)'=\left(\frac{\sin x}{\cos x}\right)'=\frac{(\sin x)'\cos x-\sin x(\cos x)'}{\cos^2 x}$$
$$=\frac{\cos^2+\sin^2 x}{\cos^2 x}=\frac{1}{\cos^2 x}=\sec^2 x.$$

类似地，有 $(\cot x)'=-\csc^2 x$.

例4 求正割函数 $\sec x$ 与余割函数 $\csc x$ 的导数.

解 $$(\sec x)'=\left(\frac{1}{\cos x}\right)'=-\frac{(\cos x)'}{\cos^2 x}=\frac{\sin x}{\cos^2 x}=\tan x\cdot\sec x.$$

类似地，有 $(\csc x)' = -\cot x \cdot \csc x$

二、反函数求导法则

定理 2.4　若函数 $f(x)$ 在 x 的某邻域连续，且严格单调，函数 $y=f(x)$ 在 x 处可导，且 $f'(x)\neq 0$，则它的反函数 $x=\varphi(y)$ 在 $y(y=f(x))$ 处可导，且 $\varphi'(y)=\dfrac{1}{f'(x)}$.

证　由定理 1.1 可知，函数 $y=f(x)$ 在 x 的某邻域存在反函数 $x=\varphi(y)$. 由函数 $y=f(x)$ 在 x 的某邻域连续和严格单调，得反函数 $x=\varphi(y)$ 在 y 的某邻域也连续和严格单调，且有 $\Delta y\to 0$ 等价于 $\Delta x\to 0$，$\Delta y\neq 0$ 等价于 $\Delta x\neq 0$，则

$\varphi'(y)=\lim\limits_{\Delta y\to 0}\dfrac{\Delta x}{\Delta y}=\lim\limits_{\Delta x\to 0}\dfrac{1}{\dfrac{\Delta y}{\Delta x}}=\dfrac{1}{\lim\limits_{\Delta x\to 0}\dfrac{\Delta y}{\Delta x}}=\dfrac{1}{f'(x)}$，命题成立.

由于 $y=f(x)$ 与 $x=\varphi(y)$ 互为反函数，上述公式也可以写成 $f'(x)=\dfrac{1}{\varphi'(y)}$

例 5　求指数函数 $y=a^x$ $(0<a\neq 1)$ 的导数.

解　已知指数函数 $y=a^x$ 是对数函数 $x=\log_a y$ 的反函数，则

$$(a^x)'=\frac{1}{(\log_a y)'}=\frac{1}{\dfrac{1}{y\ln a}}=y\ln a=a^x\ln a,\text{即}(a^x)'=a^x\ln a$$

特别地，$(e^x)'=e^x\ln e=e^x$.

例 6　求 $y=\arcsin x$ 的导数.

解　由于 $y=\arcsin x$，$x\in[-1,1]$，是 $x=\sin y$，$y\in\left[-\dfrac{\pi}{2},\dfrac{\pi}{2}\right]$ 的反函数，则

$$(\arcsin x)'=\frac{1}{(\sin y)'}=\frac{1}{\cos y}=\frac{1}{\sqrt{1-\sin^2 y}}=\frac{1}{\sqrt{1-x^2}}.$$

类似地，有 $(\arccos x)'=-\dfrac{1}{\sqrt{1-x^2}}$，$(\arctan x)'=\dfrac{1}{1+x^2}$，$(\text{arccot}\,x)'=-\dfrac{1}{1+x^2}$.

三、基本初等函数的求导公式

综上，列出如下基本公式，它们是导数运算的基础.

(1) $(c)'=0$；　(2) $(x^\mu)'=\mu x^{\mu-1}$；

(3) $(\sin x)'=\cos x$；　(4) $(\cos x)'=-\sin x$；

(5) $(\tan x)'=\sec^2 x$；　(6) $(\cot x)'=-\csc^2 x$；

(7) $(\sec x)'=\sec x\cdot\tan x$；　(8) $(\csc x)'=-\csc x\cdot\cot x$；

(9) $(a^x)'=a^x\ln a$；　(10) $(e^x)'=e^x$；

(11) $(\log_a x)'=\dfrac{1}{x\ln a}$；　(12) $(\ln x)'=\dfrac{1}{x}$；

(13) $(\arcsin x)'=\dfrac{1}{\sqrt{1-x^2}}$;　　(14) $(\arccos x)'=-\dfrac{1}{\sqrt{1-x^2}}$;

(15) $(\arctan x)'=\dfrac{1}{1+x^2}$;　　(16) $(\operatorname{arccot} x)'=-\dfrac{1}{1+x^2}$.

四、复合函数的导数

定理 2.5　若函数 $u=g(x)$ 在 x 处可导，函数 $y=f(u)$ 在相应的 $u(u=g(x))$ 处可导，则复合函数 $y=f[g(x)]$ 在 x 处也可导，且

$$\{f[g(x)]\}'=f'(u)g'(x) \text{或} \frac{\mathrm{d}y}{\mathrm{d}x}=\frac{\mathrm{d}y}{\mathrm{d}u}\cdot\frac{\mathrm{d}u}{\mathrm{d}x}.$$

证　由题，当 $\Delta u\neq 0$ 时，有 $\dfrac{\Delta y}{\Delta x}=\dfrac{\Delta y}{\Delta u}\cdot\dfrac{\Delta u}{\Delta x}$.

因为 $u=g(x)$ 在 x 处可导，则必连续，所以当 $\Delta x\to 0$ 时，$\Delta u\to 0$，

因此 $\lim\limits_{\Delta x\to 0}\dfrac{\Delta y}{\Delta x}=\lim\limits_{\Delta x\to 0}\dfrac{\Delta y}{\Delta u}\cdot\lim\limits_{\Delta x\to 0}\dfrac{\Delta u}{\Delta x}=\lim\limits_{\Delta u\to 0}\dfrac{\Delta y}{\Delta u}\cdot\lim\limits_{\Delta x\to 0}\dfrac{\Delta u}{\Delta x}$.

于是有 $\dfrac{\mathrm{d}y}{\mathrm{d}x}=\dfrac{\mathrm{d}y}{\mathrm{d}u}\cdot\dfrac{\mathrm{d}u}{\mathrm{d}x}$ 成立.

当 $\Delta u=0$ 时，可以证明定理仍然成立.

重复使用此定理，显然可以推广到有限次复合，以三个函数为例，若 $y=f(u)$，$u=\varphi(v)$，$v=\psi(x)$ 都可导，则

$$(f(\varphi(\psi(x))))'=f'(u)\varphi'(v)\psi'(x).$$

例 7　求 $y=\arctan\dfrac{1}{x}$ 的导数.

解　$y=\arctan\dfrac{1}{x}$ 可看成 $\arctan u$ 与 $u=\dfrac{1}{x}$ 复合而成，则

$$y'=\left(\arctan\frac{1}{x}\right)'=\frac{1}{1+\left(\frac{1}{x}\right)^2}\cdot\left(-\frac{1}{x^2}\right)=-\frac{1}{1+x^2}.$$

例 8　求 $y=x^{\mu}$（μ 为常数）的导数.

解　$y=x^{\mu}=\mathrm{e}^{\mu\ln x}$ 是 $y=\mathrm{e}^{u}$，$u=\mu\cdot v$，$v=\ln x$ 复合而成的，则

$$y'=(x^{\mu})'=\frac{\mathrm{d}(\mathrm{e}^{\mu})}{\mathrm{d}\mu}\cdot\frac{\mathrm{d}(\mu v)}{\mathrm{d}v}\cdot\frac{\mathrm{d}(\ln x)}{\mathrm{d}x}=\mathrm{e}^{u}\cdot\mu\cdot\frac{1}{x}=x^{\mu}\cdot\mu\cdot\frac{1}{x}=\mu\cdot x^{\mu-1}.$$

例 9　$y=\sqrt{1-x^2}$，求 y'.

解　$y'=(\sqrt{1-x^2})'=[(1-x^2)^{\frac{1}{2}}]'=\dfrac{1}{2}\cdot\dfrac{1}{\sqrt{1-x^2}}\cdot(1-x^2)'=-\dfrac{x}{\sqrt{1-x^2}}$.

例 10　$y=\ln(x+\sqrt{1+x^2})$，求 y'.

解　$y'=[\ln(x+\sqrt{1+x^2})]'=\dfrac{1}{x+\sqrt{1+x^2}}\cdot(x+\sqrt{1+x^2})'$

$$=\frac{1}{x+\sqrt{1+x^2}}\left[1+\frac{1}{2}\frac{1}{\sqrt{1+x^2}}(1+x^2)'\right]$$

$$=\frac{1}{x+\sqrt{1+x^2}}\left(1+\frac{1}{2}\frac{2x}{\sqrt{1+x^2}}\right)=\frac{1}{\sqrt{1+x^2}}.$$

五、隐函数的导数

若由方程 $F(x,\ y)=0$ 可确定 y 是 x 的函数，则称此函数为隐函数.

由 $y=f(x)$ 表示的函数，称为显函数.

例如，方程 $5x^2+4y-1=0$ 确定的隐函数，可显化为函数 $y=\dfrac{1-5x^2}{4}$，但是，方程 $e^y+xy-e=0$ 所确定的隐函数 $y=f(x)$ 却不能显化.

例 11　求由方程 $e^y+xy-e=0$ 所确定的隐函数 $y=f(x)$ 的导数.

解　方程两边对 x 求导数（注意 y 是 x 的函数），有

$$\frac{d}{dx}(e^y+xy-e)=0,\ 即\ e^y\frac{dy}{dx}+y+x\frac{dy}{dx}=0,$$

从而　$\dfrac{dy}{dx}=-\dfrac{y}{x+e^y}\quad(x+e^y\neq0).$

例 12　求椭圆 $\dfrac{x^2}{16}+\dfrac{y^2}{9}=1$ 在点 $\left(2,\ \dfrac{3}{2}\sqrt{3}\right)$ 处的切线方程.

解　方程两边对 x 求导，得　$\dfrac{x}{8}+\dfrac{2}{9}y\cdot y'=0$，

所以
$$y'\bigg|_{\substack{x=2\\y=\frac{3}{2}\sqrt{3}}}=-\frac{9}{16}\frac{x}{y}\bigg|_{\substack{x=2\\y=\frac{3}{2}\sqrt{3}}}=-\frac{\sqrt{3}}{4}$$

故切线方程为　$y-\dfrac{3}{2}\sqrt{3}=-\dfrac{\sqrt{3}}{4}(x-2)$

即
$$\sqrt{3}x+4y-8\sqrt{3}=0$$

例 13　求函数 $y=\sqrt{\dfrac{(x-1)(x-2)}{(x-3)(x-4)}}$ 的导数.

解　等号两端取对数，有

$$\ln|y|=\frac{1}{2}(\ln|x-1|+\ln|x-2|-\ln|x-3|-\ln|x-4|),$$

上式两端对 x 求导数，得

$$\frac{1}{y}y' = \frac{1}{2}\left(\frac{1}{x-1}+\frac{1}{x-2}-\frac{1}{x-3}-\frac{1}{x-4}\right),$$

于是 $y' = \frac{1}{2}\sqrt{\frac{(x-1)(x-2)}{(x-3)(x-4)}}\left(\frac{1}{x-1}+\frac{1}{x-2}-\frac{1}{x-3}-\frac{1}{x-4}\right).$

这种先取对数然后再求导的方法称为对数求导法.

例 14 求函数 $y = x^{\sin x}(x>0)$ 的导数.

解 这种函数称为幂指函数，需用对数求导法.

两边取对数，化为隐函数，得

$$\ln y = \sin x \cdot \ln x,$$

两边对 x 求导 $\frac{1}{y}y' = \cos x \cdot \ln x + \frac{\sin x}{x},$

所以 $y' = x^{\sin x}\left(\cos x \cdot \ln x + \frac{\sin x}{x}\right)$

六、参数方程的导数

若参数方程 $\begin{cases} x = \varphi(t) \\ y = \psi(t) \end{cases}$ 可确定 y 是 x 的函数，$x = \varphi(t)$ 与 $y = \psi(t)$ 都可导，且 $\varphi'(t) \neq 0$，又 $x = \varphi(t)$ 存在反函数 $t = \varphi^{-1}(x)$，则由 $y = \psi(\varphi^{-1}(x))$，有

$$\frac{dy}{dx} = \frac{dy}{dt}\frac{dt}{dx} = \psi'(t)[\varphi^{-1}(x)]' = \psi'(t)\frac{1}{\varphi'(t)} = \frac{\psi'(t)}{\varphi'(t)}.$$

例 15 已知 $\begin{cases} x = a\cos t \\ y = b\sin t \end{cases}$，求 $\frac{dy}{dx}$.

解 $\frac{dy}{dx} = \frac{(b\sin t)'}{(a\cos t)'} = \frac{b\cos t}{-a\sin t} = -\frac{b}{a}\cot t.$

例 16 求摆线 $\begin{cases} x = a(t-\sin t) \\ y = a(1-\cos t) \end{cases}$ 在 $t = \frac{\pi}{2}$ 处的切线方程.

解 $k = y' = \frac{dy}{dx} = \frac{\frac{dy}{dt}}{\frac{dx}{dt}} = \frac{a\sin x}{a(1-\cos x)}$，可得 $k\big|_{t=\frac{\pi}{2}} = 1$，

当 $t = \frac{\pi}{2}$ 时，$x = \left(\frac{\pi}{2}-1\right)a$，$y = a$，

所以切线方程为 $y - a = x - \left(\frac{\pi}{2}-1\right)a$，即

$x - y - \left(\frac{\pi}{2}-2\right)a = 0.$

习题 2.2

1. 求下列函数的导数

（1）$y=x^3\ln x+2\sin x+5$；　（2）$y=\left(\frac{1}{x}+2x\right)(3x^3-2x^2)$；

（3）$y=x^3\mathrm{e}^x\arctan x$；　（4）$y=\frac{1+\ln x}{x}$；　（5）$y=\sqrt{1-x^2}$；

（6）$y=\sin x^3$；　（7）$y=\mathrm{e}^{\sin^3 x}$；　（8）$y=(\arcsin x)^2$；

（9）$y=\arctan \mathrm{e}^{2x}$；　（10）$y=\ln(\arccos 2x)$；　（11）$y=\frac{5x}{1+x^2}$；

（12）$y=\ln\tan\frac{1}{2}x$；　（13）$y=\ln 2x\cdot\left(\frac{1+x}{1-x}\right)^2$；　（14）$y=\ln\sqrt{\frac{1-\sin x}{1+\sin x}}$.

2. 设 $f(x)=\begin{cases}x^\alpha\sin\frac{1}{x}, & x\neq 0\\ 0, & x=0\end{cases}$ $(\alpha>0)$，讨论函数 $f(x)$ 在 $x=0$ 处的连续性和可导性.

3. 求过双曲线 $\frac{x^2}{a^2}-\frac{y^2}{b^2}=1$ 上一点（x_0，y_0）的切线方程（其中 $y_0\neq 0$）.

4. 求由方程 $y^5+2y-x-3x^7=0$ 所确定的隐函数 $y=y(x)$ 在 $x=0$ 处的导数 $\frac{\mathrm{d}y}{\mathrm{d}x}\big|_{x=0}$.

5. 设由方程 $y^3+3y-x^2+2x=0$ 确定 y 是 x 的函数，求 $\frac{\mathrm{d}y}{\mathrm{d}x}$，$\frac{\mathrm{d}y}{\mathrm{d}x}\big|_{x=0}$.

6. 由方程 $\mathrm{e}^x-xy^2+\sin y=0$ 确定 y 是 x 的函数，求 $\frac{\mathrm{d}y}{\mathrm{d}x}$.

7. 求曲线 $x^2+xy+y^2=4$ 在点（2，−2）处的切线方程.

8. 求导数

（1）$y=\frac{\sqrt{x+5}}{\sqrt{(x+2)^3(4-x)^2}}$；　（2）$y=x^x$.

9. 设由方程 $\begin{cases}x=t^2+2t\\ t^2-y+\varepsilon\sin y=1\end{cases}$ $(0<\varepsilon<1)$ 确定函数 $y=y(x)$，求 $\frac{\mathrm{d}y}{\mathrm{d}x}$.

10. 已知 $f(0)=1$，$f'(0)=-1$，求 $\lim\limits_{x\to 1}\frac{f(\ln x)-1}{1-x}$.

11. 设 $y=f(\mathrm{e}^x)\mathrm{e}^{f(x)}$，$f(x)$ 可导，求 $\frac{\mathrm{d}y}{\mathrm{d}x}$，$\mathrm{d}y$.

12. 求曲线 $y\mathrm{e}^x+\ln y=1$ 在点（0，1）处的切线方程.

13. 设 $x\mathrm{e}^{f(y)}=\mathrm{e}^y$，求 y'.

14. 若 $f(t)=\lim\limits_{x\to\infty}t\left(1+\frac{1}{x}\right)^{2tx}$，求 $f'(t)$.

15. 若 $f(x)$ 在点 $x=\mathrm{e}$ 处有连续的一阶导数，且 $f'(\mathrm{e})=-2\mathrm{e}^{-1}$，求 $\lim\limits_{x\to 0^+}\frac{\mathrm{d}}{\mathrm{d}x}f(\mathrm{e}^{\cos\sqrt{x}})$.

16. 设 $y=y(x)$ 由 $\begin{cases}x=\arctan t\\ 2y-ty^2+\mathrm{e}^t=5\end{cases}$ 所确定，求 $\frac{\mathrm{d}y}{\mathrm{d}x}$.

第三节 高阶导数

一、高阶导数

一般地，若函数 $y=f(x)$ 的导数 $y'=f'(x)$ 仍然可导，这个导数就称为原来函数 $y=f(x)$ 的二阶导数，记作 y''，$f''(x)$ 或$\frac{d^2y}{dx^2}$.

类似地，若 $y''=f''(x)$ 的导数存在，称为 $y=f(x)$ 的三阶导数，记作 y'''，$f'''(x)$或$\frac{d^3y}{dx^3}$.

一般地，如果 $y=f(x)$ 的 $n-1$ 阶导数 $y^{(n-1)}=f^{(n-1)}(x)$ 的导数存在，其导数就称为 $y=f(x)$ 的 n 阶导数，记作 $y^{(n)}$，$f^{(n)}(x)$ 或$\frac{d^ny}{dx^n}$.

二阶和二阶以上的导数统称为高阶导数.

例 1 求 n 次多项式 $y=a_0x^n+a_1x^{n-1}+\cdots+a_{n-1}x+a_n$的各阶导数.

解
$$y'=na_0x^{n-1}+(n-1)a_1x^{n-2}+\cdots+a_{n-1},$$
$$y''=n(n-1)a_0x^{n-2}+(n-1)(n-2)a_1x^{n-3}+\cdots+2a_{n-2},$$
继续求导下去，易知
$$y^{(n)}=n!\ a_0$$
是一个常数，则
$$y^{(n+1)}=y^{(n+2)}=\cdots=0.$$

例 2 求 $y=e^x$的各阶导数.

解 由 $(e^x)'=e^x$，易知，对任何 n，有 $(e^x)^{(n)}=e^x$.

例 3 求 $y=\sin x$ 的各阶导数.

解
$$y'=\cos x=\sin\left(x+\frac{\pi}{2}\right),$$
$$y''=\cos\left(x+\frac{\pi}{2}\right)=\sin\left(x+2\cdot\frac{\pi}{2}\right),$$
$$\cdots$$
$$y^{(n)}=\sin\left(x+n\cdot\frac{\pi}{2}\right).$$

同理可证，$(\cos x)^{(n)}=\cos\left(x+n\cdot\frac{\pi}{2}\right)$.

类似于一阶导数的运算法则，高阶导数有如下公式

(1) $(u\pm v)^{(n)}=u^{(n)}\pm v^{(n)}$；

(2) $(Cu)^{(n)}=Cu^{(n)}$ （C 为常数）；

(3) $(u \cdot v)^{(n)} = \sum_{k=0}^{n} c_n^k \cdot u^{(k)} \cdot v^{(n-k)}$.

二、隐函数及参数方程所确定的函数的高阶导数

例 4 由参数方程$\begin{cases} x=\varphi(t) \\ y=\psi(t) \end{cases}$确定 y 为 x 的函数，若 $x=\varphi(t)$ 与 $y=\psi(t)$ 都是二阶可导的，且 $\varphi'(t)\neq 0$，求 y 对 x 的二阶导数$\frac{d^2y}{dx^2}$.

解
$$\frac{d^2y}{dx^2}=\frac{d}{dx}\left(\frac{dy}{dx}\right)=\frac{d}{dx}\left(\frac{\psi'(t)}{\varphi'(t)}\right)=\frac{d}{dt}\left(\frac{\psi'(t)}{\varphi'(t)}\right)\cdot\frac{dt}{dx}$$
$$=\frac{\psi''(t)\varphi'(t)-\psi'(t)\varphi''(t)}{\varphi'^2(t)}\cdot\frac{1}{\varphi'(t)}=\frac{\psi''(t)\varphi'(t)-\psi'(t)\varphi''(t)}{\varphi'^3(t)}.$$

例 5 求由方程 $x-y+\frac{1}{2}\sin y=0$ 所确定的隐函数 y 的二阶导数$\frac{d^2y}{dx^2}$.

解 应用隐函数的求导方法，得
$$1-\frac{dy}{dx}+\frac{1}{2}\cos y\cdot\frac{dy}{dx}=0,$$
于是
$$\frac{dy}{dx}=\frac{2}{2-\cos y}.$$
上式两边再对 x 求导得
$$\frac{d^2y}{dx^2}=\frac{-2\sin y\frac{dy}{dx}}{(2-\cos y)^2}=\frac{-4\sin y}{(2-\cos y)^3}.$$

习题 2.3

1. 设 $y=6x^3+3x^2+x+5$，求 y'''，$y^{(4)}$.
2. 设 $f(x)=xe^{x^2}$，求 $f''(x)$.
3. 求下列函数的 n 阶导数
(1) $y=\sin ax$；(2) $y=e^{bx}$；(3) $y=\ln(1+x)$.
4. 设函数 $y=y(x)$ 由方程 $e^y+xy=e$ 确定，求 $y'(0)$，$y''(0)$.
5. 设$\begin{cases} x=f'(t) \\ y=tf'(t)-f(t) \end{cases}$，且 $f''(t)\neq 0$，求$\frac{d^2y}{dx}$.
6. 若 $y=e^{f(x)}$，求 y''；又若 $y=x^2\ln x$，求 y''.
7. 设 $f(x)=\sin\frac{x}{2}+\cos x$，求 $f^{(27)}(\pi)$ 的值.
8. 设 $y=x\ln f(-x)$，$f(x)$ 二阶可导，求 y''.
9. 设 $f(x)=xe^{-x}$，求 $f^{(n)}(x)$.

10. 设$f(x)=\dfrac{1}{x-a}$，求$f^{(n)}(x)$.

11. 设$y=\dfrac{x^n}{1-x}+x\cos^2 x$，求$y^{(n)}$ $(n\geqslant 2)$.

12. 设$y=y(x)$ 由$\begin{cases}x=\ln\sqrt{1+t^2}\\y=\arctan t\end{cases}$所确定，求$\dfrac{\mathrm{d}^2y}{\mathrm{d}x^2}$.

13. 试从$\dfrac{\mathrm{d}x}{\mathrm{d}y}=\dfrac{1}{y'}$导出：(1) $\dfrac{\mathrm{d}^2x}{\mathrm{d}y^2}=-\dfrac{y''}{(y')^3}$；(2) $\dfrac{\mathrm{d}^3x}{\mathrm{d}y^3}=\dfrac{3(y'')^2-y'y'''}{(y')^5}$.

第四节 微　　分

一、微分的概念

1. 引例

一块正方形金属薄片受温度变化的影响，边长由x_0变到$x_0+\Delta x$，此薄片面积改变了多少？

如图2-3所示，设薄片边长为x，面积为A，则$A=x^2$，当x在x_0取得增量Δx时，面积的增量$\Delta A=(x_0+\Delta x)^2-x_0^2=2x_0\Delta x+(\Delta x)^2$.

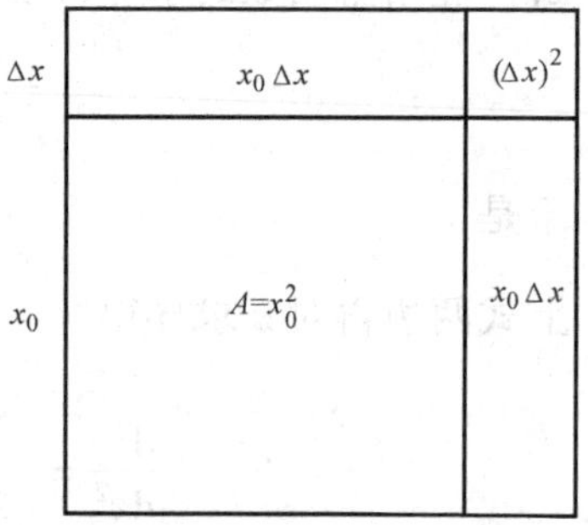

图 2-3

ΔA包括两部分，第一部分$2x_0\Delta x$是Δx的线性函数，第二部分$(\Delta x)^2$为Δx的高阶无穷小. 因此，当Δx很小时，就可以用$2x_0\Delta x$来近似代替ΔA. 用微分$\mathrm{d}A$来表示，记作$\mathrm{d}A=2x_0\Delta x$.

2. 微分

定义 2.3 设函数$y=f(x)$在x_0的某个邻域内有定义，若函数$y=f(x)$在x_0的改变量Δy与自变量x的改变量Δx满足

$$\Delta y=A\Delta x+o(\Delta x).$$

其中，A是与Δx无关的常数，则称函数$y=f(x)$在点x_0处可微，$A\Delta x$称为函数$f(x)$在点x_0处的微分，表示为$\mathrm{d}y=A\Delta x$或$\mathrm{d}f(x_0)=A\Delta x$.

$\mathrm{d}y$通常也称为Δy的线性主部.

二、可微与可导的关系

定理 2.6 函数$y=f(x)$在点x_0处可微的充要条件是函数$y=f(x)$在点x_0

处可导，且 $A=f'(x_0)$. 即 $dy=f'(x_0)\Delta x$.

证 先证必要性.

设函数 $f(x)$ 在 x_0 处可微，即 $\Delta y=A\Delta x+o(\Delta x)$，其中 A 是与 Δx 无关的常数，两边同除以 Δx，得

$$\frac{\Delta y}{\Delta x}=A+\frac{o(\Delta x)}{\Delta x},$$

有
$$\lim_{\Delta x\to 0}\frac{\Delta y}{\Delta x}=A+\lim_{\Delta x\to 0}\frac{o(\Delta x)}{\Delta x}=A,$$

所以 函数 $y=f(x)$ 在 x_0 处可导，且 $A=f'(x_0)$.

再证充分性.

设函数 $y=f(x)$ 在 x_0 处可导，即 $\lim\limits_{\Delta x\to 0}\frac{\Delta y}{\Delta x}=f'(x_0)$.

则
$$\frac{\Delta y}{\Delta x}=f'(x_0)+\alpha,\ \alpha\to 0\ (\Delta x\to 0).$$

从而
$$\Delta y=f'(x_0)\Delta x+\alpha\Delta x=f'(x_0)\Delta x+o(\Delta x),$$

其中，$f'(x_0)$ 是与 Δx 无关的常数，$o(\Delta x)$ 是 Δx 的高阶无穷小，于是函数 $f(x)$ 在 x_0 处可微，且 $A=f'(x_0)$.

若对函数 $y=x$ 求微分，可得

$$dy=dx=(x)'\cdot\Delta x=\Delta x.$$

于是函数 $f(x)$ 在点 x 处的微分又写作 $dy=f'(x)dx$ 或 $f'(x)=\frac{dy}{dx}$. 在这个意义下，导数又叫做微商.

三、几何意义

如图 2-4 所示，PM 是曲线 $y=f(x)$ 在点 $P(x_0,f(x_0))$ 处的切线. 已知切线 PM 的斜率 $\tan\varphi=f'(x_0)$.

$$\Delta y=f(x_0+\Delta x)-f(x_0)=QN,$$
$$dy=f'(x_0)\Delta x$$
$$=\tan\varphi\cdot\Delta x=\frac{MN}{\Delta x}\Delta x=MN$$

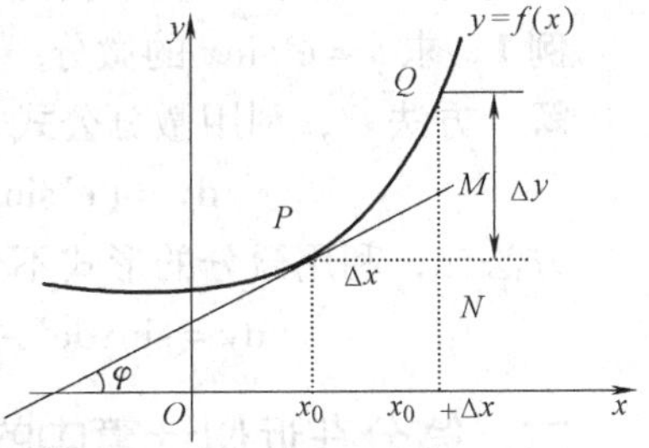

图 2-4

由此可见，$dy=MN$ 是曲线 $y=f(x)$ 在点 $P(x_0,y_0)$ 处的切线 PM 的纵坐标的增量. 因此，用 dy 近似代替 Δy，就是用在点 $P(x_0,y_0)$ 处切线的纵坐标的增量 MN 近似代替函数 $f(x)$ 的增量 QN，$QM=QN-MN=\Delta y-dy=o(\Delta x)$.

四、微分法则

由 $dy=f'(x)dx$ 可知，求微分 dy，只要求出导数 $f'(x)$，再乘以 dx 即可．由导数的基本公式和运算法则可相应地得到微分公式和微分运算法则

（1） $dc=0$;　　（2） $d(x^{\mu})=\mu x^{\mu-1}dx$;

（3） $d(\sin x)=\cos x dx$;　　（4） $d(\cos x)=-\sin x dx$;

（5） $d(\tan x)=\sec^2 x dx$;　　（6） $d(\cot x)=-\csc^2 x dx$;

（7） $d(\sec x)=\sec x\cdot\tan x dx$;　　（8） $d(\csc x)=-\csc x\cdot\cot x dx$;

（9） $d(a^x)=a^x\ln a dx$;　　（10） $d(e^x)=e^x dx$;

（11） $d(\log_a x)=\dfrac{1}{x\ln a}dx$;　　（12） $d(\ln x)=\dfrac{1}{x}dx$;

（13） $d(\arcsin x)=\dfrac{1}{\sqrt{1-x^2}}dx$;　　（14） $d(\arccos x)=-\dfrac{1}{\sqrt{1-x^2}}dx$;

（15） $d(\arctan x)=\dfrac{1}{1+x^2}dx$;　　（16） $d(\text{arccot} x)=-\dfrac{1}{1+x^2}dx$;

（17） $d(u\pm v)=du\pm dv$;　　（18） $d(uv)=vdu+udv$;

（19） $d\left(\dfrac{u}{v}\right)=\dfrac{vdu-udv}{v^2}$.

五、微分形式的不变性

设 $y=f(u)$，$u=\varphi(x)$，则复合函数 $y=f[\varphi(x)]$ 的微分为

$$dy=y'_x dx=f'(u)\varphi'(x)dx.$$

由于 $\varphi'(x)dx=du$，所以复合函数 $y=f[\varphi(x)]$ 的微分公式可以写成

$$dy=f'(u)du \quad 或 \quad dy=y'_u du.$$

由此可见，无论 u 是自变量还是中间变量，微分形式 $dy=f'(u)du$ 保持不变，称之为一阶微分形式不变性.

例 1　求 $y=e^x\sin x$ 的微分.

解　方法一，利用微分公式 $dy=f'(x)dx$，得

$$dy=(e^x\sin x)'dx=e^x(\sin x+\cos x)dx.$$

方法二，利用微分的形式不变性，得

$$dy=\sin x de^x+e^x d\sin x=e^x(\sin x+\cos x)dx.$$

六、微分在近似计算中的应用

若函数 $y=f(x)$ 在 x_0 处可微，则 $\Delta y=dy+o(\Delta x)$．即

$$f(x)-f(x_0)=f'(x_0)\Delta x+o(\Delta x).$$

当 $|\Delta x| \to 0$ 时，忽略高阶无穷小量，得

$$f(x) \approx f(x_0) + f'(x_0)\Delta x$$

例 2　求 $\tan 31°$ 的近似值.

解　设 $f(x) = \tan x$，$x_0 = 30° = \frac{\pi}{6}$，$\Delta x = 1° = \frac{\pi}{180}$，又 $f'(x) = \sec^2 x$，

有
$$\tan 31° \approx \tan\frac{\pi}{6} + \sec^2\frac{\pi}{6} \cdot \frac{\pi}{180} = \frac{1}{\sqrt{3}} + \frac{4}{3}\frac{\pi}{180}$$
$$\approx 0.57735 + 0.02327 = 0.60062.$$

例 3　求 $e^{-0.01}$ 的近似值.

解　设 $f(x) = e^x$，$x_0 = 0$，$\Delta x = -0.01$，又 $f'(x) = e^x$，

有
$$e^{-0.01} \approx e^0 + e^0(-0.01) = 0.99.$$

习题 2.4

1. 计算函数 $y = x^2$，在 $x = 1$，$\Delta x = 0.01$ 时函数的改变量 Δy 与微分 dy.

2. 求下列函数的微分

（1）$y = e^x \sin x$；　　（2）$y = \arctan x^2$；

（3）$y = \sin(3x+1)$；　　（4）$y = \ln(1 + e^{x^2})$.

3. 求下列函数的微分

（1）$y = e^x \ln x^2 + \sin x$；　　（2）$y = e^{ax + bx^2}$.

4. 设 $y\sin x - \cos(x - y) = 0$，求 dy.

5. 在下列括号中填入适当的函数使等式成立

（1）d(　　　　) $= x dx$；　　（2）d(　　　　) $= \cos\omega t dt$.

6. 求 $\sin 29°$ 的近似值.

7. 有一批半径为 1cm 的球，为了提高球面的光洁度，要镀上一层铜，厚度定为 0.01cm，估计一下，每只球需用铜多少克？（铜的密度为 8.9g/cm^3）

8. 已知 $d[\ln(1+x)] = f(x) d(\arctan\sqrt{x})$，求 $f(x)$.

9. 设 $y = f(x)$ 在 x_0 点可导，当 x 由 x_0 增至 $x_0 + \Delta x$ 时，$\lim\limits_{\Delta x \to 0}\frac{\Delta y - dy}{\Delta x} = $（　　）.

A. 0　　B. 1　　C. $f'(x) - \frac{dx}{\Delta x}$　　D. 不存在

第三章　中值定理与导数的应用

第一节　中值定理

一、罗尔定理

定理 3.1　若函数 $f(x)$ 满足条件

（1）在闭区间 $[a, b]$ 上连续；

（2）在开区间 (a, b) 内可导；

（3）$f(a)=f(b)$.

则在区间 (a, b) 内至少存在一点 $\xi(a<\xi<b)$，使得

$$f'(\xi)=0.$$

证　如图 3-1 所示，因为函数 $f(x)$ 在区间 $[a, b]$ 上连续，根据连续函数的性质，函数 $f(x)$ 在区间 $[a, b]$ 上必有最大值 M 和最小值 m.

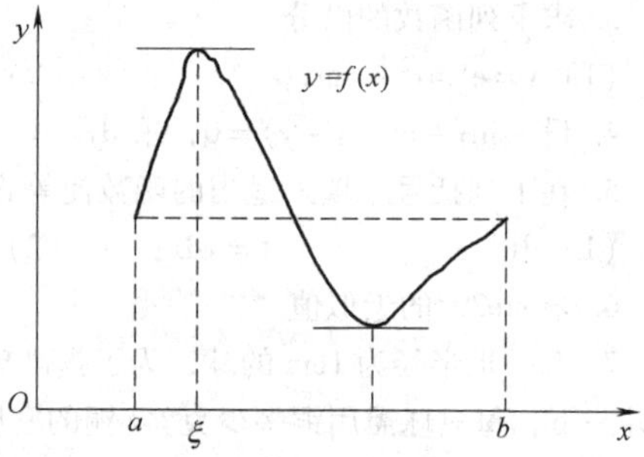

图 3-1

（1）如果 $m=M$，则函数 $f(x)$ 在区间 $[a, b]$ 上恒为常数 M，因此在区间 (a, b) 内恒有 $f(x)=M$，于是，在整个区间 (a, b) 内恒有 $f'(x)=0$，区间 (a, b) 内每一点都可取为 ξ，定理成立.

（2）如果 $m<M$，因为 $f(a)=f(b)$，则 M 与 m 中至少有一个不等于端点 a 处的函数值 $f(a)$，设 $M\neq f(a)$，从而，在区间 (a, b) 内至少有一点 ξ，使得 $f(\xi)=M$. 下面证明 $f'(\xi)=0$.

事实上，因为 $f(\xi)=M$ 是最大值，所以不论 Δx 为正或负，只要 $\xi+\Delta x\in(a, b)$，恒有 $f(\xi+\Delta x)\leqslant f(\xi)$，由 $f(x)$ 在点 ξ 可导及极限的保号性可得

$$f'_+(\xi)=\lim_{\Delta x\to 0^+}\frac{f(\xi+\Delta x)-f(\xi)}{\Delta x}\leqslant 0;\ f'_-(\xi)=\lim_{\Delta x\to 0^-}\frac{f(\xi+\Delta x)-f(\xi)}{\Delta x}\geqslant 0.$$

因此必有 $f'(\xi)=0$.

定理的几何意义为，设有一段连续曲线的两端点的高度相等，且除两端点外，曲线上处处都有不垂直于 x 轴的切线，则曲线上至少有一点处的切线平行

于 x 轴.

例 1　不求出函数 $f(x)=(x-1)(x-2)(x-3)(x-4)$ 的导数，说明方程 $f'(x)=0$ 有几个实根，并指出它们所在的区间.

解　因 $f(x)=(x-1)(x-2)(x-3)(x-4)$ 在 $[1,4]$ 上可导，又

$$f(1)=f(2)=f(3)=f(4),$$

所以函数 $f(x)$ 在区间 $[1,2]$，$[2,3]$，$[3,4]$ 上满足罗尔定理的条件. 因此 $f'(x)=0$ 至少有三个实根，分别位于区间 $(1,2)$，$(2,3)$，$(3,4)$ 内.

又 $f'(x)$ 是三次多项式，故 $f'(x)=0$ 至多有三个实根. 于是方程 $f'(x)=0$ 恰有三个实根，分别位于区间 $(1,2)$，$(2,3)$，$(3,4)$ 内.

二、拉格朗日定理

定理 3.2　若函数 $f(x)$ 满足条件

(1) 在闭区间 $[a,b]$ 上连续；

(2) 在开区间 (a,b) 内可导.

则至少存在一点 ξ $(a<\xi<b)$ 使得

$$f(b)-f(a)=f'(\xi)(b-a)$$

或 $f'(\xi)=\dfrac{f(b)-f(a)}{b-a}$ 成立.

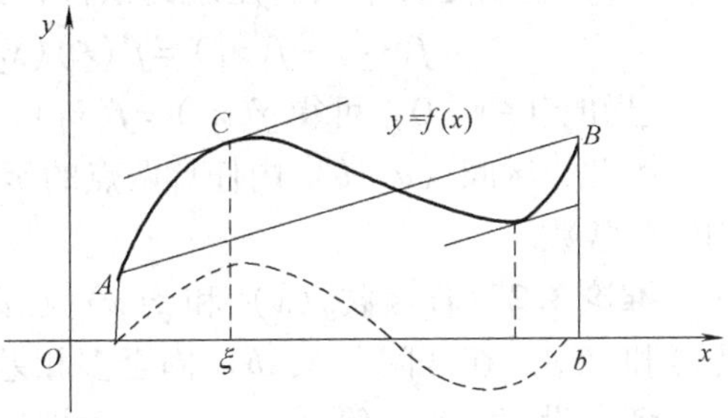

图 3-2

如图 3-2 所示，$\dfrac{f(b)-f(a)}{b-a}$ 是割线 AB 的斜率，而 $f'(\xi)$ 是曲线 $y=f(x)$ 上一点 $C(\xi,f(\xi))$ 的切线斜率. 拉格朗日定理的几何意义是，若区间 $[a,b]$ 上有一条连续曲线，曲线上每一点都有切线，则曲线上至少有一点 $C(\xi,f(\xi))$，过点 C 的切线与割线 AB 平行.

证　由几何意义可知，罗尔定理是拉格朗日定理的特殊情况，

为此，构造一个辅助函数 $F(x)=(b-a)f(x)-(f(b)-f(a))x$.

可知函数 $F(x)$ 在区间 $[a,b]$ 上连续，在区间 (a,b) 内可导.

又　$F(a)=bf(a)-af(b)=F(b)$，从而 $F(x)$ 满足罗尔定理的条件，则在区间 (a,b) 内至少存在一点 ξ，使 $F'(\xi)=0$

即
$$f(b)-f(a)=f'(\xi)(b-a)$$

或
$$f'(\xi)=\frac{f(b)-f(a)}{b-a}.$$

由 $a<\xi<b$，可得 $\xi=a+\theta(b-a)\quad(0<\theta<1)$

所以，拉格朗日定理又可写成

$$f(b)-f(a)=f'[a+\theta(b-a)](b-a)\quad 0<\theta<1,$$

或
$$\Delta y=f'(x+\theta\Delta x)\Delta x\qquad(0<\theta<1).$$

称之为拉格朗日定理的有限增量形式.

例 2 证明 $\frac{x}{1+x}<\ln(1+x)<x \quad (x>0)$.

证 函数 $\ln(1+t)$ 在 $[0, x]$ $(x>0)$ 上满足拉格朗日定理的条件，则

$$\ln(1+x)-\ln 1=(\ln(1+t))'\big|_{t=\xi}\cdot x, \quad (0<\xi<x)$$

即 $\ln(1+x)=\frac{1}{1+\xi}\cdot x$，又 $\frac{1}{1+x}<\frac{1}{1+\xi}<1$，从而得

$$\frac{x}{1+x}<\ln(1+x)<x.$$

推论 3.1 若函数 $f(x)$ 在区间 (a, b) 内的导数恒为零，则函数 $f(x)$ 在区间 (a, b) 内恒为常数.

证 在区间 (a, b) 内任意取两点 x_1，x_2，设 $x_1<x_2$，则函数 $f(x)$ 在区间 $[x_1, x_2]$ 上满足拉格朗日定理的条件，则有

$$f(x_2)-f(x_1)=f'(\xi)(x_2-x_1) \qquad \xi\in(x_1, x_2)$$

已知 $f'(\xi)=0$，可得 $f(x_1)=f(x_2)$，

因此，区间 (a, b) 内任意两点的函数值相等，即函数 $f(x)$ 在区间 (a, b) 内恒为常数.

推论 3.2 若函数 $f(x)$ 和 $g(x)$ 在区间 (a, b) 内的导数都相等，则函数 $f(x)$ 和 $g(x)$ 在区间 (a, b) 内至多相差一个常数.

证 设 $F(x)=f(x)-g(x)$，由推论 3.1 可知在区间 (a, b) 内，

$$F(x)=C，即 f(x)=g(x)+C.$$

例 3 证明 $\arcsin x+\arccos x=\frac{\pi}{2} \quad (-1<x<1)$.

证 $\forall x\in(-1, 1)$，有 $(\arcsin x+\arccos x)'=\frac{1}{\sqrt{1-x^2}}-\frac{1}{\sqrt{1-x^2}}=0$.

从而由推论 3.1 可知，$\arcsin x+\arccos x=C$（C 为常数）.

又令 $x=0$，得

$$C=\arcsin 0+\arccos 0=\frac{\pi}{2},$$

即

$$\arcsin x+\arccos x=\frac{\pi}{2}.$$

三、柯西定理

定理 3.3 若函数 $f(x)$ 与 $g(x)$ 满足条件

(1) 在闭区间 $[a, b]$ 上连续；

(2) 在开区间 (a, b) 内可导；

(3) $\forall x \in (a,\ b)$，有 $g'(x) \neq 0$；
则至少存在一点 $\xi \in (a,\ b)$ 使得

$$\frac{f(b)-f(a)}{g(b)-g(a)}=\frac{f'(\xi)}{g'(\xi)}.$$

证　首先，可以推出 $g(b)-g(a) \neq 0$. 否则，若 $g(b)=g(a)$，根据罗尔定理，在区间 $(a,\ b)$ 内存在一点 ξ，使 $g'(\xi)=0$，与条件（3）矛盾.

作辅助函数 $F(x)=[f(b)-f(a)]g(x)-[g(b)-g(a)]f(x)$，有 $F(x)$ 在区间 $[a,\ b]$ 上连续，在区间 $(a,\ b)$ 内可导，$F(a)=g(a)f(b)-g(b)f(a)=F(b)$.

因此，$F(x)$ 满足罗尔定理的条件，则在区间 $(a,\ b)$ 内存在一点 ξ，使 $F'(\xi)=0$，即 $(g(b)-g(a))f'(\xi)-(f(b)-f(a))g'(\xi)=0$，从而有

$$\frac{f(b)-f(a)}{g(b)-g(a)}=\frac{f'(\xi)}{g'(\xi)}.$$

特别地，当 $g(x)=x$ 时，柯西定理就变成拉格朗日定理.

习题 3.1

1. 验证函数 $f(x)=x^2-2x-3$ 在区间 $[-1,\ 3]$ 上满足罗尔定理，并求出定理中的 ξ.

2. 验证函数 $f(x)=\arctan x$ 在区间 $[0,\ 1]$ 上满足拉格朗日定理，并求出定理中的 ξ.

3. 证明不等式 $|\sin x_2-\sin x_1| \leqslant |x_2-x_1|$.

4. 证明当 $x>1$ 时，$e^x > e \cdot x$.

5. 下列函数在 $[-1,\ 1]$ 上满足罗尔定理的是（　　）.

A. $f(x)=\dfrac{1}{x^2}$　　B. $f(x)=1+|x|$　　C. $f(x)=\arctan x$　　D. $f(x)=\ln(1+x^2)$

6. 设 $f(x)$ 在区间 $[0,\ 1]$ 连续，在区间 $(0,\ 1)$ 内可导，且 $f(0)=1$，$f(1)=0$，则在 $(0,\ 1)$ 内至少有一点 c，有（　　）.

A. $f'(c)=-\dfrac{f(c)}{c}$　　B. $f'(c)=\dfrac{f(c)}{c}$　　C. $f'(x)=-\dfrac{f(c)}{c}$　　D. $f'(x)=\dfrac{f(c)}{c}$

7. 函数 $f(x)=x^2-x-2$ 在 $[0,\ 2]$ 上满足拉格朗日中值定理的 ξ 为多少？

8. 证明 $\arctan e^x+\arctan e^{-x}=\dfrac{\pi}{2}$.

9. 已知 $f(1)=1$，若 $f(x)$ 满足方程 $xf'(x)+f(x)=0$，求 $f(2)$.

10. 设 a_0，$a_1 \cdots a_n$ 是满足 $a_0+\dfrac{a_1}{2}+\cdots+\dfrac{a_n}{n+1}=0$ 的实数，试证：方程 $a_0+a_1x+a_2x^2+\cdots+a_nx^n=0$ 在 $(0,\ 1)$ 内至少有一实根.

11. 设 $f(x)$ 在 $[a,\ b]$ 上连续，在 $(a,\ b)$ 内二阶可导，$f(c)<0$，$f(a)=f(b)=0$，$(a<c<b)$，试证：至少存在一点 $\xi \in (a,\ b)$，使得 $f''(\xi)>0$.

12. 设 $\lim\limits_{x\to\infty} f'(x)=k$，求 $\lim\limits_{x\to\infty}[f(x+a)-f(x)]$，其中 $a \in R$.

13. 设$f(x)$在$[0, 1]$上连续，在$(0, 1)$内可导，试证：至少$\exists\xi\in(0, 1)$，使得$f'(\xi)=2\xi[f(1)-f(0)]$.

14. 设$f(x)$在$[a, b]$上连续，在(a, b)内可导，且$a>0$，至少存在一点$\xi\in(a, b)$，使得

$$f'(\xi)\cdot\xi\cdot\ln\frac{b}{a}=f(b)-f(a)$$

15. 设$f'(x)$在$[a, b]$上存在，且$f'(a)<f'(b)$，而r为$f'(a)$与$f'(b)$之间的任一值，则在(a, b)内存在一点ξ，使$f'(\xi)=r$.

16. 设$f(x)$在$[0, 1]$连续，在$(0, 1)$可导，且$f(0)=f(1)=0$，$f\left(\frac{1}{2}\right)=1$，证明至少存在一点$\xi\in(0, 1)$，使$f'(\xi)=1$.

17. 设$f(x)$在$[0, +\infty)$上可导，证明对任何a，b（$a, b>0$）存在$\theta\in(0, 1)$使得

$$f(\mathrm{e}^{a+b})-f(\mathrm{e}^{a})=f'(\mathrm{e}^{a+\theta b})(\mathrm{e}^{a+b}-\mathrm{e}^{a})$$

18. 已知$f(x)$在$(-\infty, +\infty)$内可导，且$\lim\limits_{x\to\infty}f'(x)=\mathrm{e}$，$\lim\limits_{x\to\infty}\left(\frac{x+c}{x-c}\right)^{x}=\lim\limits_{x\to\infty}[f(x)-f(x-1)]$，求$c$的值.

第二节 洛必达法则

在求$\lim\limits_{x\to a}\frac{f(x)}{g(x)}$或$\lim\limits_{x\to\infty}\frac{f(x)}{g(x)}$时，若发现$f(x)$，$g(x)$同时趋于0，或同时趋于$\infty$，如$\lim\limits_{x\to 0}\frac{x^m}{x^n}$，$\lim\limits_{x\to\infty}\frac{x^m}{x^n}$，则上述极限可能存在；也可能不存在；要根据具体的函数来进一步确定，我们通常把这种极限称为$\frac{0}{0}$或$\frac{\infty}{\infty}$型的未定式，这种未定式是不能用商的极限运算法则来计算的. 在这一节中，我们利用洛必达法则来解决这类问题.

一、“$\frac{0}{0}$”型未定式

定理3.4 （洛必达法则）设函数$f(x)$和$g(x)$满足条件

（1）$\lim\limits_{x\to a}f(x)=\lim\limits_{x\to a}g(x)=0$；

（2）在点a的某个去心邻域$\mathring{U}(a)$内可导，且$g'(x)\neq 0$；

（3）$\lim\limits_{x\to a}\frac{f'(x)}{g'(x)}=A$（或$\infty$）；

则
$$\lim_{x\to a}\frac{f(x)}{g(x)}=\lim_{x\to a}\frac{f'(x)}{g'(x)}=A\ (\text{或}\infty).$$

证 在点$x=a$处补充定义$f(x)=g(x)=0$，则函数$f(x)$与$g(x)$在点a

连续.

$\forall x \in \mathring{U}(a)$，在以点 x 与点 a 为端点的区间上，由柯西中值定理，则在点 x 与点 a 之间存在一点 ξ，使 $\dfrac{f(x)-f(a)}{g(x)-g(a)}=\dfrac{f'(\xi)}{g'(\xi)}$.

又因为点 ξ 在点 x 与点 a 之间，所以当 $x \to a$ 时，有 $\xi \to a$，上式两边取极限，得

$$\lim_{x\to a}\frac{f(x)}{g(x)}=\lim_{\xi\to a}\frac{f'(\xi)}{g'(\xi)}=\lim_{x\to a}\frac{f'(x)}{g'(x)}=A\ (\text{或}\infty).$$

将此定理中的 $x \to a$ 换成自变量的其他变化过程亦成立，证明从略.

例 1　求 $\lim\limits_{x\to 0}\dfrac{e^x-1}{\sin x}$.

解　由洛必达法则，有

$$\lim_{x\to 0}\frac{e^x-1}{\sin x}=\lim_{x\to 0}\frac{e^x}{\cos x}=1.$$

例 2　求极限 $\lim\limits_{x\to\pi}\dfrac{1+\cos x}{\tan^2 x}$.

解　由洛必达法则，$\lim\limits_{x\to\pi}\dfrac{1+\cos x}{\tan^2 x}=\lim\limits_{x\to\pi}\dfrac{-\sin x}{2\tan x\dfrac{1}{\cos^2 x}}=\lim\limits_{x\to\pi}\left(-\dfrac{\cos^3 x}{2}\right)=\dfrac{1}{2}$.

求一个未定式的极限时，如果一阶导数之比还是未定式，只要仍满足法则的条件，则可以再次使用洛必达法则．倘若结果还是未定式，那么还可以继续使用法则.

例 3　求极限 $\lim\limits_{x\to 0}\dfrac{x-\sin x}{x^3}$.

解　$\lim\limits_{x\to 0}\dfrac{x-\sin x}{x^3}=\lim\limits_{x\to 0}\dfrac{1-\cos x}{3x^2}=\lim\limits_{x\to 0}\dfrac{\sin x}{6x}=\dfrac{1}{6}$.

二、“$\dfrac{\infty}{\infty}$”型未定式

定理 3.5　设函数 $f(x)$ 与 $g(x)$ 满足

(1) 在点 a 的某个去心邻域 $\mathring{U}(a)$ 内可导，且 $g'(x)\neq 0$；

(2) $\lim\limits_{x\to a}f(x)=\lim\limits_{x\to a}g(x)=\infty$；

(3) $\lim\limits_{x\to a}\dfrac{f'(x)}{g'(x)}=A(\text{或}\infty)$；

则

$$\lim_{x\to a}\frac{f(x)}{g(x)}=\lim_{x\to a}\frac{f'(x)}{g'(x)}=A(\text{或}\infty).$$

将此定理中的 $x \to a$ 换成自变量的其他变化过程亦成立，证明从略.

例 4 求极限$\lim\limits_{x\to\frac{\pi}{2}}\dfrac{\tan x}{\tan 3x}$.

解 $\lim\limits_{x\to\frac{\pi}{2}}\dfrac{\tan x}{\tan 3x}=\lim\limits_{x\to\frac{\pi}{2}}\dfrac{\dfrac{1}{\cos^2 x}}{\dfrac{3}{\cos^2 3x}}=\dfrac{1}{3}\lim\limits_{x\to\frac{\pi}{2}}\dfrac{\cos^2 3x}{\cos^2 x}$

$=\dfrac{1}{3}\lim\limits_{x\to\frac{\pi}{2}}\dfrac{2\cos 3x\cdot(-3\sin 3x)}{2\cos x\cdot(-\sin x)}=\lim\limits_{x\to\frac{\pi}{2}}\dfrac{\sin 6x}{\sin 2x}=\lim\limits_{x\to\frac{\pi}{2}}\dfrac{6\cos 6x}{2\cos 2x}=3.$

例 5 求极限 $\lim\limits_{x\to+\infty}\dfrac{\ln x}{x^n}$ $(n>0)$.

解 $\lim\limits_{x\to+\infty}\dfrac{\ln x}{x^n}=\lim\limits_{x\to+\infty}\dfrac{\dfrac{1}{x}}{nx^{n-1}}=\lim\limits_{x\to+\infty}\dfrac{1}{nx^n}=0$.

例 6 求极限 $\lim\limits_{x\to+\infty}\dfrac{x^n}{e^{\lambda x}}$，($n$ 为正整数，$\lambda>0$).

解 $\lim\limits_{x\to+\infty}\dfrac{x^n}{e^{\lambda x}}=\lim\limits_{x\to+\infty}\dfrac{nx^{n-1}}{\lambda e^{\lambda x}}=\lim\limits_{x\to+\infty}\dfrac{n(n-1)x^{n-2}}{\lambda^2 e^{\lambda x}}=\cdots=\lim\limits_{x\to+\infty}\dfrac{n!}{\lambda^n e^{\lambda x}}=0$.

三、其他型未定式

例 7 求极限$\lim\limits_{x\to 1}\left(\dfrac{1}{x-1}-\dfrac{1}{\ln x}\right)$.

解 $\lim\limits_{x\to 1}\left(\dfrac{1}{x-1}-\dfrac{1}{\ln x}\right)=\lim\limits_{x\to 1}\dfrac{\ln x-x+1}{(x-1)\ln x}=\lim\limits_{x\to 1}\dfrac{\dfrac{1}{x}-1}{\ln x+\dfrac{x-1}{x}}$

$=\lim\limits_{x\to 1}\dfrac{1-x}{x\ln x+x-1}=\lim\limits_{x\to 1}\dfrac{-1}{\ln x+1+1}=-\dfrac{1}{2}.$

例 8 求极限 $\lim\limits_{x\to 0^+}xe^{\frac{1}{x}}$.

解 $\lim\limits_{x\to 0^+}xe^{\frac{1}{x}}=\lim\limits_{x\to 0^+}\dfrac{e^{\frac{1}{x}}}{\dfrac{1}{x}}=\lim\limits_{x\to 0^+}\dfrac{e^{\frac{1}{x}}\left(-\dfrac{1}{x^2}\right)}{-\dfrac{1}{x^2}}=\lim\limits_{x\to 0^+}e^{\frac{1}{x}}=+\infty$.

例 9 求极限 $\lim\limits_{x\to+\infty}x^{\frac{1}{x}}$.

解 $\lim\limits_{x\to+\infty}x^{\frac{1}{x}}=\lim\limits_{x\to+\infty}e^{\frac{\ln x}{x}}$，其中 $\lim\limits_{x\to+\infty}\dfrac{\ln x}{x}=\lim\limits_{x\to+\infty}\dfrac{\dfrac{1}{x}}{1}=0$,

则　$\lim\limits_{x\to+\infty} x^{\frac{1}{x}} = \lim\limits_{x\to+\infty} e^{\frac{\ln x}{x}} = e^0 = 1.$

例 10　求极限 $\lim\limits_{x\to0^+} x^x$.

解　$\lim\limits_{x\to0^+} x^x = \lim\limits_{x\to0^+} e^{x\ln x}$，其中 $\lim\limits_{x\to0^+} x\ln x = \lim\limits_{x\to0^+} \dfrac{\ln x}{\frac{1}{x}} = \lim\limits_{x\to0^+} \dfrac{\frac{1}{x}}{-\frac{1}{x^2}} = \lim\limits_{x\to0^+}(-x) = 0$,

则　$\lim\limits_{x\to0^+} x^x = \lim\limits_{x\to0^+} e^{x\ln x} = e^0 = 1.$

例 11　求极限 $\lim\limits_{x\to0} \cos x^{\csc x}$.

解　$\lim\limits_{x\to0} \cos x^{\csc x} = \lim\limits_{x\to0} e^{\ln\cos^{\csc x}} = e^{\lim\limits_{x\to0} \csc x \cdot \ln\cos x} = e^{\lim\limits_{x\to0} \frac{\ln\cos x}{\sin x}} = e^{\lim\limits_{x\to0} \frac{\ln\cos x}{x}}$

$= e^{\lim\limits_{x\to0} \frac{\frac{1}{\cos x}\cdot(-\sin x)}{1}} = e^0 = 1.$

例 12　求极限 $\lim\limits_{x\to\infty} \dfrac{x+\sin x}{x}$.

解　极限 $\lim\limits_{x\to\infty} \dfrac{(x+\sin x)'}{(x)'} = \lim\limits_{x\to\infty} \dfrac{1+\cos x}{1}$不存在，不能应用洛必达法则.

实际上，$\lim\limits_{x\to\infty} \dfrac{x+\sin x}{x} = \lim\limits_{x\to\infty}\left(1+\dfrac{\sin x}{x}\right) = 1.$

例 13　求极限 $\lim\limits_{x\to0} \dfrac{x^2\sin\frac{1}{x}}{\sin x}$.

解　这是"$\dfrac{0}{0}$"型未定式，因极限 $\lim\limits_{x\to0} \dfrac{2x\sin\frac{1}{x} - \cos\frac{1}{x}}{\cos x}$不存在，所以有

$$\lim_{x\to0} \frac{x^2\sin\frac{1}{x}}{\sin x} = \lim_{x\to0}\left(\frac{x}{\sin x}\cdot x\sin\frac{1}{x}\right) = \frac{\lim\limits_{x\to0} x\sin\frac{1}{x}}{\lim\limits_{x\to0}\frac{\sin x}{x}} = 0.$$

例 14　求极限 $\lim\limits_{x\to0} \dfrac{\ln(1-x+\sin x)}{\arctan x^3}$.

解　先用等价无穷小代换，再用洛必达法则.

$$\lim_{x\to0} \frac{\ln(1-x+\sin x)}{\arctan x^3} = \lim_{x\to0} \frac{\sin x - x}{x^3} = \lim_{x\to0} \frac{\cos x - 1}{3x^2} = -\lim_{x\to0} \frac{\sin x}{6x} = -\frac{1}{6}$$

习题 3.2

1. 求极限 $\lim\limits_{x\to2} \dfrac{\ln(x-1)}{x-2}$.　　2. 求极限 $\lim\limits_{x\to\pi} \dfrac{1+\cos x}{\tan^2 x}$.　　3. 求极限 $\lim\limits_{x\to1} \dfrac{\ln x}{(x-1)^2}$.

4. 求极限 $\lim\limits_{x\to+\infty}\dfrac{e^x}{x^3}$.　　5. 求极限 $\lim\limits_{x\to\frac{\pi}{2}}\dfrac{\ln\left(x-\frac{\pi}{2}\right)}{\tan x}$.　　6. 求极限 $\lim\limits_{x\to0}\dfrac{x-\sin x}{x^3}$.

7. 求极限 $\lim\limits_{x\to0}\dfrac{x^2\sin\frac{1}{x}}{\sin x}$.　　8. 求极限 $\lim\limits_{x\to+\infty}x\left(\dfrac{\pi}{2}-\arctan x\right)$.　　9. 求极限 $\lim\limits_{x\to0}\left(\dfrac{1}{x}-\dfrac{1}{e^x-1}\right)$.

10. 求极限 $\lim\limits_{x\to\frac{\pi}{2}}(\sin x)^{\tan x}$.　　11. 求极限 $\lim\limits_{x\to0}\dfrac{x-(1+x)\ln(1+x)}{x(e^x-1)}$.

12. 求极限 $\lim\limits_{x\to1}\dfrac{x^3-3x+2}{x^3-x^2-x+1}$.　　13. 求极限 $\lim\limits_{x\to0}\dfrac{3\sin x+x^2\cos\frac{1}{x}}{(1+\cos x)\ln(1+x)}$.

14. 求极限 $\lim\limits_{x\to+\infty}\left(\dfrac{2}{\pi}\arctan x\right)^x$.　　15. 求极限 $\lim\limits_{x\to0}\dfrac{e^{-x^{-2}}}{x^{1000}}$.　　16. 求极限 $\lim\limits_{x\to\frac{\pi}{2}^+}\dfrac{\ln\left(x-\frac{\pi}{2}\right)}{\tan x}$.

17. 求极限 $\lim\limits_{x\to+\infty}\dfrac{(\ln x)^2}{\sqrt{x}}$.　　18. 求极限 $\lim\limits_{x\to1}\left(\dfrac{2}{x^2-1}-\dfrac{1}{x-1}\right)$.　　19. 求极限 $\lim\limits_{x\to1}x^{\frac{1}{1-x}}$.

20. $\lim\limits_{x\to0}(x^{-3}\sin3x+ax^{-2}+b)=0$，求 a，b.

21. 设函数 $f(x)$ 具有二阶连续导数，且 $\lim\limits_{x\to0}\dfrac{f(x)}{x}=0$，$f''(0)=4$，求 $\lim\limits_{x\to0}\left[1+\dfrac{f(x)}{x}\right]^{\frac{1}{x}}$.

22. 求极限 $\lim\limits_{x\to0}\left(\dfrac{e^x+e^{2x}+\cdots+e^{nx}}{n}\right)^{\frac{1}{x}}$.

23. 求极限 $\lim\limits_{x\to0}\dfrac{1}{x^3}\left[\left(\dfrac{2+\cos x}{3}\right)^x-1\right]$.

第三节　函数的单调性与凹凸性

一、函数的单调性

从几何直观上可以看出，单调增加函数的切线斜率为正（图 3-3），单调减少函数的切线斜率为负（图 3-4）.

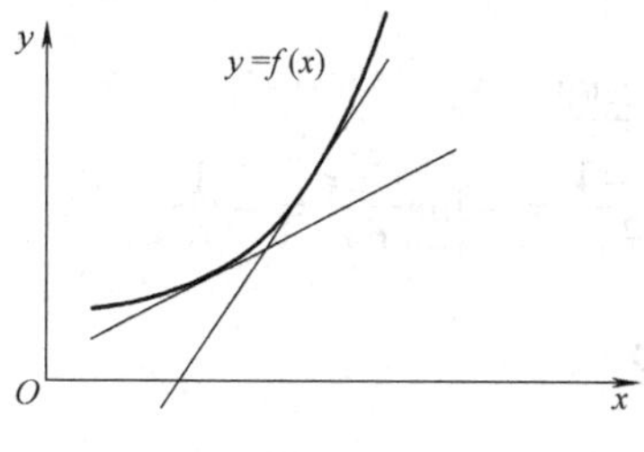

图 3-3

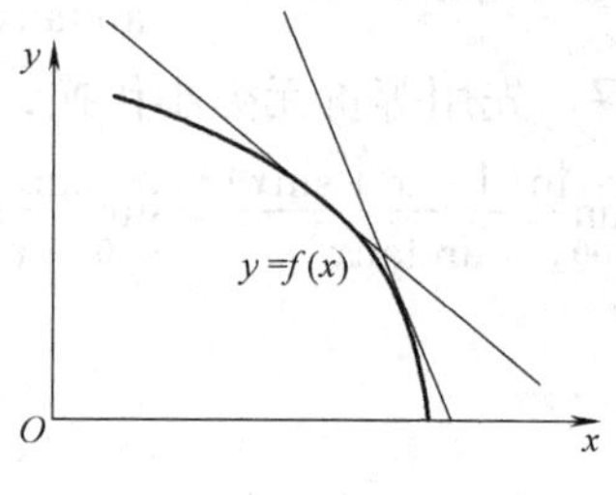

图 3-4

定理 3.6　设函数$f(x)$在区间I内可导，则

(1) $\forall x\in I$，有$f'(x)>0$，则函数$f(x)$在I内严格单调增加；

(2) $\forall x\in I$，有$f'(x)<0$，则函数$f(x)$在I内严格单调减少.

证　只证 (1). $\forall x_1, x_2\in I$且$x_1<x_2$，函数$f(x)$在区间$[x_1, x_2]$上满足拉格朗日中值定理的条件，则有$f(x_2)-f(x_1)=f'(\xi)(x_2-x_1)$，$\xi\in(x_1, x_2)$，

已知$f'(\xi)>0$，$x_2-x_1>0$，有$f(x_2)-f(x_1)>0$. 从而$f(x_1)<f(x_2)$成立.

例 1　讨论$f(x)=3x-x^3$的单调性.

解　$f'(x)=3-3x^2=3(1-x)(1+x)$

令$f'(x)=0$，解得$x=-1$与$x=1$，它们将区间$(-\infty, +\infty)$分成$(-\infty, -1)$，$(-1, 1)$和$(1, +\infty)$三个区间.

当$x<-1$时，$f'(x)<0$，$f(x)$在区间$(-\infty, -1)$内严格递减；

当$-1<x<1$时，$f'(x)>0$，$f(x)$在区间$(-1, 1)$内严格递增；

当$x>1$时，$f'(x)<0$，$f(x)$在区间$(1, +\infty)$内严格递减.

例 2　求$y=(2x-5)\sqrt[3]{x^2}$的单调区间.

解　$y=2x^{\frac{5}{3}}-5x^{\frac{2}{3}}$在区间$(-\infty, +\infty)$上连续，当$x\neq 0$时，

$$y'=\frac{10}{3}x^{\frac{2}{3}}-\frac{10}{3}x^{-\frac{1}{3}}=\frac{10}{3}\frac{x-1}{\sqrt[3]{x}}$$

令$y'=0$，解得$x=1$；又当$x=0$时，函数的导数不存在；以$x=0$和$x=1$为分点将$(-\infty, +\infty)$分为$(-\infty, 0)$，$(0, 1)$和$(1, +\infty)$三个区间.

在区间$(-\infty, 0)$内，$f'(x)>0$，所以$f(x)$在区间$(-\infty, 0)$内严格递增；

在区间$(0, 1)$内，$f'(x)<0$，所以$f(x)$在区间$(0, 1)$内严格递减；

在区间$(1, +\infty)$内，$f'(x)>0$，所以$f(x)$在区间$(1, +\infty)$内严格递增.

例 3　证明：当$x>0$时，$x>\ln(1+x)$.

证　设$f(x)=x-\ln(1+x)$，则函数$f(x)$在区间$[0, +\infty)$上可导，$f'(x)=1-\frac{1}{1+x}$，当$x>0$时，$f'(x)>0$，所以函数$f(x)$在区间$(0, +\infty)$内严格递增. 因此，当$x>0$时，有$f(x)>f(0)=0$，即$x>\ln(1+x)$.

二、函数的凹凸性

在研究函数的图形状况时，只研究函数的单调性还不能准确地反映图形的主要特性. 例如，如图 3-5 和图 3-6 所示，A、B两点之间的弧都是单调上升的，但它们的弯曲方向却有着明显的差别，这种差别就是直观上的“凹”与“凸”.

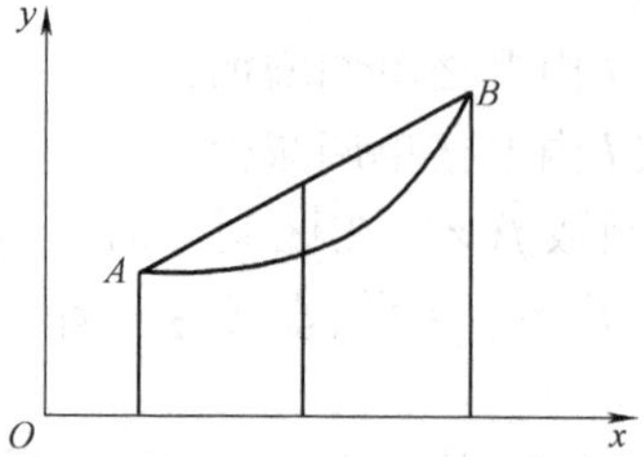

图 3-5

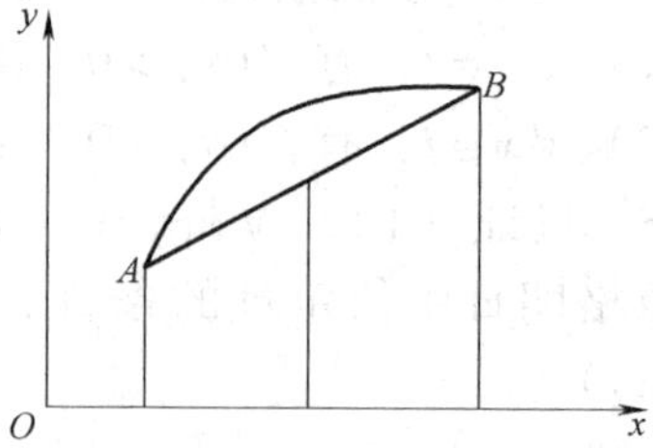

图 3-6

据此，在数学上作如下定义：

定义 3.1 设$f(x)$在区间$[a, b]$上连续，如果对区间(a, b)内任意两点x_1和x_2，恒有$f\left(\frac{x_1+x_2}{2}\right)<\frac{f(x_1)+f(x_2)}{2}$，那么称$f(x)$在区间$[a, b]$上是凹的；如果对区间$(a, b)$内任意两点$x_1$和$x_2$，恒有$f\left(\frac{x_1+x_2}{2}\right)>\frac{f(x_1)+f(x_2)}{2}$，那么称$f(x)$在区间$[a, b]$上是凸的.

在几何上，可以观察切线斜率的变化来区分凹凸两种弧，如图 3-7 所示.

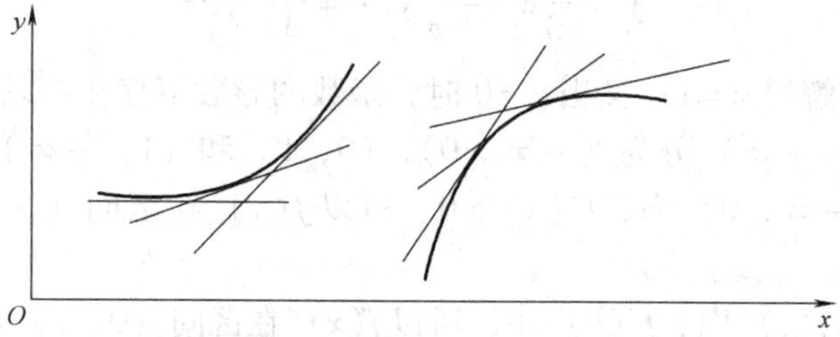

图 3-7

左侧的凹弧，切线斜率随着自变量的增加而增大，即$f'(x)$是单调增加的，也即$f''(x)>0$；右侧的凸弧，切线斜率随着自变量的增加而减小，即$f'(x)$是单调减少的，也即$f''(x)<0$. 因此，对于凹凸的判定，可以通过判断二阶导数的符号来实现.

定理 3.7 设$f(x)$在(a, b)内具有二阶导数，则

(1) 若$x\in(a, b)$时，$f''(x)>0$，则$f(x)$在(a, b)内是凹的；

(2) 若$x\in(a, b)$时，$f''(x)<0$，则$f(x)$在(a, b)内是凸的.

证 (1) 设x_1和x_2为(a, b)内任意两点，且$x_1<x_2$，记$x_0=\frac{x_1+x_2}{2}$，并记$x_2-x_0=x_0-x_1=h$，则$x_1=x_0-h$，$x_2=x_0+h$，由拉格朗日中值定理，有

$f(x_0+h)-f(x_0)=f'(x_0+\theta_1 h)\cdot h,\qquad 0<\theta_1<1,$

$f(x_0)-f(x_0-h)=f'(x_0-\theta_2 h)\cdot h,\qquad 0<\theta_2<1,$

两式相减，$f(x_0+h)+f(x_0-h)-2f(x_0)=[f'(x_0+\theta_1 h)-f'(x_0-\theta_2 h)]\cdot h$

对$f'(x)$在区间$[x_0-\theta_2 h,\ x_0+\theta_1 h]$上再用一次拉格朗日中值定理，得

$[f'(x_0+\theta_1 h)-f'(x_0-\theta_2 h)]\cdot h=f''(\xi)\cdot(\theta_1+\theta_2)\cdot h^2,\qquad x_0-\theta_2 h<\xi<x_0+\theta_1 h$

由定理的条件$f''(\xi)>0$，故有$f(x_0+h)+f(x_0-h)-2f(x_0)>0$，

即$\dfrac{f(x_0+h)+f(x_0-h)}{2}>f(x_0)$，亦即$\dfrac{f(x_1)+f(x_2)}{2}>f\left(\dfrac{x_1+x_2}{2}\right)$.

所以，$f(x)$在区间$[a,b]$上的图形是凹的.

类似可证（2）.

例4　讨论函数$f(x)=\arctan x$的凹凸性.

解　因为$f'(x)=\dfrac{1}{1+x^2}$，$f''(x)=-\dfrac{2x}{(1+x^2)^2}$；令$f''=0$，解得$x=0$

当$x<0$时，$f''(x)>0$，所以$\arctan x$在区间$(-\infty,0)$内的图形为凹的，

当$x>0$时，$f''(x)<0$，所以$\arctan x$在区间$(0,+\infty)$内的图形为凸的.

定义3.2　曲线的凹凸的分界点称为曲线的拐点.

由定义可知，拐点为凹凸的分界点，则在拐点两侧适当小的范围内，$f''(x)$必然异号，所以在拐点处$f''(x)=0$或$f''(x)$不存在.

例5　求$f(x)=\sqrt[3]{x}$的凹凸区间及对应曲线的拐点.

解　$f(x)=\sqrt[3]{x}$，$f'(x)=\dfrac{1}{3\sqrt[3]{x^2}}$，$f''(x)=-\dfrac{2}{9\sqrt[3]{x^5}}$

二阶导数在区间$(-\infty,+\infty)$内无零点，在$x=0$处$f''(x)$不存在，它把区间$(-\infty,+\infty)$分成两个区间. 在区间$(-\infty,0)$内，$f''(x)>0$，曲线是凹的；在区间$(0,+\infty)$内，$f''(x)<0$，曲线是凸的，点$(0,0)$是曲线的拐点.

例6　求$y=x^4$的凹凸区间及对应曲线的拐点.

解　$y'=4x^3$，$y''=12x^2$，

当$x=0$时，$y''=0$；当$x\neq 0$时，$y''>0$.

所以在$(-\infty,+\infty)$上函数图形为凹的，没有拐点.

习题3.3

1. 确定函数$f(x)=\dfrac{x^2}{1+x}$的单调区间.

2. 确定函数$f(x)=(x-1)^{\frac{2}{3}}$的单调区间.

3. 讨论曲线 $y=\ln(1+x^2)$ 的凹凸区间与拐点.

4. 求曲线 $y=(x-2)^{\frac{5}{3}}$的凹凸区间与拐点.

5. 设$f(0)=g(0)$，当$x\geqslant 0$，$f'(x)>g'(x)$，则当$x>0$时，有（　　）.

A. $f(x)<g(x)$　　B. $f(x)>g(x)$　　C. $f(x)\leqslant g(x)$　　D. 以上均不对

6. 函数$f(x)=2x^2-\ln x$在区间（　　）内单调增加.

A. $\left(0,\ \frac{1}{2}\right)$　　B. $\left(-\frac{1}{2},\ 0\right)\cup\left(\frac{1}{2},\ +\infty\right)$

C. $\left(\frac{1}{2},\ +\infty\right)$　　D. $\left(-\infty,\ -\frac{1}{2}\right)\cup\left(0,\ \frac{1}{2}\right)$

7. 当a，b取何值时，点（1，3）为$y=ax^3+bx^2$的拐点.

8. 曲线$y=ax^3+bx^2+cx+d(a\neq 0)$有一个拐点，且在此拐点处有一水平切线，求$a$，$b$，$c$之间的关系式.

9. 证明当$x<1$时，$e^x\leqslant\frac{1}{1-x}$.

10. 试证当$x>0$，$1+x\ln\left(x+\sqrt{1+x^2}\right)>\sqrt{1+x^2}$.

11. 设$e<a<b$，试证$a^b>b^a$.

12. 设$f(x)$在$[a,\ b]$上连续，在$(a,\ b)$内可导，且$f'(x)+f(x)>0$，试证若$f(x)=0$在$(a,\ b)$内有根时，必有惟一实根.

13. 设$f(x)$在$[0,\ a]$上连续，在$(0,\ a)$内可导，$f''(x)>0$，$f(0)\leqslant 0$，试证$\frac{f(x)}{x}$在$(0,\ a)$内单调递增.

14. 设$f(x)$，$g(x)$是恒大于0的可导函数，且$f'(x)g(x)-f(x)g'(x)<0$，则当$a<x<b$时（　　）.

A. $f(x)g(b)>f(b)g(x)$　　B. $f(x)g(a)>f(a)g(x)$

C. $f(x)g(x)>f(b)g(b)$　　D. $f(x)g(x)>f(a)g(a)$

15. 设在$[0,\ 1]$上，$f''(x)>0$，试证$f'(0)<f(1)-f(0)<f'(1)$.

16. 设$x>0$，$y>0$，$x\neq y$，求证$x\ln x+y\ln y>(x+y)\ln\frac{x+y}{2}$.

第四节　函数的极值与最值

一、函数的极值

定义 3.3　设函数$y=f(x)$在点x_0的某邻域$U(x_0)$内有定义，并且对于$\forall x\in\mathring{U}(x_0)$，有$f(x_0)>f(x)$（$f(x_0)<f(x)$），则称$f(x_0)$为函数$f(x)$的极大值（极小值），点$x_0$称为函数$f(x)$的极大值点（极小值点）.

极大值与极小值统称为极值，极大值点与极小值点统称为极值点.

如图 3-8 所示的函数$f(x)$，在点x_2，x_5处取得极大值，x_1，x_4，x_6处取得极

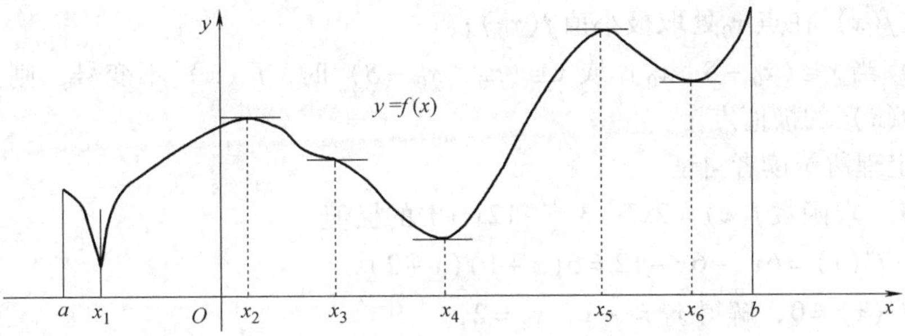

图 3-8

小值.

从图 3-8 中可以看出，在可导的极值点处，如 x_2，x_4，x_5和 x_6，曲线的切线水平.

定理 3.8（极值的必要条件）若 $y=f(x)$ 在点 x_0可导，且点 x_0是函数 $y=f(x)$的极值点，则$f'(x_0)=0$.

证　不妨设点 x_0是函数 $y=f(x)$ 的极大值点，即存在点 x_0的某去心邻域 $\mathring{U}(x_0)$，当$\forall x\in\mathring{U}(x_0)$，有$f(x)<f(x_0)$.

因此，当 $x>x_0$时，$\dfrac{f(x)-f(x_0)}{x-x_0}\leqslant 0$；当 $x<x_0$时，$\dfrac{f(x)-f(x_0)}{x-x_0}\geqslant 0$.

由$f(x)$ 在点 x_0可导及极限的保号性，有

$$f'(x_0)=f'_+(x_0)=\lim_{\Delta x\to 0^+}\frac{f(x)-f(x_0)}{x-x_0}\leqslant 0,$$

$$f'(x_0)=f'_-(x_0)=\lim_{\Delta x\to 0^-}\frac{f(x)-f(x_0)}{x-x_0}\geqslant 0,$$

于是有$f'(x_0)=0$.

定义 3.4　使导数为零的点称为函数$f(x)$ 的驻点，又称临界点、稳定点.

可导函数$f(x)$ 的极值点必定是它的驻点；反之，驻点却不一定是极值点，如图 3-8 所示的 x_3.

从图 3-8 中可以看出，如 x_1，x_2，x_4，x_5和 x_6，极值点的两侧适当小邻域内，函数单调性相反. 由此，可得到判定极值的充分条件.

定理 3.9（极值的第一充分条件）设函数$f(x)$ 在点 x_0连续，在点 x_0的某去心邻域$\mathring{U}(x_0,\delta)$ 内可导.

（1）当 $x\in(x_0-\delta,\ x_0)$ 时，$f'(x)>0$，而当 $x\in(x_0,\ x_0+\delta)$ 时，$f'(x)<0$，函数$f(x)$ 在点 x_0处取极大值$f(x_0)$；

（2）当 $x\in(x_0-\delta,\ x_0)$ 时，$f'(x)<0$，而当 $x\in(x_0,\ x_0+\delta)$ 时，$f'(x)>0$，函数 $f(x)$ 在点 x_0 处取极小值 $f(x_0)$；

（3）当 $x\in(x_0-\delta,\ x_0)$ 或 $x\in(x_0,\ x_0+\delta)$ 时，$f'(x)$ 不变号，则点 x_0 不是函数 $f(x)$ 的极值点.

此定理留予读者自证.

例 1 求函数 $f(x)=2x^3-3x^2-12x+1$ 的极值.

解 $f'(x)=6x^2-6x-12=6(x+1)(x-2)$，

令 $f'(x)=0$，解得 $x_1=-1$，$x_2=2$，

列表讨论如下：

x	$(-\infty,-1)$	-1	$(-1,2)$	2	$(2,+\infty)$
$f'(x)$	+	0	−	0	+
$f(x)$	↗	极大值点	↘	极小值点	↗

所以，点 $x=-1$ 是函数 $f(x)$ 的极大值点，极大值是 $f(-1)=8$，点 $x=2$ 是函数 $f(x)$ 的极小值点，极小值是 $f(2)=-19$.

例 2 讨论函数 $f(x)=(x-1)\sqrt[3]{x^2}$ 单调性和极值.

解 $f'(x)=x^{\frac{2}{3}}+\dfrac{2}{3}(x-1)x^{-\frac{1}{3}}=\dfrac{5x-2}{3x^{\frac{1}{3}}}$，

当 $x=\dfrac{2}{5}$ 时，$f'(x)=0$；当 $x=0$ 时，$f'(x)$ 不存在.

列表讨论如下：

x	$(-\infty,0)$	0	$\left(0,\frac{2}{5}\right)$	$\frac{2}{5}$	$\left(\frac{2}{5},+\infty\right)$
$f'(x)$	+	不存在	−	0	+
$f(x)$	↗	极大值点	↘	极小值点	↗

所以，函数在点 $x=0$ 处有极大值 0，在点 $x=\dfrac{2}{5}$ 处有极小值 $-\dfrac{3}{5}\sqrt[3]{\dfrac{4}{25}}$.

定理 3.10（极值的第二充分条件）设 $y=f(x)$ 在点 x_0 处具有二阶导数，$f'(x_0)=0$，$f''(x_0)\neq 0$，则点 x_0 是函数 $f(x)$ 的极值点，且

（1）$f''(x_0)>0$，则点 x_0 是函数 $f(x)$ 的极小值点，$f(x_0)$ 是极小值；

（2）$f''(x_0)<0$，则点 x_0 是函数 $f(x)$ 的极大值点，$f(x_0)$ 是极大值.

证（1）因为 $f'(x_0)=0$，利用导数定义有

$$f''(x_0)=\lim_{x\to x_0}\frac{f'(x)-f'(x_0)}{x-x_0}=\lim_{x\to x_0}\frac{f'(x)}{x-x_0}.$$

由$f''(x_0)>0$及极限的保号性，在点x_0的某一去心邻域内有$\frac{f'(x)}{x-x_0}>0$.

当$x<x_0$时，有$f'(x)<0$；当$x>x_0$时，$f'(x)>0$. 由定理3.9可知，点x_0是函数$f(x)$的极小值点，$f(x_0)$是极小值.

类似可证（2）.

例3　讨论函数$f(x)=(x^2-1)^3+1$的极值.

解　$f'(x)=6x(x^2-1)^2$，$f''(x)=6(x^2-1)(5x^2-1)$，

令$f'(x)=0$，得驻点$x_1=-1$，$x_2=0$，和$x_3=1$，

$f''(0)=6>0$，故$f(0)=0$为极小值，

由于$f''(-1)=f''(1)=0$，故需用第一判定法. 由于$f'(x)$在$x=\pm1$的左右邻域内同号，故$f(x)$在$x=\pm1$处不取极值.

二、函数的最值

函数$f(x)$在闭区间$[a,b]$上连续，则一定取得最大值和最小值. 相对于极值是个局部概念而言，最值是个整体概念.

例4　求函数$f(x)=x^3-3x^2-9x+1$在区间$[-4,4]$上的最大值和最小值.

解　由$f'(x)=3x^2-6x-9=0$解得$x=-1$，$x=3$.

$f''(x)=6x-6$，$f''(-1)=-12<0$，$f''(3)=12>0$.

$f(x)$在点$x=-1$处取极大值$f(-1)=6$，在点$x=3$处取极小值$f(3)=-26$；

端点处$f(-4)=-75$，$f(4)=-19$.

所以在$[-4,4]$上，函数最大值为6，最小值为-75.

一般地，求连续函数$f(x)$在闭区间$[a,b]$上的最值，首先求出函数的全部驻点和不可导点，计算这些点的函数值再和区间端点函数值$f(a)$，$f(b)$进行比较，其中最大者就是区间$[a,b]$上的最大值，最小者就是区间$[a,b]$上的最小值.

例5　求函数$f(x)=(x-1)\sqrt[3]{x^2}$在区间$[-1,1]$上的最大值和最小值.

解　由例2可知，函数$f(x)$在区间$(-1,1)$内有两个临界点，当$x=\frac{2}{5}$时，$f'(x)=0$；当$x=0$时，$f'(x)$不存在.

又$f(0)=0$，$f\left(\frac{2}{5}\right)=-\frac{3}{5}\sqrt[3]{\frac{4}{25}}$，$f(-1)=-2$，$f(1)=0$.

所以，在区间$[-1,1]$上，函数最大值为0，最小值为-2.

对于求函数最值的应用题，有时可根据实际意义来判断可疑点是否为最值点.

例 6 如图 3-9 所示，一张高 1.4 米的图画挂在墙上，它的底边高于观察者的眼睛 1.8 米，则观察者站在距墙多远处看图最清楚（视角 θ 最大）?

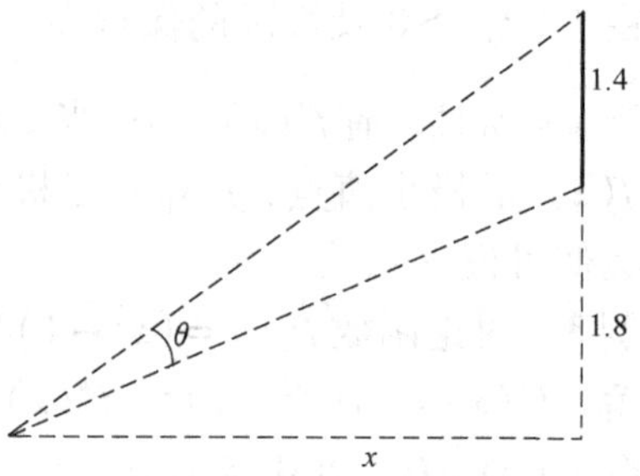

图 3-9

解 设观察者距墙 x 米，则

$$\theta = \arctan\frac{1.4+1.8}{x} - \arctan\frac{1.8}{x},$$

$$x \in (0, +\infty)$$

$$\theta' = \frac{-3.2}{x^2+3.2^2} + \frac{1.8}{x^2+1.8^2}$$

$$= \frac{-1.4(x^2-5.76)}{(x^2+3.2^2)(x^2+1.8^2)}$$

令 $\theta'=0$，得 $x=2.4 \in (0, +\infty)$.

根据问题的实际意义，观察者最佳站位一定存在，而驻点惟一，因此观察者站在距墙 2.4 米处看图最清楚.

习题 3.4

1. 求函数 $f(x)=2x^3-9x^2+12x-3$ 的极值.

2. 求函数 $f(x)=(x-1)x^{\frac{2}{3}}$ 的极值.

3. 求函数 $f(x)=x^2-\ln x^2$ 的极值.

4. 求函数 $f(x)=x^4-2x^3+1$ 的极值.

5. 求函数 $f(x)=x^4-8x^2+2$ 在区间 $[-1, 3]$ 上的最大值和最小值.

6. 求函数 $f(x)=1-(x-2)^{\frac{2}{3}}$ 在区间 $[0, 3]$ 上的最大值和最小值.

7. 将边长为 a 的一块正方形铁皮，四角各截去一个大小相同的小正方形，然后将四边折起做一个无盖的方格. 问截掉的小正方形边长多大时，所得方盒的容积最大？最大容积为多少？

8. 欲在墙边围一面积 $S=8\text{m}^2$ 的长方形空地. 问它的长与宽应分别为多少米时，才能使所用材料的总长度最少？最少长度为多少？

9. 设 $f(x)$ 在 $U(0, \delta)$ 内连续，且 $f(0)=0$，$\lim\limits_{x\to 0}\frac{f(x)}{1-\cos x}=2$，则（　　）.

A. $f'(0)$ 不存在　　B. $\exists f'(0)\neq 0$

C. 在 $x=0$ 处取极小值　　D. 在 $x=0$ 处取极大值

10. 设 $f(\theta)=\theta\sin\theta+(a+1)\cos\theta\ (a\neq 1)$，问（1）$\theta=0$ 是否为极值点？（2）若是，是极大还是极小？

11. 求数列 $\left\{\sqrt[n]{\frac{2}{n}}\right\}$ 的最小项.

12. 试证：当 $0<x<2$ 时，$4x\ln x-x^2-2x+4>0$.

13. 某房地产公司有 50 套公寓要出租，当租金定为每月 180 美元时，公寓会全部租出去. 当租金每月增加 10 美元时，就有一套公寓租不出去，而租出去的房子每月需花费 20 美元的整修维护费. 试问房租定为多少可获得最大收入？

14. 求 a 的取值范围，使函数 $f(x)=x^3+3ax^2-ax-1$ 无极值.

15. 讨论方程 $\ln x=ax$（其中 $a>0$）有几个实根.

第五节　函数图形的描绘

前面讨论了函数导数与函数图形的变化关系，这些都可用来研究函数图形.

一、渐近线

首先介绍曲线的渐近线，它规范着无穷远处函数曲线的走向.

定义 3.5　若曲线上的一点沿着曲线趋于无穷远时，该点到某直线的距离趋于零，则称此直线为曲线的渐近线.

按直线的走向，渐近线可分为三种，即水平渐近线，铅直渐近线，斜渐近线.

（1）水平渐近线　平行于 x 轴的渐近线称为水平渐近线.

设曲线 $y=f(x)$ 的定义域是无限区间，若 $\lim\limits_{x\to+\infty}f(x)=b$ 或 $\lim\limits_{x\to-\infty}f(x)=b$（$b$ 为常数），则 $y=b$ 就是曲线 $y=f(x)$ 的一条水平渐近线.

（2）铅直渐近线　垂直于 x 轴的渐近线称为铅直渐近线.

若 $\lim\limits_{x\to x_0+}f(x)=\infty$ 或 $\lim\limits_{x\to x_0-}f(x)=\infty$，则直线 $x=x_0$ 就是曲线 $y=f(x)$ 的一条铅直渐近线.

例 1　求曲线 $y=\dfrac{1}{x-1}+2$ 的水平和铅直渐近线.

解　因为 $\lim\limits_{x\to\infty}\left(\dfrac{1}{x-1}+2\right)=2$，

所以 $y=2$ 为曲线的水平渐近线；

又因为 $\lim\limits_{x\to1}\left(\dfrac{1}{x-1}+2\right)=\infty$，

所以 $x=1$ 为曲线的铅直渐近线（图 3-10）.

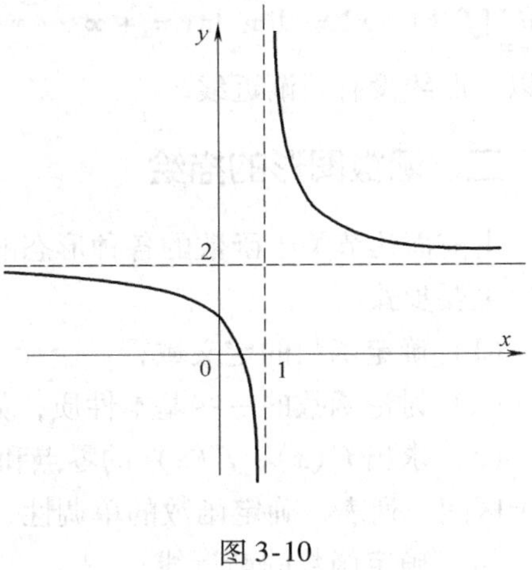

图 3-10

（3）斜渐近线　既不平行也不垂直于 x 轴的渐近线称为斜渐近线.

设直线 $y=kx+b$ 是曲线 $y=f(x)$ 在 $x\to+\infty$ 时的一条斜渐近线，由定义，有 $\lim\limits_{x\to+\infty}[f(x)-(kx+b)]=0$，则 $b=\lim\limits_{x\to+\infty}[f(x)-kx]$；

又 $\lim\limits_{x\to+\infty}x\left[\frac{f(x)}{x}-k-\frac{b}{x}\right]=0$，得 $\lim\limits_{x\to+\infty}\left[\frac{f(x)}{x}-k-\frac{b}{x}\right]=0$，

则 $k=\lim\limits_{x\to+\infty}\left[\frac{f(x)}{x}-\frac{b}{x}\right]=\lim\limits_{x\to+\infty}\frac{f(x)}{x}$.

例 2 求曲线 $y=\dfrac{x^3}{x^2+2x-3}$ 的渐近线.

解 因为 $\lim\limits_{x\to-3}y=\infty$，$\lim\limits_{x\to1}y=\infty$

所以有铅直渐近线 $x=-3$ 和 $x=1$；

又 $k=\lim\limits_{x\to\infty}\dfrac{f(x)}{x}=\lim\limits_{x\to\infty}\dfrac{x^2}{x^2+2x-3}=1$，

$b=\lim\limits_{x\to\infty}[f(x)-x]=\lim\limits_{x\to\infty}\dfrac{-2x^2+3x}{x^2+2x-3}=-2$，

所以 $y=x-2$ 为曲线的斜渐近线（图 3-11）.

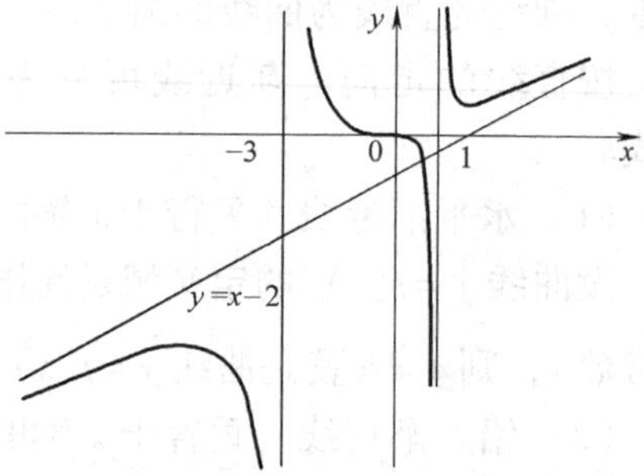

图 3-11

例 3 讨论曲线 $y=x+\ln x$ 的渐近线.

解 因为 $\lim\limits_{x\to+\infty}(x+\ln x)=+\infty$，曲线没有水平渐近线；

$\lim\limits_{x\to0^+}(x+\ln x)=-\infty$，所以 $x=0$ 是曲线的一条铅直渐近线.

又 $\lim\limits_{x\to+\infty}\dfrac{f(x)}{x}=\lim\limits_{x\to+\infty}\dfrac{x+\ln x}{x}=1$，但是

$\lim\limits_{x\to+\infty}[f(x)-x]=\lim\limits_{x\to+\infty}\ln x=+\infty$.

所以，曲线没有斜渐近线.

二、函数图形的描绘

由前面几节关于函数的各种形态的讨论，可以描绘出函数的基本图形.

主要步骤：

（1）确定函数的定义域；

（2）讨论函数的一些基本性质，如奇偶性、周期性等；

（3）求出 $f'(x)$，$f''(x)$ 的零点和不存在的点，用所求出的点把定义域分成若干区间，列表，确定函数的单调性、凹凸性、极值点和拐点；

（4）确定函数的渐近线；

（5）在直角坐标系中，标明一些关键点的坐标，画出渐近线，按照曲线的性态逐段描绘.

例 4　作出函数 $y=\dfrac{2x^2}{x^2-1}$ 的图形.

解　（1）$f(x)$ 的定义域为 $(-\infty, 1)\cup(-1, 1)\cup(1, +\infty)$；

（2）$f(x)$ 为偶函数，无周期性；

（3）$f'(x)=-\dfrac{4x}{(x^2-1)^2}$，$f''(x)=\dfrac{12x^2+4}{(x^2-1)^3}$，

$f(x)$ 和 $f'(x)$ 的零点是 $x=0$，在 $x=\pm1$ 处，$f(x)$，$f'(x)$，$f''(x)$ 均不存在；

（4）用 -1，0，1 三点把定义域分为四个区间，并列表如下：

x	$(-\infty,-1)$	$(-1,0)$	0	$(0,1)$	$(1,+\infty)$
$f'(x)$	+	+	0	−	−
$f''(x)$	+	−	−4	−	+
$f(x)$	↗∪	↗∩	极大值 0	↘∩	↘∪

（5）考察曲线的渐近线.

$\lim\limits_{x\to-1}f(x)=\infty$，$\lim\limits_{x\to+1}f(x)=\infty$，所以在 $x=\pm1$ 均是铅直渐近线，$\lim\limits_{x\to\infty}f(x)=2$，所以 $y=2$ 是一条水平渐近线.

（6）绘出函数 $y=\dfrac{2x^2}{x^2-1}$ 的图形（图 3-12）.

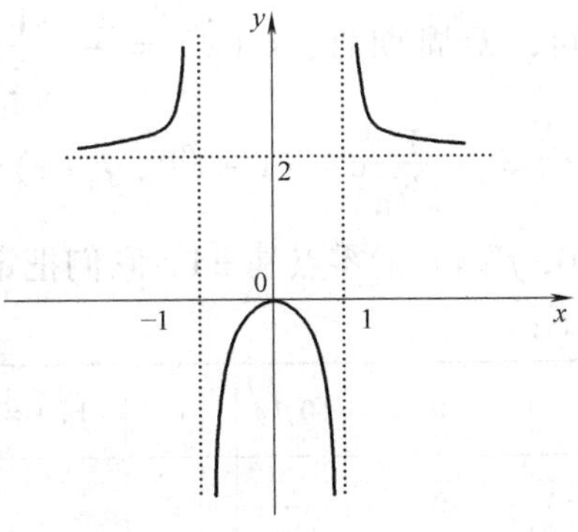

图 3-12

例 5　作出函数 $y=\dfrac{(x-3)^2}{4(x-1)}$ 的图形.

解　$f(x)$ 的定义域为 $(-\infty, 1)\cup(1, +\infty)$；$f(x)$ 为非奇非偶函数，也无周期性；

$$f'(x)=\frac{(x-3)(x+1)}{4(x-1)^2}, f''(x)=\frac{2}{(x-1)^3},$$

$f'(x)$ 的零点是 $x_1=-1$，$x_2=3$，$f''(x)$ 无零点，列表如下：

x	$(-\infty,-1)$	-1	$(-1,1)$	$(1,3)$	3	$(3,+\infty)$
$f'(x)$	+	0	−	−	0	+
$f''(x)$	−	−	−	+	+	+
$f(x)$	↗∩	极大值 −2	↘∩	↘∪	极小值 0	↗∪

考察曲线的渐近线：

$$\lim_{x \to 1}\frac{(x-3)^2}{4(x-1)} = \infty$$

所以 $x=1$ 是铅直渐近线,

$$\lim_{x\to\infty}\frac{f(x)}{x} = \lim_{x\to\infty}\frac{(x-3)^2}{4(x-1)x} = \frac{1}{4}$$

$$\lim_{x\to\infty}\left(f(x)-\frac{1}{4}x\right) = \lim_{x\to\infty}\left[\frac{(x-3)^2}{4(x-1)}-\frac{1}{4}x\right]$$

$$= \lim_{x\to\infty}\frac{-5x+9}{4(x-1)} = -\frac{5}{4},$$

所以, $y=\frac{1}{4}x-\frac{5}{4}$ 是 $f(x)$ 的斜渐近线.

综合上述讨论,绘图(图 3-13).

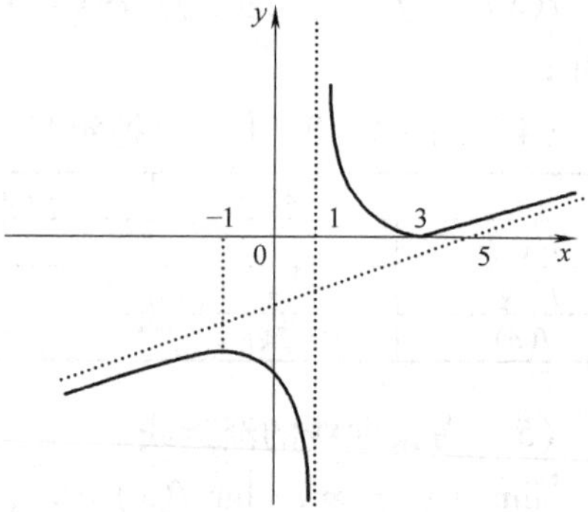

图 3-13

例 6 描绘函数 $\frac{1}{\sqrt{2\pi}}e^{-\frac{x^2}{2}}$ 的图形.

解 $f(x)$ 的定义域是 $(-\infty, +\infty)$, $f(x)$ 为偶函数, 只要讨论 $[0, +\infty)$ 即可, 无周期性; $f'(x) = -\frac{1}{\sqrt{2\pi}}xe^{-\frac{x^2}{2}}$, $f''(x) = -\frac{1}{\sqrt{2\pi}}e^{-\frac{x^2}{2}}(1-x^2)$, $f'(x)$ 的零点是 0, $f''(x)$ 的零点是 ± 1, 它们把定义域分成三个区间, 在 $[0, +\infty)$ 区间列表如下:

x	0	(0,1)	1	$(1,+\infty)$
$f'(x)$	0	−	−	−
$f''(x)$	−	−	0	+
$f(x)$	极大值 $\frac{1}{\sqrt{2\pi}}$	↘∩	拐点	↘∪

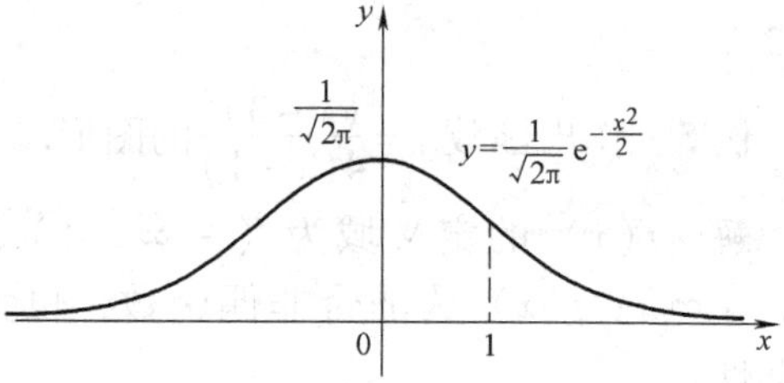

图 3-14

因为 $\lim\limits_{x\to\infty} y=0$, 所以 $y=0$ 是水平渐近线.

综合上述讨论,绘出函数的图形(图 3-14).

习题 3.5

1. 作出函数 $y=\frac{4(x+1)}{x^2}-2$ 的图形.

2. 作出函数 $y=\frac{x^2}{1+x}$的图形.

3. 作出函数 $y=\frac{x}{1+x^2}$的图形.

4. 作出函数$f(x)=\mathrm{e}^{-\frac{(x-1)^2}{2}}$的图形.

第六节　导数在经济学中的应用

一、常见的经济函数

1. 成本函数

某产品的总成本是指生产一定数量的产品所需的全部经济资源投入的价格或费用总额. 它由固定成本与可变成本组成.

设 C 为总成本，C_1为固定成本，C_2为可变成本，$\overline{C}$ 为平均成本，Q 为产量。则有总成本函数

$$C=C(Q)=C_1+C_2(Q).$$

平均成本函数

$$\overline{C}=\overline{C}(Q)=\frac{C(Q)}{Q}.$$

例 1　某工厂生产某产品，每日最多生产 100 单位. 它的日固定成本为 130 元，生产一个单位产品的可变成本为 6 元. 求该厂日总成本函数及平均成本函数.

解　设日总成本为 C，平均单位成本为$\overline{C}$，日产量为 x.

由于日总成本为固定成本与可变成本之和，根据题意，日总成本函数为

$$C=C(x)=130+6x \quad x\in[0,100].$$

平均单位成本函数为

$$\overline{C}=\overline{C}(x)=\frac{C(x)}{x}=\frac{130}{x}+6 \qquad x\in(0,100].$$

2. 收益函数

总收益是出售一定数量的产品所得到的全部收入.

设 P 为商品价格，Q 为商品量，R 为总收益，$C(Q)$ 为总成本，则有需求（价格）函数

$$P=P(Q)$$

总收益函数

$$R=R(Q)=Q\cdot P(Q)$$

平均收益函数

$$\overline{R}=\overline{R}(Q)=\frac{R(Q)}{Q}=P(Q)$$

3. 利润函数

总利润是生产一定数量的产品的总收益与总成本之差.

总利润函数

$$L(Q)=R(Q)-C(Q)$$

平均利润函数

$$\overline{L}(Q)=\overline{R}(Q)-\overline{C}(Q)$$

例 2 已知某产品的需求函数为 $P=10-0.2Q$，成本函数为 $C=50+2Q$，求销售量为 30 时的总收益、平均收益、总利润和平均利润.

解 $R=R(Q)=Q\cdot P(Q)=10Q-0.2Q^2$，$R(30)=120$，

$\overline{R}=P(Q)=10-0.2Q$，$\overline{R}(30)=4$，

$L(Q)=R(Q)-C(Q)=-50+8Q-0.2Q^2$，$L(30)=10$

$\overline{L}(Q)=\overline{R}(Q)-\overline{C}(Q)=\frac{-50}{Q}+8-0.2Q$，$\overline{L}(30)=\frac{L(Q)}{Q}=\frac{1}{3}$.

所以，当销售量为 30 时，总收益为 120，平均收益为 4，总利润为 10，平均利润为$\frac{1}{3}$（单位）.

二、边际函数

设 $y=f(x)$ 在 x 可导，则导函数 $f'(x)$ 也称为 $f(x)$ 的边际函数，$f'(x_0)$ 称为边际函数值.

函数增量与自变量增量之比 $\frac{\Delta y}{\Delta x}=\frac{f(x_0+\Delta x)-f(x_0)}{\Delta x}$ 称为平均变化率，它表示函数 $y=f(x)$ 在区间 $(x_0, x_0+\Delta x)$ 内的平均变化速度.

如果函数 $f(x)$ 在点 x_0 处可导，当自变量的增量趋于零时，平均变化率的极限 $\lim\limits_{\Delta x\to 0}\frac{f(x_0+\Delta x)-f(x_0)}{\Delta x}$ 称为瞬时变化率. 显然瞬时变化率就是函数 $f(x)$ 在 x_0 处的导数 $f'(x_0)$，它表示了 $f(x)$ 在 x_0 处的变化速度，也可以理解为 $f(x)$ 关于 x 在 x_0 "边际"处的变化率.

设在点 $x=x_0$ 处，x 从 x_0 改变一个单位时，y 的增量 Δy 的准确值为 $\Delta y\big|_{\substack{x=x_0\\ \Delta x=1}}$，当 x 改变的"单位"相对于 x_0 来说很小时，则由微分的应用可知，Δy 的近似值为

$$\Delta y\Big|_{\substack{x=x_0\\ \Delta x=1}}\approx \mathrm{d}y\Big|_{\substack{x=x_0\\ \Delta x=1}}=f'(x)\mathrm{d}x\Big|_{\substack{x=x_0\\ \Delta x=1}}=f'(x_0).$$

上式说明 $f(x)$ 在点 x_0 处，当 x 改变一个单位时，y 近似地改变 $f'(x_0)$ 个单

位．在实际应用题中解释边际函数值的具体意义时，“近似”可以略去．

例 3　设函数 $y=2x^2$，求 y 在 $x=5$ 时的边际函数值．

解　因为 $y'=4x$，所以 $y'|_{x=5}=20$．它表示当 $x=5$ 时，x 改变一个单位（增加或减少一个单位），y（近似）改变 20 个单位（增加或减少 20 个单位）．

需求函数 $Q=Q(P)$ 的导数 $Q=Q'(P)$ 称为边际需求．

成本函数 $C=C(Q)$ 的导数 $C'=C'(Q)$ 称为边际成本．

收益函数 $R=R(Q)$ 的导数 $R'=R'(Q)$ 称为边际收益．

利润函数 $L=L(Q)$ 的导数 $L'=L'(Q)$ 称为边际利润．

例 4　设总成本函数 $C=0.001Q^3-0.3Q^2+40Q+1000$，求边际成本函数和 $Q=50$ 单位时的边际成本并解释后者的经济意义．

解　边际成本函数为

$$C'=\frac{\mathrm{d}C}{\mathrm{d}Q}=0.003Q^2-0.6Q+40$$

则 $Q=50$ 单位时的边际成本为

$$C'|_{Q=50}=(0.003Q^2-0.6Q+40)|_{Q=50}=17.5.$$

它表示生产第 51 个单位产品时所花费的成本为 17.5．

例 5　设某商品的成本函数为 $C=C(Q)=100+0.25Q^2$．求（1）当 $Q=10$ 时的边际成本；（2）当产量 Q 为多少时，平均成本最小？

解　（1）$C'=C'(Q)=0.5Q$，当 $Q=10$ 时的边际成本 $C'(10)=5$；

（2）平均成本 $\overline{C}(Q)=\dfrac{C(Q)}{Q}=\dfrac{100}{Q}+0.25Q$，$\overline{C}'(Q)=-\dfrac{100}{Q^2}+0.25$，$\overline{C}''(Q)=\dfrac{200}{Q^3}$．

令 $\overline{C}'(Q)=0$，得 $Q=20$．

又 $\overline{C}''(20)>0$，所以当 $Q=20$ 时，平均成本最小．

例 6　已知某产品的需求函数为 $P=10-0.2Q$，成本函数为 $C=50+2Q$，求（1）边际收益，（2）销售量为多少时总利润最大？

解　（1）收益函数为

$$R(Q)=Q\cdot P(Q)=10Q-0.2Q^2$$

边际收益函数为

$$R'(Q)=10-0.4Q$$

（2）利润函数为

$$L(Q)=R(Q)-C(Q)=-50+8Q-0.2Q^2$$

令 $L'(Q)=8-0.4Q=0$，得 $Q=20$

因为 $L''(20)=-0.4<0$，所以当销售量 $Q=20$ 时，总利润最大．

三、函数的弹性

在实际生活中，仅仅研究函数的绝对改变量和绝对变化率有时是不够的．例如，商品 A 的单价为10 元，涨价1 元，商品 B 的单价为1000 元，也涨价1 元．虽然两种商品单价的绝对改变量相同，但是各自与原价10 元和1000 元相比，两者涨价的百分比大不相同．商品 A 上涨了10%，商品 B 上涨了0.1%，前者是后者的100 倍．因此，有必要研究函数的相对改变量和相对变化率．

定义 3.6 设函数为 $y=f(x)$，在点 x_0 处可导，则称函数的相对改变量 $\frac{\Delta y}{y_0}$ 与自变量的相对改变量 $\frac{\Delta x}{x_0}$ 之比 $\frac{\Delta y/y_0}{\Delta x/x_0}$ 为函数 $f(x)$ 从 x_0 到 $x_0+\Delta x$ 两点之间的平均相对变化率或平均弹性．当 $\Delta x\to 0$ 时，$\frac{\Delta y/y_0}{\Delta x/x_0}$ 的极限称为 $f(x)$ 在 x_0 处的相对变化率或弹性．记作 $\left.\frac{Ey}{Ex}\right|_{x=x_0}$ 或 $\frac{E}{Ex}f(x_0)$

即 $$\left.\frac{Ey}{Ex}\right|_{x=x_0}=\lim_{\Delta x\to 0}\frac{\Delta y/y_0}{\Delta x/x_0}=\lim_{\Delta x\to 0}\frac{\Delta y}{\Delta x}\cdot\frac{x_0}{y_0}=y'(x_0)\cdot\frac{x_0}{y_0}.$$

一般地，若函数 $y=f(x)$ 在 x 处可导，则

$$\frac{Ey}{Ex}=\lim_{\Delta x\to 0}\frac{\Delta y/y}{\Delta x/x}=\lim_{\Delta x\to 0}\frac{\Delta y}{\Delta x}\cdot\frac{x}{y}=y'\cdot\frac{x}{y}$$

也为 x 的函数，称为 $f(x)$ 的弹性函数．

函数 $f(x)$ 在点 x 的弹性反映了随 x 的变化，$f(x)$ 变化幅度的大小，也就是 $f(x)$ 对 x 变化反应的强烈程度或灵敏度．

$\frac{E}{Ex}f(x_0)$ 表示在点 x_0 处，当 x 改变1%时，$f(x)$ 近似地改变 $\frac{E}{Ex}f(x_0)\%$．在实际应用题中解释弹性的具体意义时，“近似”可以略去．

例 7 求函数 $y=3+2x$ 在 $x=3$ 处的弹性．

解 $y'=2$，$\frac{Ey}{Ex}=y'\frac{x}{y}=\frac{2x}{3+2x}$，$\left.\frac{Ey}{Ex}\right|_{x=3}=\left.\frac{2x}{3+2x}\right|_{x=3}=\frac{2}{3}\approx 0.67$.

它表示函数 $y=3+2x$ 在 $x=3$ 处，当 x 改变1%时，y 近似地改变0.67%．

例 8 求幂函数 $y=x^a$（a 为常数）的弹性函数．

解 $\frac{Ey}{Ex}=y'\frac{x}{y}=a\cdot x^{a-1}\cdot\frac{x}{x^a}=a$

可以看出，幂函数的弹性函数为常数，即在任意点处弹性不变，所以称幂函数为不变弹性函数．

四、需求价格弹性与总收益

由于需求函数一般为价格的递减函数，它的边际函数小于零，故其价格弹性取负值．因此，经济学中常规定需求价格弹性为 $\varepsilon_{DP}=-\dfrac{\mathrm{d}D}{\mathrm{d}P}\cdot\dfrac{P}{D}$. 这样，需求价格弹性便取正值．即使如此，我们对需求价格弹性作经济意义的解释时，也应理解为需求量的变化与价格的变化是反方向的．

总收益 R 是商品价格 P 与销售量 D 的乘积，即

$$R=P\cdot D=P\cdot f(P)$$

其中 $D=f(P)$ 是需求价格函数．

$$R'=f(P)+Pf'(P)=f(P)\left(1+f'(P)\frac{P}{f(P)}\right)=f(P)(1-\varepsilon_{DP}).$$

（1）若 $\varepsilon_{DP}<1$，需求变动的幅度小于价格变动的幅度．此时 $R'>0$，R 递增．即价格上涨，则总收益增加；价格下跌，则总收益减少；

（2）若 $\varepsilon_{DP}>1$，需求变动的幅度大于价格变动的幅度．此时 $R'<0$，R 递减．即价格上涨，则总收益减少；价格下跌，则总收益增加；

（3）若 $\varepsilon_{DP}=1$，需求变动的幅度等于价格变动的幅度．此时 $R'=0$，R 取得最大值．

综上所述，总收益的变化受需求弹性的制约，随商品需求弹性的变化而变化，其关系如图 3-15 所示．

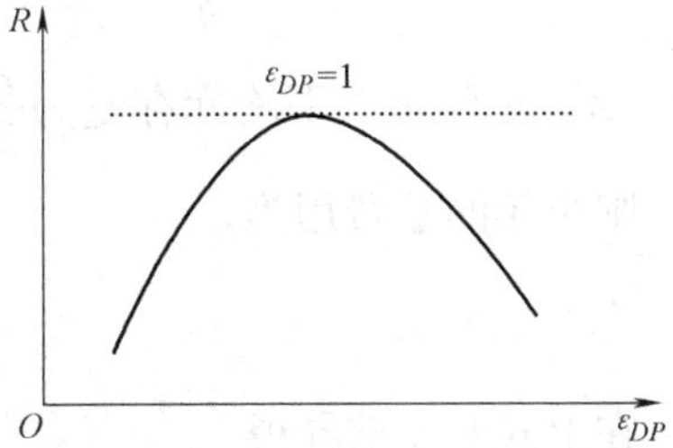

图 3-15

例 9　设商品需求函数为

$$D=f(P)=12-\frac{P}{2}.$$

（1）求需求弹性函数；

（2）求 $P=6$ 时的需求弹性；

（3）在 $P=6$ 时，若价格上涨 1%，总收益增加还是减少？将变化百分之几？

解　（1）$\varepsilon_{DP}=\dfrac{1}{2}\dfrac{P}{12-\dfrac{P}{2}}=\dfrac{P}{24-P}$；

（2）$\varepsilon_{DP}\big|_{P=6}=\dfrac{P}{24-P}\Big|_{P=6}=\dfrac{6}{24-6}=\dfrac{1}{3}$；

（3）$\varepsilon_{DP}\big|_{P=6}=\dfrac{1}{3}<1$，所以价格上涨 1%，总收益增加．

$$R'=f(P)(1-\varepsilon_{DP})$$

$$R'(6)=f(6)\left(1-\frac{1}{3}\right)=9\times\frac{2}{3}=6,\ R=\left(12-\frac{P}{2}\right)P,\ R(6)=54$$

$$\frac{ER}{EP}=R'(6)\frac{6}{R(6)}=6\times\frac{6}{54}=2/3\approx0.67.$$

所以当 $P=6$ 时，价格上涨1%，总收益约增加0.67%.

五、库存问题

库存问题就是要求出使总费用（存储费与订购费之和）最小的订货批量（也成为经济批量）. 为了使问题简化，假设：

（1）不允许缺货；

（2）当库存量将为零时，可立即得到补充；

（3）需求是连续均匀的，单位时间内的需求量是常数，这样，平均库存量为最大库存量的一半.

若某企业某种货物的年需求量为 s，每次订货费为 c_1，单位货物储存一年的费用为 c_2，每次订购量为 q，货物的单价为 p，于是

（1）年订货次数为$\frac{s}{q}$，年订货费为$\frac{s}{q}c_1$；

（2）全年每天平均库存量为$\frac{q}{2}$，年存储费为$\frac{q}{2}c_2$.

则全年的总费用为

$$C=\frac{c_1 s}{q}+\frac{c_2 q}{2},$$

在上式对 q 求导得

$$\frac{\mathrm{d}C}{\mathrm{d}q}=-\frac{c_1 s}{q^2}+\frac{c_2}{2},\quad \frac{\mathrm{d}^2C}{\mathrm{d}^2q}=\frac{2c_1 s}{q^3}>0,$$

令 $\frac{\mathrm{d}C}{\mathrm{d}q}=0$，解得最优经济批量为 $q^*=\sqrt{\frac{2c_1 s}{c_2}}$,

最优订货次数为 $E=\frac{s}{q^*}=\sqrt{\frac{c_2 s}{2c_1}}$，最小年总费用为 $C^*=\sqrt{2c_1c_2s}$.

例 10 某商店每年销售某种商品 10000 公斤，每次订货的手续费为 40 元，商品的单价为 2 元/公斤，存储费是平均库存商品价值的 10%，求最优订货批量.

解 设订货批量为 q，则年订货费为 $40\times\frac{10^4}{q}$，年存储费为 $2\times\frac{q}{2}\times0.1$，因此全年总费用为 $C=40\times\frac{10^4}{q}+0.1q$.

$\frac{dC}{dq} = -\frac{4\times10^5}{q^2}+0.1$.　令$\frac{dC}{dq}=0$，解得最优订货批量为 $q^*=2000$.

习题3.6

1. 已知总成本函数 $C=C(Q)=Q^3-12Q^2+60Q+98$，求

(1) 平均成本函数及产量为7时的平均成本；

(2) 边际成本函数及产量为7时的边际成本.

2. 已知某产品的总收益函数为 $R=10Q-0.04Q^2$. 求

(1) 该产品的价格函数和需求函数；

(2) 边际收益函数和销量 $Q=100$ 时的边际收益；

(3) 平均收益函数和销量 $Q=100$ 时的平均收益.

3. 设总收益函数与总成本函数分别为

$$R=R(Q)=33Q-4Q^2;\ C=C(Q)=Q^3-9Q^2+36Q+6$$

求利润最大时的产量、产品的价格和利润.

4. 一商店按批发价每件4元买进一批商品零售，若零售价每件定为5元，估计可卖出200件，若每件售价每降低0.02元，则可多卖出20件，问商店应买进多少件，每件售价定为多少元时，才可获得最大利润，最大利润是多少？

5. 设某商品的需求函数为 $Q=75-P^2$，试确定价格 P、需求 Q，以使收益最大.

6. 设某产品的总成本 C（单位：万元）是产量 Q（单位：台）的函数为

$$C=C(Q)=0.4Q^2+3.8Q+38.4$$

求平均成本最低时的产出水平及最低平均成本.

7. 求下列函数的弹性.

(1) $f(x)=c$；(2) $f(x)=ax+b$.

8. 设需求函数 $Q=100-4P$，求

(1) 需求价格弹性；

(2) 当 $P=5$，$P=15$，$P=12.5$ 时的需求价格弹性，并作经济解释；

(3) 当 $P=5$ 时的收益价格弹性，并作经济解释.

9. 设某产品的供给函数 $Q=f(P)=2-2p$

(1) 求供给弹性；

(2) 求当 $P=5$ 时的供给弹性，并作经济解释.

第四章　不定积分

第一节　不定积分的概念与性质

微分是研究如何从已知函数求出其导数，但有时候需要解决与之相反的问题，即由一个函数的已知的导数或微分，求出这个函数.

一、原函数与不定积分

定义 4.1　设 $f(x)$ 是定义在区间 I 上的函数，如果存在函数 $F(x)$，对于 $\forall x \in I$，都有

$$F'(x)=f(x) \quad \text{或} \quad \mathrm{d}F(x)=f(x)\mathrm{d}x,$$

则称函数 $F(x)$ 为函数 $f(x)$ 在区间 I 上的一个原函数.

例如，因为 $(\sin x)'=\cos x$，则 $\sin x$ 是 $\cos x$ 的原函数. 又因为 $(\sin x+1)'=\cos x$，所以 $\sin x+1$ 也是 $\cos x$ 的原函数.

由此可以看出，一个函数若有原函数，原函数可以不止一个.

实际上，若函数 $F(x)$ 为函数 $f(x)$ 的一个原函数，即 $F'(x)=f(x)$，则 $(F(x)+C)'=f(x)$（其中 C 为任意常数），所以 $F(x)+C$ 是 $f(x)$ 的原函数.

所以，函数 $f(x)$ 的原函数有无穷多个.

另一方面，如果 $F(x)$、$G(x)$ 为函数 $f(x)$ 在区间 I 上的任意两个原函数，即 $(F(x))'=f(x)$，$(G(x))'=f(x)$，

则　$$(G(x)-F(x))'=G'(x)-F'(x)=f(x)-f(x)=0.$$

所以　$$G(x)-F(x)=C，\text{即 } G(x)=F(x)+C.$$

所以，函数 $f(x)$ 的任意两个原函数仅相差一个常数.

定义 4.2　函数 $f(x)$ 的所有原函数称为 $f(x)$ 的不定积分，记作 $\int f(x)\mathrm{d}x$. 其中“$\int$”称为积分号，$f(x)$ 称为被积函数，$f(x)\mathrm{d}x$ 称为被积表达式，x 称为积分变量.

因此，若 $F(x)$ 是 $f(x)$ 的一个原函数，那么 $\int f(x)\mathrm{d}x = F(x)+C$.

例 1　求 $\int \frac{\mathrm{d}x}{1+x^2}$.

解　由于 $(\arctan x)'=\frac{1}{1+x^2}$，所以 $\arctan x$ 是 $\frac{1}{1+x^2}$ 的一个原函数，因此

$$\int \frac{dx}{1+x^2} = \arctan x + C.$$

例 2　求函数 $f(x)=\frac{1}{x}$ 的不定积分.

解　当 $x>0$ 时，由 $(\ln x)'=\frac{1}{x}$，得 $\int \frac{1}{x}dx = \ln x + C$，

当 $x<0$ 时，由 $(\ln(-x))'=\frac{1}{-x}\cdot(-1)=\frac{1}{x}$，得 $\int \frac{1}{x}dx = \ln(-x)+C$，

综合两种情况，可得 $\int \frac{1}{x}dx = \ln|-x|+C$.

二、不定积分的性质

由于求不定积分是求导数或微分的逆运算，故有如下性质：

(1) $\left(\int f(x)dx\right)' = f(x)$ 或 $d\left(\int f(x)dx\right) = f(x)dx$.

(2) $\int F'(x)dx = F(x)+C$ 或 $\int dF(x) = F(x)+C$.

由导数运算的线性性质，也可以得到如下性质：

(1) $\int [f(x)+g(x)]dx = \int f(x)dx + \int g(x)dx$.

(2) $\int kf(x)dx = k\int f(x)dx$ (k 为常数，$k\neq 0$).

事实上，$\left[\int f(x)dx + \int g(x)dx\right]' = \left[\int f(x)dx\right]' + \left[\int g(x)dx\right]' = f(x)+g(x)$.

推而广之，有限个函数的和也有这一性质.

类似可证 (2).

此外，至于函数 $f(x)$ 在什么条件下才有原函数，将在第六章给出说明，先给出结论：

若函数 $f(x)$ 在某一区间上连续，则在此区间上函数 $f(x)$ 的原函数一定存在.

三、基本积分公式

因为求不定积分是求导数的逆运算，则由基本导数公式对应地可以得到基本积分公式：

(1) $\int k dx = kx + C$ (k 是常数)；　　(2) $\int x^{\alpha}dx = \frac{x^{\alpha+1}}{\alpha+1} + C(\alpha\neq -1)$；

(3) $\int \frac{1}{x}dx = \ln|x|+C$；　　(4) $\int \frac{1}{1+x^2}dx = \arctan x + C$；

(5) $\int \frac{dx}{\sqrt{1-x^2}} = \arcsin x + C$;　　(6) $\int e^x dx = e^x + C$;

(7) $\int a^x dx = \frac{a^x}{\ln a} + C(a > 0, a \neq 1)$;　　(8) $\int \cos x dx = \sin x + C$;

(9) $\int \sin x dx = -\cos x + C$;　　(10) $\int \sec^2 x dx = \tan x + C$;

(11) $\int \csc^2 x dx = -\cot x + C$;　　(12) $\int \sec x \tan x dx = \sec x + C$;

(13) $\int \csc x \cot x dx = -\csc x + C$.

例 3　求 $\int \left[\sqrt{x\sqrt{x}}\left(1-\frac{1}{x^2}\right)+\cos x\right]dx$.

解　$\int \left[\sqrt{x\sqrt{x}}\left(1-\frac{1}{x^2}\right)+\cos x\right]dx = \int \left[x^{\frac{1}{2}}\cdot x^{\frac{1}{4}}\left(1-\frac{1}{x^2}\right)+\cos x\right]dx$

$= \int (x^{\frac{3}{4}} - x^{-\frac{5}{4}} + \cos x)dx = \frac{4}{7}x^{\frac{7}{4}} + 4x^{-\frac{1}{4}} + \sin x + C$.

例 4　求 $\int \frac{1+x+x^2}{x(1+x^2)}dx$.

解　$\int \frac{1+x+x^2}{x(1+x^2)}dx = \int \left(\frac{1}{1+x^2}+\frac{1}{x}\right)dx = \int \frac{1}{1+x^2}dx + \int \frac{1}{x}dx$

$= \arctan x + \ln|x| + C$.

例 5　求 $\int \frac{x^4}{1+x^2}dx$.

解　$\int \frac{x^4}{1+x^2}dx = \int \frac{x^4-1+1}{1+x^2}dx = \int \frac{(x^2+1)(x^2-1)+1}{1+x^2}dx$

$= \int \left(x^2-1+\frac{1}{1+x^2}\right)dx = \int x^2 dx - \int 1 dx + \int \frac{1}{1+x^2}dx$

$= \frac{x^3}{3} - x + \arctan x + C$.

例 6　求 $\int \sin^2\frac{x}{2}dx$.

解　$\int \sin^2\frac{x}{2}dx = \int \frac{1}{2}(1-\cos x)dx = \frac{1}{2}\int (1-\cos x)dx$

$= \frac{1}{2}\left[\int 1 dx - \int \cos x dx\right] = \frac{1}{2}(x - \sin x) + C$.

例 7　已知某产品的边际收入函数为 $R'(x) = 60 - 2x - 2x^2$（x 为销售量），求总收入函数 $R(x)$.

解　$R(x) = \int R'(x)dx = \int (60 - 2x - 2x^2)dx$

$$=60x-x^2-\frac{2}{3}x^3+C.$$

当 $x=0$ 时，$R(x)=0$，从而 $C=0$，于是

$$R(x)=60x-x^2-\frac{2}{3}x^3.$$

四、不定积分的几何意义

由于函数 $f(x)$ 的不定积分 $F(x)+C$ 中含有任意常数，因此在几何上，对于每一个确定的常数值 C，都相应地有一条曲线，称为 $f(x)$ 的积分曲线. 显然这样的曲线有无数条，它们可以由曲线 $y=F(x)$ 沿 y 轴方向上下移动而得到，称为 $f(x)$ 的积分曲线族（图 4-1）.

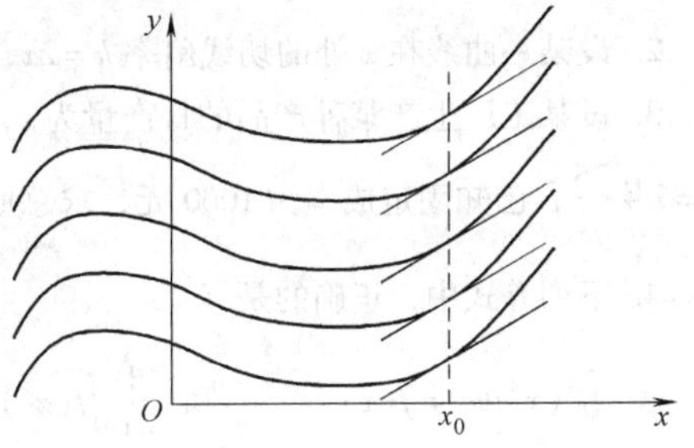

图 4-1

积分曲线族中的每一条曲线，对应于同一横坐标 $x=x_0$ 的点处有相同的斜率 $f(x_0)$，则在点 $x=x_0$ 处它们的切线互相平行（图 4-1）.

例 8　已知曲线上点 $P(x,\ y)$ 的切线斜率 $k=\frac{1}{4}x$，且曲线经过点 $\left(2,\ \frac{5}{2}\right)$，求此曲线方程.

解　设曲线方程为 $y=f(x)$，由 $f'(x)=\frac{1}{4}x$，有

$$f(x)=\int f'(x)\mathrm{d}x=\frac{1}{4}\int x\mathrm{d}x=\frac{1}{8}x^2+C,$$

即 $y=\frac{x^2}{8}+C$，C 为常数.

曲线经过点 $\left(2,\ \frac{5}{2}\right)$，以此点坐标代入方程，得

$\frac{5}{2}=\frac{4}{8}+C$，解得 $C=2$.

因此所求方程为 $y=\frac{x^2}{8}+2$（图 4-2）.

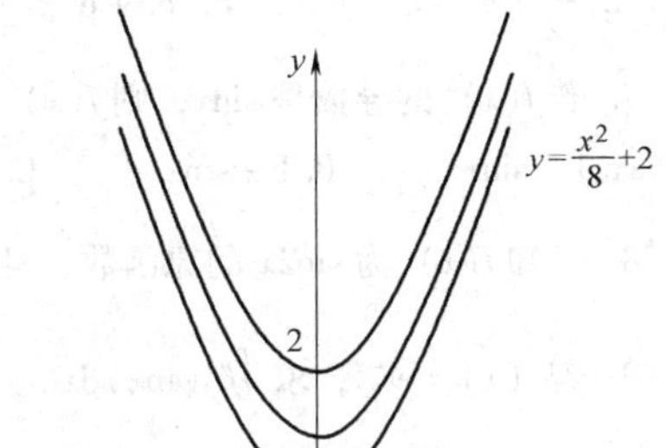

图 4-2

习题 4.1

1. 求下列不定积分：

(1) $\int(2-\sqrt{x})\mathrm{d}x$；　(2) $\int(2x^3-x+3)\mathrm{d}x$；　(3) $\int(2\mathrm{e}^x+2^x)\mathrm{d}x$；

(4) $\int\frac{2x^2}{1+x^2}\mathrm{d}x$；　(5) $\int\frac{1}{x^2(1+x^2)}\mathrm{d}x$；　(6) $\int\tan^2x\mathrm{d}x$；

(7) $\int\cos^2\frac{x}{2}\mathrm{d}x$；　(8) $\int\left(2-x^3+\frac{1}{x^2}-\sec^2x\right)\mathrm{d}x$.

2. 设某一曲线在 x 处的切线斜率 $k=2x$，又曲线过点（2，5），求这条曲线的方程.

3. 设某工厂生产某种产品的日产量为 x，每日生产的产品的总成本 y 的变化率是 x 的函数 $y'=7+\frac{25}{\sqrt{x}}$，已知固定成本为 1000 元，求总成本与日产量的函数关系.

4. 下列等式中，正确的是（　　）.

A. $\int f'(x)\mathrm{d}x=f(x)$　B. $\frac{\mathrm{d}}{\mathrm{d}x}\int f(x^2)\mathrm{d}x=f(x^2)$

C. $\int \mathrm{d}f(x)=f(x)$　D. $\mathrm{d}\int f(x)\mathrm{d}x=f(x)$

5. 若 $\int f(x)\mathrm{d}x=F(x)+C$，则下列各式中错误的是（　　）.

A. $\int\frac{f(\sqrt{x})}{\sqrt{x}}\mathrm{d}x=F(\sqrt{x})+C$　B. $\int\frac{f\left(\frac{1}{x}\right)}{x^2}\mathrm{d}x=-F\left(\frac{1}{x}\right)+C$

C. $\int\frac{f(\tan x)}{\cos^2x}\mathrm{d}x=F(\tan x)+C$　D. $\int\frac{f(\ln x)}{x}\mathrm{d}x=F(\ln x)+C$

6. 函数 $2(\mathrm{e}^{2x}-\mathrm{e}^{-2x})$ 的一个原函数为（　　）.

A. $\frac{1}{2}(\mathrm{e}^x+\mathrm{e}^{-x})^2$　B. $\mathrm{e}^x+\mathrm{e}^{-x}$　C. $(\mathrm{e}^x+\mathrm{e}^{-x})^2$　D. $4(\mathrm{e}^{2x}+\mathrm{e}^{-2x})$

7. 若 $f(x)$ 的导数是 $\sin x$，则 $f(x)$ 的一个原函数是（　　）.

A. $1+\sin x$　B. $1-\sin x$　C. $1+\cos x$　D. $1-\cos x$

8. 已知 $f(x)$ 为 $\sin 2x$ 的原函数，且 $f(0)=\frac{1}{2}$，求 $\int f(x)\mathrm{d}x$.

9. 若 $f(x)=\mathrm{e}^{-x}$，求 $\int f'(\ln x)\mathrm{d}x$.

10. 设 $\int xf(x)\mathrm{d}x=\arcsin x+C$，求 $\int\frac{1}{f(x)}\mathrm{d}x$.

11. 设 $f(x)=\begin{cases}x+1, & x\leqslant 0\\ \mathrm{e}^{-x}, & x>0\end{cases}$，求 $F(x)=\int f(x)\mathrm{d}x$.

第二节　换元积分法

一、第一类换元法

在上一节中，虽已介绍了一些求原函数的方法，但这些方法在有些情况下是不够的. 例如，$\int\cos 2x\mathrm{d}x$ 就不易求解.

如果令 $2x=u$，可得

$$\int\cos 2x\mathrm{d}x=\int\frac{1}{2}\cos 2x\mathrm{d}(2x)=\frac{1}{2}\int\cos u\mathrm{d}u=\frac{1}{2}\sin u+C,$$

代回原变量，得

$$\int\cos 2x\mathrm{d}x=\frac{1}{2}\sin 2x+C.$$

一般地，设 $f(u)$ 是 u 的连续函数，且 $\int f(u)\mathrm{d}u=F(u)+C$，若 $u=\varphi(x)$ 有连续的导数 $\varphi'(x)$，则

$$\int f(\varphi(x))\varphi'(x)\mathrm{d}x=F(\varphi(x))+C.$$

要证明上式成立，只需证明 $(F(\varphi(x)))'=f(\varphi(x))\varphi'(x)$ 即可.

因为 $(F(\varphi(x)))'=F'(\varphi(x))\varphi'(x)$，又由 $\int f(u)\mathrm{d}u=F(u)+C$，得 $F'(u)=f(u)$，故 $(F(\varphi(x)))'=f(\varphi(x))\varphi'(x)$ 成立.

上述通过换元求不定积分的方法称为第一类换元法.

例 1　求 $\int\frac{1}{3-2x}\mathrm{d}x$.

解　令 $u=3-2x$，则 $\mathrm{d}u=-2dx$，故

$$\int\frac{\mathrm{d}x}{3-2x}=-\frac{1}{2}\int\frac{\mathrm{d}(3-2x)}{3-2x}=-\frac{1}{2}\int\frac{\mathrm{d}u}{u}=-\frac{1}{2}\ln|u|+C$$

$$=-\frac{1}{2}\ln|3-2x|+C.$$

例 2　求 $\int\tan x\mathrm{d}x$.

解　$\int\tan x\mathrm{d}x=\int\frac{\sin x}{\cos x}\mathrm{d}x$，设 $u=\cos x$，则 $\mathrm{d}u=-\sin x\mathrm{d}x$.

因此 $\int\tan x\mathrm{d}x=\int\frac{\sin x}{\cos x}\mathrm{d}x=-\int\frac{\mathrm{d}u}{u}=-\ln|u|+C=-\ln|\cos x|+C$.

类似地，有 $\int\cot x\mathrm{d}x=\ln|\sin x|+C$.

当运算熟练以后，可以不必写出 u，而直接写出结果.

例 3 求 $\int x\mathrm{e}^{x^2}\mathrm{d}x$.

解 $\int x\mathrm{e}^{x^2}\mathrm{d}x = \int \frac{1}{2}\mathrm{e}^{x^2}\mathrm{d}(x^2) = \frac{1}{2}\mathrm{e}^{x^2} + C.$

例 4 求 $\int \frac{1}{a^2+x^2}\mathrm{d}x$.

解 $\int \frac{1}{a^2+x^2}\mathrm{d}x = \int \frac{1}{a^2}\cdot\frac{1}{1+\left(\frac{x}{a}\right)^2}\mathrm{d}x = \frac{1}{a}\int \frac{1}{1+\left(\frac{x}{a}\right)^2}\mathrm{d}\,\frac{x}{a} = \frac{1}{a}\arctan\frac{x}{a} + C.$

例 5 求 $\int \frac{\mathrm{d}x}{\sqrt{a^2-x^2}}$ $(a>0)$.

解 $\int \frac{\mathrm{d}x}{\sqrt{a^2-x^2}} = \int \frac{1}{a}\,\frac{\mathrm{d}x}{\sqrt{1-\left(\frac{x}{a}\right)^2}} = \int \frac{\mathrm{d}\,\frac{x}{a}}{\sqrt{1-\left(\frac{x}{a}\right)^2}} = \arcsin\frac{x}{a} + C$.

例 6 求 $\int \frac{1}{x^2-a^2}\mathrm{d}x$.

解 由于 $\frac{1}{x^2-a^2} = \frac{1}{2a}\left(\frac{1}{x-a} - \frac{1}{x+a}\right)$,

所以

$$\begin{aligned}\int \frac{\mathrm{d}x}{x^2-a^2} &= \frac{1}{2a}\int\left(\frac{1}{x-a} - \frac{1}{x+a}\right)\mathrm{d}x = \frac{1}{2a}\left(\int \frac{1}{x-a}\mathrm{d}x - \int \frac{1}{x+a}\mathrm{d}x\right)\\ &= \frac{1}{2a}\left[\int \frac{1}{x-a}\mathrm{d}(x-a) - \int \frac{1}{x+a}\mathrm{d}(x+a)\right]\\ &= \frac{1}{2a}(\ln|x-a| - \ln|x+a|) + C = \frac{1}{2a}\ln\left|\frac{x-a}{x+a}\right| + C.\end{aligned}$$

例 7 求 $\int \frac{\mathrm{d}x}{2x^2+4x+3}$.

解 $\int \frac{\mathrm{d}x}{2x^2+4x+3} = \frac{1}{2}\int \frac{\mathrm{d}x}{x^2+2x+\frac{3}{2}} = \frac{1}{2}\int \frac{\mathrm{d}x}{(x+1)^2+\frac{1}{2}}$

$$= \frac{1}{2}\int \frac{1}{(x+1)^2+\left(\frac{1}{\sqrt{2}}\right)^2}\mathrm{d}(x+1) = \frac{1}{2}\cdot\sqrt{2}\arctan\frac{x+1}{\frac{1}{\sqrt{2}}} + C$$

$$= \frac{\sqrt{2}}{2}\arctan\sqrt{2}(x+1) + C.$$

例 8　求 $\int \sin^3 x\mathrm{d}x$.

解　$\int \sin^3 x\mathrm{d}x = \int \sin^2 x\sin x\mathrm{d}x = -\int (1-\cos^2 x)\mathrm{d}\cos x$

$= -\int \mathrm{d}\cos x + \int \cos^2 x\mathrm{d}\cos x = -\cos x + \frac{1}{3}\cos^3 x + C.$

例 9　求 $\int \cos^2 x\mathrm{d}x$.

解　$\int \cos^2 x\mathrm{d}x = \int \frac{1+\cos 2x}{2}\mathrm{d}x = \frac{1}{2}\int 1\mathrm{d}x + \frac{1}{2}\int \cos 2x\mathrm{d}x = \frac{x}{2} + \frac{1}{4}\sin 2x + C.$

类似地，有 $\int \sin^2 x\mathrm{d}x = \int \frac{1-\cos 2x}{2}\mathrm{d}x = \frac{x}{2} - \frac{1}{4}\sin 2x + C$.

例 10　求 $\int \csc x\mathrm{d}x$.

解　$\int \csc x\mathrm{d}x = \int \frac{\mathrm{d}x}{\sin x} = \int \frac{\mathrm{d}x}{2\sin\frac{x}{2}\cos\frac{x}{2}} = \int \frac{\mathrm{d}\frac{x}{2}}{\tan\frac{x}{2}\cos^2\frac{x}{2}} = \int \frac{\sec^2\frac{x}{2}\mathrm{d}\frac{x}{2}}{\tan\frac{x}{2}}$

$$= \int \frac{\mathrm{d}\tan\frac{x}{2}}{\tan\frac{x}{2}} = \ln\left|\tan\frac{x}{2}\right| + C .$$

又因为
$$\tan\frac{x}{2} = \frac{\sin\frac{x}{2}}{\cos\frac{x}{2}} = \frac{2\sin^2\frac{x}{2}}{\sin x} = \frac{1-\cos x}{\sin x} = \csc x - \cot x.$$

所以上述不定积分又可表示为

$$\int \csc x\mathrm{d}x = \ln|\csc x - \cot x| + C .$$

类似地，有 $\int \sec x\mathrm{d}x = \ln|\sec x + \tan x| + C$.

例 11　求 $\int \sin 2x\cos 3x\mathrm{d}x$.

解　利用积化和差公式 $\sin\alpha\cos\beta = \frac{1}{2}[\sin(\alpha+\beta) + \sin(\alpha-\beta)]$,

得
$$\sin 2x\cos 3x = \frac{1}{2}(\sin 5x - \sin x),$$

所以　$\int \sin 2x\cos 3x\mathrm{d}x = \frac{1}{2}\int (\sin 5x - \sin x)\mathrm{d}x = \frac{1}{2}\int \sin 5x\mathrm{d}x - \frac{1}{2}\int \sin x\mathrm{d}x$

$$= -\frac{1}{10}\cos 5x + \frac{1}{2}\cos x + C.$$

二、第二类换元法

对于某些特殊的不定积分 $\int f(x)\mathrm{d}x$，可以引入新的变量 t，将 x 表示为 t 的函数，从而简化积分计算．这种换元法称为第二类换元法．

设函数 $x=\varphi(t)$ 严格单调、可导且 $\varphi'(t)\neq 0$，又设 $f(\varphi(t))\varphi'(t)$ 具有原函数 $F(\mathrm{t})$．

则

$$\int f(x)\mathrm{d}x = \left[\int f(\varphi(t))\varphi'(t)\mathrm{d}t\right]_{t=\varphi^{-1}(x)} = F(\varphi^{-1}(x)) + C$$

其中 $t=\varphi^{-1}(x)$ 是 $x=\varphi(t)$ 的反函数．

要证明上式成立，只需证 $(F(\varphi^{-1}(x)) + C)' = f(x)$．

事实上，$\dfrac{\mathrm{d}}{\mathrm{d}x}F(\varphi^{-1}(x)) = \dfrac{\mathrm{d}F(t)}{\mathrm{d}t}\cdot\dfrac{\mathrm{d}t}{\mathrm{d}x} = f(\varphi(t))\varphi'(t)\dfrac{1}{\varphi'(t)} = f(\varphi(t)) = f(x)$．

例 12 求 $\int\dfrac{\mathrm{d}x}{1+\sqrt{x}}$．

解 作变量代换 $x=t^2$，于是 $\sqrt{x}=t$，$\mathrm{d}x=2t\mathrm{d}t$，从而

$$\begin{aligned}\int\frac{\mathrm{d}x}{1+\sqrt{x}} &= 2\int\frac{t}{1+t}\mathrm{d}t = 2\int\left(1-\frac{1}{1+t}\right)\mathrm{d}t \\ &= 2t-2\ln(1+t)+C = 2\sqrt{x}-2\ln(1+\sqrt{x})+C.\end{aligned}$$

例 13 求 $\int\sqrt{a^2-x^2}\mathrm{d}x\ (a>0)$．

解 令 $x=a\sin t$，$-\dfrac{\pi}{2}\leqslant t\leqslant\dfrac{\pi}{2}$，则 $\mathrm{d}x=a\cos t\mathrm{d}t$，$\sqrt{a^2-x^2}=a\cos t$.

$$\begin{aligned}\int\sqrt{a^2-x^2}\mathrm{d}x &= \int a\cos t\cdot a\cos t\mathrm{d}t = a^2\int\cos^2 t\mathrm{d}t \\ &= a^2\int\frac{1+\cos 2t}{2}\mathrm{d}t = \frac{a^2}{2}\left(t+\frac{1}{2}\sin 2t\right)+C\end{aligned}$$

回代变量，由 $\sin t=\dfrac{x}{a}$ 作辅助三角形（图 4-3），

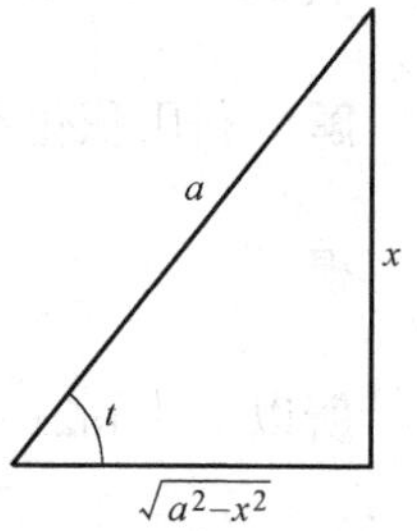

图 4-3

得 $$t=\arcsin\frac{x}{a},\ \cos t=\frac{\sqrt{a^2-x^2}}{a}$$

故 $$\begin{aligned}\int\sqrt{a^2-x^2}\mathrm{d}x &= \frac{a^2}{2}\left(\arcsin\frac{x}{a}+\frac{x\sqrt{a^2-x^2}}{a^2}\right)+C \\ &= \frac{a^2}{2}\arcsin\frac{x}{a}+\frac{x}{2}\sqrt{a^2-x^2}+C.\end{aligned}$$

例 14　求 $\int \frac{\mathrm{d}x}{\sqrt{x^2+a^2}} \quad (a>0)$.

解　设 $x = a\tan t\left(-\frac{\pi}{2}<t<\frac{\pi}{2}\right)$，则 $\mathrm{d}x = a\sec^2 t\mathrm{d}t$.

$$\sqrt{x^2+a^2}=\sqrt{a^2+a^2\tan^2 t}=a\sqrt{1+\tan^2 t}=a\sec t$$

从而 $\int \frac{\mathrm{d}x}{\sqrt{x^2+a^2}} = \int \frac{a\sec^2 t}{a\sec t}\mathrm{d}t = \int \sec t\mathrm{d}t = \ln|\sec t+\tan t|+C_1$.

由 $\tan t=\frac{x}{a}$ 作辅助三角形（图 4-4），得 $\sec t=\frac{\sqrt{x^2+a^2}}{a}$.

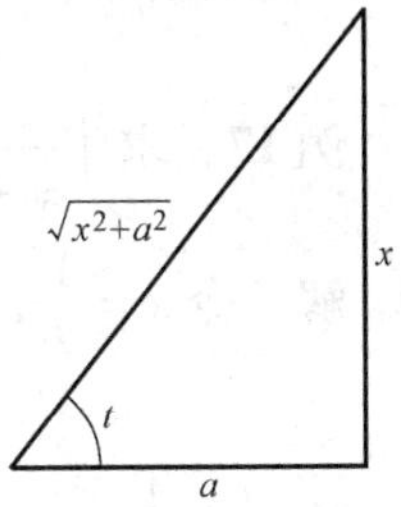

图 4-4

故 $\int \frac{\mathrm{d}x}{\sqrt{x^2+a^2}} = \ln\left(\frac{x}{a}+\frac{\sqrt{x^2+a^2}}{a}\right)+C_1$

$$=\ln(x+\sqrt{x^2+a^2})+C，其中 C=C_1-\ln a.$$

例 15　求 $\int \frac{\mathrm{d}x}{\sqrt{x^2-a^2}} \quad (a>0)$.

解　当 $x>a$ 时，令 $x=a\sec t$，$t\in\left(0,\frac{\pi}{2}\right)$，

则 $\sqrt{x^2-a^2}=\sqrt{a^2\sec^2 t-a^2}=a\tan t$，$\mathrm{d}x=a\sec t\tan t\mathrm{d}t$.

从而 $\int \frac{\mathrm{d}x}{\sqrt{x^2-a^2}} = \int \frac{a\sec t\tan t}{a\tan t}\mathrm{d}t = \int \sec t\mathrm{d}t$

$$=\ln|\sec t+\tan t|+C_1$$

由 $\sec t=\frac{x}{a}$ 作辅助三角形(图4-5)，得 $\tan t=\frac{\sqrt{x^2-a^2}}{a}$.

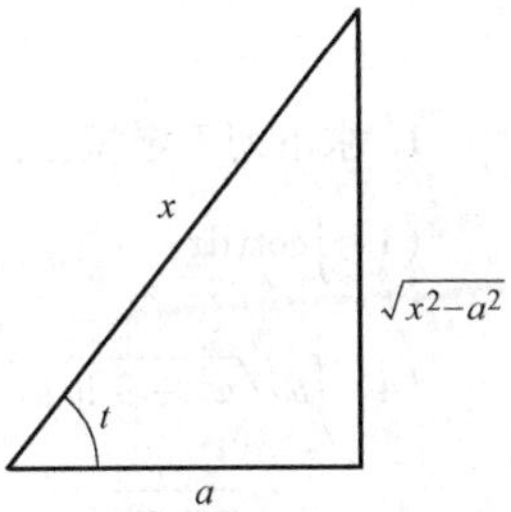

图4-5

故 $\int \frac{\mathrm{d}x}{\sqrt{x^2-a^2}} = \ln\left|\frac{x}{a}+\frac{\sqrt{x^2-a^2}}{a}\right|+C_1$

$$=\ln\left|x+\sqrt{x^2-a^2}\right|+C，其中 C=C_1-\ln a.$$

当 $x<-a$ 时，令 $x=-u$，则 $u>a$，从而

$$\int \frac{\mathrm{d}x}{\sqrt{x^2-a^2}} = -\int \frac{\mathrm{d}u}{\sqrt{u^2-a^2}} = -\ln\left|u+\sqrt{u^2-a^2}\right|+C_1$$

$$=-\ln\left|-x+\sqrt{x^2-a^2}\right|+C_1=-\ln\left|\frac{a^2}{-x-\sqrt{x^2-a^2}}\right|+C_1$$

$$=\ln\left|x+\sqrt{x^2-a^2}\right|+C，其中 C=C_1-2\ln a.$$

综上，$\int \frac{\mathrm{d}x}{\sqrt{x^2-a^2}} = \ln\left|x+\sqrt{x^2-a^2}\right|+C$.

例 16 求 $\int \frac{dx}{1+\sqrt{e^x}}$.

解 令 $\sqrt{e^x}=t$，则 $x=\ln t^2=2\ln t$，$dx=\frac{2dt}{t}$.

$$\int \frac{dx}{1+\sqrt{e^x}}=\int \frac{2}{t(1+t)}dt=2\int \frac{1+t-t}{t(1+t)}dt=2\int\left(\frac{1}{t}-\frac{1}{1+t}\right)dt$$

$$=2(\ln|t|-\ln|1+t|)+C=\ln\left(\frac{t}{1+t}\right)^2+C.$$

将 $t=\sqrt{e^x}$ 代回得 $$\int \frac{dx}{1+\sqrt{e^x}}=\ln\left(\frac{\sqrt{e^x}}{1+\sqrt{e^x}}\right)^2+C.$$

例 17 求 $\int \frac{1}{x+x^9}dx$.

解 令 $x=\frac{1}{t}$，则 $dx=-\frac{1}{t^2}dt$.

故 $$\int \frac{1}{x+x^9}dx=\int \frac{-\frac{1}{t^2}}{\frac{1}{t}+\frac{1}{t^9}}dt=-\int \frac{t^7}{1+t^8}dt=-\frac{1}{8}\int \frac{1}{1+t^8}d(1+t^8)$$

$$=-\frac{1}{8}\ln|1+t^8|+C=-\frac{1}{8}\ln\left|1+\frac{1}{x^8}\right|+C.$$

习题 4.2

1. 求下列不定积分：

(1) $\int \cot x dx$； (2) $\int e^{3x+2}dx$； (3) $\int \frac{1}{x^2}e^{\frac{1}{x}}dx$；

(4) $\int u\sqrt{u^2-3}du$； (5) $\int \frac{\sin\sqrt{x}}{\sqrt{x}}dx$； (6) $\int \frac{1}{\cos^2 x\sqrt{\tan x}}dx$；

(7) $\int \frac{\sqrt{\arctan x}}{1+x^2}dx$； (8) $\int \frac{(\arcsin x)^2}{\sqrt{1-x^2}}dx$； (9) $\int \sin^3 x\cos x dx$；

(10) $\int \sin^2 x\cos^2 x dx$； (11) $\int \frac{1}{x^2-x-12}dx$； (12) $\int e^x\cos(e^x+1)dx$；

(13) $\int \frac{dx}{\sqrt{1+x-x^2}}$； (14) $\int \frac{dx}{\sqrt{e^{2x}-1}}$.

2. 求下列不定积分：

(1) $\int \frac{x}{\sqrt{x-3}}dx$； (2) $\int \frac{1}{1+\sqrt{x+1}}dx$； (3) $\int \sqrt{1-x^2}dx$；

(4) $\int \frac{x^2}{\sqrt{1-x^2}}dx$； (5) $\int \frac{dx}{\sqrt{4x^2+9}}$； (6) $\int \frac{1}{x\sqrt{x^2-1}}dx$；

(7) $\int \frac{1}{(1+x^2)\sqrt{1-x^2}}dx$;　(8) $\int \frac{dx}{x^2\sqrt{x^2+a^2}}$;　(9) $\int \frac{dx}{(x+1)^3\sqrt{x^2+2x}}$;

(10) $\int \frac{\sqrt{a^2-x^2}}{x^4}dx$.

3. 已知 $\int x^5 f(x)dx = \sqrt{x^2-1}+C$，求 $\int f(x)dx$.

4. $\int \frac{1}{A\cos^2 x + B\sin^2 x}dx \ (A \cdot B > 0)$.

5. $\int \frac{\sin x}{\sin x + \cos x}dx$.

6. $\int \frac{\sin x \cdot \cos x}{1+\sin^4 x}dx$.

7. $\int \frac{1}{1+e^x}dx$.

8. $\int \frac{1}{(1+e^x)^2}dx$.

9. $\int \frac{1+\ln x}{(x\ln x)^2}dx$.

10. $\int \frac{\ln(x+1)-\ln x}{x(x+1)}dx$.

11. $\int \frac{1}{x^2-2x-15}dx$.

12 $\int \frac{3x-2}{x^2-2x+5}dx$.

13. $\int \frac{\sqrt{\ln(x+\sqrt{1+x^2})}}{\sqrt{1+x^2}}dx$.

第三节　分部积分法

若 $u=u(x)$ 与 $v=v(x)$ 都有连续的导数，则由函数乘积的求导公式

$$(uv)'=u'v+uv',$$

移项得

$$uv'=(uv)'-u'v.$$

对这个等式两边求不定积分，得

$$\int uv'dx = uv - \int u'v dx,$$

即

$$\int u dv = uv - \int v du.$$

这个公式称为分部积分公式.

一般地，当 $\int u dv$ 不易计算而 $\int v du$ 较易计算时，就使用这个公式.

例 1 求 $\int x\cos x\mathrm{d}x$.

解 设 $u=x$，则 $\mathrm{d}v=\cos x\mathrm{d}x$，$\mathrm{d}u=\mathrm{d}x$，$v=\sin x$，利用分部积分公式得

$$\int x\cos x\mathrm{d}x = x\sin x - \int \sin x\mathrm{d}x = x\sin x + \cos x + C .$$

例 2 求 $\int xe^x\mathrm{d}x$.

解 设 $u=x$，$\mathrm{d}v=e^x\mathrm{d}x$，则 $\mathrm{d}u=\mathrm{d}x$，$v=e^x$，则

$$\int xe^x\mathrm{d}x = xe^x - \int e^x\mathrm{d}x = xe^x - e^x + C .$$

例 3 求 $\int x^2e^x\mathrm{d}x$.

解 设 $u=x^2$，$\mathrm{d}v=e^x\mathrm{d}x$ ，则 $\mathrm{d}u=2x\mathrm{d}x$，$v=e^x$，则

$$\begin{aligned}\int x^2e^x\mathrm{d}x &= x^2e^x - 2\int xe^x\mathrm{d}x \\ &= x^2e^x - 2(xe^x - e^x) + C \\ &= (x^2-2x+2)e^x + C.\end{aligned}$$

当运算熟练以后可以不必写出 u、v，而直接写出结果.

例 4 求 $\int \ln x\mathrm{d}x$.

解 $\int \ln x\mathrm{d}x = x\ln x - \int x\mathrm{d}\ln x = x\ln x - \int x\frac{1}{x}\mathrm{d}x = x\ln x - x + C$.

例 5 求 $\int x\arctan x\mathrm{d}x$.

解
$$\begin{aligned}\int x\arctan x\mathrm{d}x &= \int \arctan x\mathrm{d}\frac{x^2}{2} = \frac{x^2}{2}\arctan x - \int \frac{x^2}{2}\mathrm{d}\arctan x \\ &= \frac{x^2}{2}\arctan x - \frac{1}{2}\int \frac{x^2}{1+x^2}\mathrm{d}x = \frac{x^2}{2}\arctan x - \frac{1}{2}\int \frac{1+x^2-1}{1+x^2}\mathrm{d}x \\ &= \frac{x^2}{2}\arctan x - \frac{1}{2}\int\left(1-\frac{1}{1+x^2}\right)\mathrm{d}x \\ &= \frac{x^2}{2}\arctan x - \frac{1}{2}(x-\arctan x) + C .\end{aligned}$$

例 6 求 $\int e^x\sin x\mathrm{d}x$.

解 $\int e^x\sin x\mathrm{d}x = \int \sin x\mathrm{d}e^x = e^x\sin x - \int e^x\mathrm{d}\sin x = e^x\sin x - \int e^x\cos x\mathrm{d}x$

注意到 $\int e^x\cos x\mathrm{d}x$ 与所求积分是同一类型的，需再用一次分部积分，

$$\int e^x \sin x dx = e^x \sin x - \int \cos x de^x = e^x \sin x - (e^x \cos x - \int e^x d\cos x)$$

$$= e^x \sin x - e^x \cos x - \int e^x \sin x dx .$$

则
$$\int e^x \sin x dx = \frac{1}{2} e^x (\sin x - \cos x) + C.$$

例 7　求 $\int \sec^3 x dx$.

解
$$\int \sec^3 x dx = \int \sec x \cdot \sec^2 x dx = \int \sec x d\tan x = \sec x \tan x - \int \tan x d\sec x$$

$$= \sec x \tan x - \int \sec x \tan^2 x dx = \sec x \tan x - \int \sec x (\sec^2 x - 1) dx$$

$$= \sec x \tan x - \int (\sec^3 x - \sec x) dx = \sec x \tan x - \int \sec^3 x dx + \int \sec x dx$$

$$= \sec x \tan x + \ln |\sec x + \tan x| - \int \sec^3 x dx ,$$

则
$$\int \sec^3 x dx = \frac{1}{2} (\sec x \tan x + \ln |\sec x + \tan x|) + C.$$

例 8　求 $I_n = \int \frac{dx}{(x^2 + a^2)^n}$（其中 n 为正整数）.

解　当 $n = 1$ 时，$I_1 = \frac{1}{a} \arctan \frac{x}{a} + C$.

当 $n > 1$ 时，

$$I_{n-1} = \int \frac{dx}{(x^2 + a^2)^{n-1}} = \frac{x}{(x^2 + a^2)^{n-1}} - \int x d \frac{1}{(x^2 + a^2)^{n-1}}$$

$$= \frac{x}{(x^2 + a^2)^{n-1}} - \int \frac{x \cdot [-(n-1)(x^2 + a^2)^{n-2}] 2x}{(x^2 + a^2)^{2n-2}} dx$$

$$= \frac{x}{(x^2 + a^2)^{n-1}} + 2(n-1) \int \frac{x^2}{(x^2 + a^2)^n} dx$$

$$= \frac{x}{(x^2 + a^2)^{n-1}} + 2(n-1) \int \frac{x^2 + a^2 - a^2}{(x^2 + a^2)^n} dx$$

$$= \frac{x}{(x^2 + a^2)^{n-1}} + 2(n-1) \left[\int \frac{dx}{(x^2 + a^2)^{n-1}} - \int \frac{a^2}{(x^2 + a^2)^n} dx \right]$$

$$= \frac{x}{(x^2 + a^2)^{n-1}} + 2(n-1)(I_{n-1} - a^2 I_n) .$$

于是
$$I_n = \frac{1}{2a^2(n-1)} \left[\frac{x}{(x^2 + a^2)^{n-1}} + (2n-3) I_{n-1} \right].$$

由此递推公式，并由 $I_1 = \frac{1}{a} \arctan \frac{x}{a} + C$，可得 I_n.

习题4.3

1. 求下列不定积分：

(1) $\int x\ln x\mathrm{d}x$；　(2) $\int \frac{\ln x}{x^2}\mathrm{d}x$；　(3) $\int x^2\sin x\mathrm{d}x$；

(4) $\int \arctan x\mathrm{d}x$；　(5) $\int \arcsin x\mathrm{d}x$；　(6) $\int \mathrm{e}^{\sqrt{x}}\mathrm{d}x$.

2. 求不定积分 $I_n = \int x^n\mathrm{e}^x\mathrm{d}x$ 的递推公式，其中 n 为非负整数.

3. 求不定积分 $\int xf''(x)\mathrm{d}x$.

4. 设函数 $f(x)=\begin{cases} x+1, & x\leqslant 1 \\ 2x, & x>1 \end{cases}$，求 $\int f(x)\mathrm{d}x$.

5. 求不定积分 $\int \mathrm{e}^x\left(\frac{1}{\sqrt{1-x^2}}+\arcsin x\right)\mathrm{d}x$.

6. 已知 $f(x)$ 的原函数为 $(1+\sin x)\ln x$，求 $\int xf'(x)\mathrm{d}x$.

7. $\int \frac{x\mathrm{e}^x}{(1+\mathrm{e}^x)^2}\mathrm{d}x$.

8. $\int \mathrm{e}^{2x}(1+\tan x)^2\mathrm{d}x$.

9. $\int x\cos^2\frac{x}{2}\mathrm{d}x$.

10. $\int \cos(\ln x)\mathrm{d}x$.

11. $\int \frac{x+\sin x}{1+\cos x}\mathrm{d}x$.

12. $\int \frac{\arctan \mathrm{e}^x}{\mathrm{e}^x}\mathrm{d}x$.

13. $\int x(\arctan x)\ln(1+x^2)\mathrm{d}x$.

第四节　有理函数不定积分

一、有理函数的不定积分

两个多项式的商 $\frac{P_n(x)}{Q_m(x)}$ 称为有理函数，又称有理分式.

其中，$P_n(x)$、$Q_m(x)$ 分别是关于 x 的 n 次和 m 次的实系数多项式.

当 $n<m$ 时，称为有理真分式，否则称为有理假分式. 对于有理假分式，由于 $n\geqslant m$，应用多项式的除法，可得

$$\frac{P_n(x)}{Q_m(x)}=r(x)+\frac{P_l(x)}{Q_m(x)},$$

其中，$r(x)$ 是多项式，而 $P_l(x)$ 是次数小于 $Q_m(x)$ 的多项式.

即有理假分式总能化为多项式与有理真分式之和. 多项式的积分容易求得，故只需讨论有理真分式的积分.

设有理真分式 $R(x)=\dfrac{P_n(x)}{Q_m(x)}$ $(n<m)$，若分母 $Q_m(x)$ 因式分解为

$$Q_m(x)=a_0(x-a)^{\alpha}(x-b)^{\beta}\cdots(x^2+px+q)^{\lambda}(x^2+rx+s)^{\mu}\cdots$$

其中，α、$\beta\cdots\lambda$、$\mu\cdots$是正整数，各二次多项式无实根，则 $R(x)$ 可惟一地分解成下面形式的分式之和.

$$\begin{aligned}R(x)=\frac{P_n(x)}{Q_m(x)}=\frac{1}{a_0}\Big[&\frac{A_1}{x-a}+\frac{A_2}{(x-a)^2}+\cdots+\frac{A_\alpha}{(x-a)^\alpha}\\&+\frac{B_1}{x-b}+\frac{B_2}{(x-b)^2}+\cdots+\frac{B_\beta}{(x-b)^\beta}+\cdots\\&+\frac{M_1x+N_1}{x^2+px+q}+\frac{M_2x+N_2}{(x^2+px+q)^2}+\cdots+\frac{M_\lambda x+N_\lambda}{(x^2+px+q)^\lambda}\\&+\frac{R_1x+S_1}{x^2+rx+s}+\frac{R_2x+S_2}{(x^2+rx+s)^2}+\cdots+\frac{R_\mu x+S_\mu}{(x^2rx+s)^u}+\cdots\Big]\end{aligned}$$

其中，A_1，A_2，…，A_α；B_1，B_2，…，B_β；M_1，M_2，…，M_λ；N_1，N_2，…，N_λ；R_1，R_2，…，R_μ；S_1，S_2，…，S_μ 都是实常数，可以由待定系数法确定.

这样，求有理真分式的积分最终归结为求下面四类最简分式的积分：

(1) $\dfrac{A}{x-a}$；　　(2) $\dfrac{A}{(x-a)^n}$ $(n=2,3,\cdots)$；

(3) $\dfrac{Bx+C}{x^2+px+q}$；　　(4) $\dfrac{Bx+C}{(x^2+px+q)^n}$ $(n=2,3,\cdots)$.

其中，A、B、C、a、p、q 为常数，且二次式 x^2+px+q 无实根.

例 1　求 $\displaystyle\int\frac{x-4}{x^2+x-2}dx$.

解　设 $\dfrac{x-4}{x^2+x-2}=\dfrac{x-4}{(x+2)(x-1)}=\dfrac{A}{x+2}+\dfrac{B}{x-1}$，

则
$$x-4=A(x-1)+B(x+2)=(A+B)x+2B-A$$

有 $\begin{cases}A+B=1\\2B-A=-4\end{cases}$，　解得 $\begin{cases}A=2\\B=-1\end{cases}$.

故
$$\frac{x-4}{x^2+x-2}=\frac{2}{x+2}-\frac{1}{x-1},$$

从而 $$\int \frac{x-4}{x^2+x-2}dx = 2\int \frac{dx}{x+2} - \int \frac{dx}{x-1}$$
$$=2\ln|x+2|-\ln|x-1|+C.$$

例 2 求 $\int \frac{x^3+x}{x-1}dx$.

解 因为 $x^3+x=(x^2+x+2)(x-1)+2$,

有 $$\frac{x^3+x}{x-1}=x^2+x+2+\frac{2}{x-1},$$

则 $$\int \frac{x^3+x}{x-1}dx = \int \left(x^2+x+2+\frac{2}{x-1}\right)dx$$
$$=\frac{x^3}{3}+\frac{x^2}{2}+2x+2\ln|x-1|+C.$$

例 3 $\int \frac{x-2}{x^2+2x+3}dx$.

解 $$\int \frac{x-2}{x^2+2x+3}dx = \int \frac{\frac{1}{2}(2x+2)-3}{x^2+2x+3}dx$$
$$=\frac{1}{2}\int \frac{d(x^2+2x+3)}{x^2+2x+3} - 3\int \frac{d(x+1)}{(x+1)^2+(\sqrt{2})^2}$$
$$=\frac{1}{2}\ln|x^2+2x+3| - \frac{3}{\sqrt{2}}\arctan\frac{x+1}{\sqrt{2}}+C.$$

例 4 求 $\int \frac{2x^2+2x+13}{(x-2)(x^2+1)^2}dx$.

解 设 $$\frac{2x^2+2x+13}{(x-2)(x^2+1)^2}=\frac{A}{x-2}+\frac{Bx+C}{x^2+1}+\frac{Dx+E}{(x^2+1)^2},$$

解得 $A=1$, $B=-1$, $C=-2$, $D=-3$, $E=-4$,

有 $$\frac{2x^2+2x+13}{(x-2)(x^2+1)^2}=\frac{1}{x-2}-\frac{x+2}{x^2+1}-\frac{3x+4}{(x^2+1)^2},$$

于是 $$\int \frac{2x^2+2x+13}{(x-2)(x^2+1)^2}dx = \int \frac{dx}{x-2} - \int \frac{x+2}{x^2+1}dx - \int \frac{3x+4}{(x^2+1)^2}dx.$$

分别求上式等号右端的每一个不定积分:

$$\int \frac{1}{x-2}dx = \ln|x-2|+C_1,$$

$$\int \frac{x+2}{x^2+1}dx = \frac{1}{2}\int \frac{2x}{x^2+1}dx + 2\int \frac{dx}{x^2+1} = \frac{1}{2}\ln(x^2+1)+2\arctan x+C_2,$$

$$\int \frac{3x+4}{(x^2+1)^2}dx = 3\int \frac{xdx}{(x^2+1)^2}+4\int \frac{dx}{(x^2+1)^2} = -\frac{3}{2(x^2+1)}+4\int \frac{dx}{(x^2+1)^2},$$

由递推公式有 $I_2 = \int \frac{1}{(x^2+1)^2}dx = \frac{x}{2(x^2+1)} + \frac{1}{2}\arctan x + C_3$.

有
$$\int \frac{3x+4}{(x^2+1)^2}dx = -\frac{3}{2(x^2+1)} + \frac{2x}{x^2+1} + 2\arctan x + 4C_3$$
$$= \frac{4x-3}{2(x^2+1)} + 2\arctan x + 4C_3;$$

于是
$$\int \frac{2x^2+2x+13}{(x-2)(x^2+1)^2}dx$$
$$= \ln|x-2| - \frac{1}{2}\ln(x^2+1) - 2\arctan x - \frac{4x-3}{2(x^2+1)} - 2\arctan x + C$$
$$= \frac{1}{2}\ln\frac{(x-2)^2}{x^2+1} - \frac{4x-3}{2(x^2+1)} - 4\arctan x + C.$$

二、可化为有理函数的不定积分

例 5　求 $\int \frac{dx}{3+5\cos x}$.

解　由三角函数的万能公式可知，$\sin x$ 和 $\cos x$ 都可表示为 $\tan\frac{x}{2}$ 的有理式，令 $\tan\frac{x}{2} = t(-\pi < x < \pi)$，则有 $x = 2\arctan t$，$dx = \frac{2}{1+t^2}dt$，

$$\sin x = \frac{2\tan\frac{x}{2}}{1+\tan^2\frac{x}{2}} = \frac{2t}{1+t^2}, \cos x = \frac{1-\tan^2\frac{x}{2}}{1+\tan^2\frac{x}{2}} = \frac{1-t^2}{1+t^2},$$

则
$$\int \frac{dx}{3+5\cos x} = \int \frac{1}{3+\frac{5(1-t^2)}{1+t^2}} \frac{2}{1+t^2}dt = \int \frac{2}{3+3t^2+5-5t^2}dt$$
$$= \int \frac{1}{4-t^2}dt = \frac{1}{4}\int\left(\frac{1}{t+2} - \frac{1}{t-2}\right)dt = \frac{1}{4}(\ln|t+2| - \ln|t-2|) + C$$
$$= \frac{1}{4}\ln\left|\frac{\tan\frac{x}{2}+2}{\tan\frac{x}{2}-2}\right| + C.$$

例 6　求 $\int \frac{1+\sin x-\cos x}{(2-\sin x)(1+\cos x)}dx$.

解　令 $\tan\frac{x}{2} = t$，则 $dx = \frac{2}{1+t^2}dt$，$\cos x = \frac{1-t^2}{1+t^2}$，$\sin x = \frac{2t}{1+t^2}$.

$$\int \frac{1+\sin x-\cos x}{(2-\sin x)(1+\cos x)}\mathrm{d}x = \int \frac{1+\frac{2t}{1+t^2}-\frac{1-t^2}{1+t^2}}{\left(2-\frac{2t}{1+t^2}\right)\left(1+\frac{1-t^2}{1+t^2}\right)}\cdot\frac{2}{1+t^2}\mathrm{d}t$$

$$=\int \frac{t^2+t}{t^2-t+1}\mathrm{d}t = \int\left(1+\frac{2t-1}{t^2-t+1}\right)\mathrm{d}t = t+\ln|t^2-t+1|+C$$

$$=\tan\frac{x}{2}+\ln\left|\tan^2\frac{x}{2}-\tan\frac{x}{2}+1\right|+C.$$

例 7 求 $\int \frac{\mathrm{d}x}{1+\sqrt[3]{x+2}}$.

解 设 $\sqrt[3]{x+2}=t$，则 $x=t^3-2$，$\mathrm{d}x=3t^2\mathrm{d}t$，

$$\int \frac{\mathrm{d}x}{1+\sqrt[3]{x+2}} = \int \frac{3t^2}{1+t}\mathrm{d}t = 3\int \frac{t^2-1+1}{1+t}\mathrm{d}t = 3\int\left(t-1+\frac{1}{1+t}\right)\mathrm{d}t$$

$$=3\left(\frac{t^2}{2}-t+\ln|1+t|\right)+C=\frac{3}{2}\sqrt[3]{(x+2)^2}-3\sqrt[3]{x+2}+3\ln\left|1+\sqrt[3]{x+2}\right|+C.$$

例 8 求 $\int \frac{\mathrm{d}x}{(1+\sqrt[3]{x})\sqrt{x}}$.

解 为了能同时消去两个根式$\sqrt{x}$和$\sqrt[3]{x}$，设 $x=t^6$，则 $\mathrm{d}x=6t^5\mathrm{d}t$，

$$\int \frac{\mathrm{d}x}{(1+\sqrt[3]{x})\sqrt{x}} = \int \frac{6t^5}{(1+t^2)t^3}\mathrm{d}t = 6\int \frac{t^2}{1+t^2}\mathrm{d}t = 6\int\left(1-\frac{1}{1+t^2}\right)\mathrm{d}t$$

$$=6(t-\arctan t)+C=6(\sqrt[6]{x}-\arctan\sqrt[6]{x})+C.$$

例 9 求 $\int \frac{1}{x}\sqrt{\frac{1+x}{x}}\mathrm{d}x$.

解 令 $t=\sqrt{\frac{1+x}{x}}$，则 $x=\frac{1}{t^2-1}$，$\mathrm{d}x=\frac{-2t\mathrm{d}t}{(t^2-1)^2}$，

$$\int \frac{1}{x}\sqrt{\frac{1+x}{x}}\mathrm{d}x = \int (t^2-1)\cdot t\cdot\frac{-2t}{(t^2-1)^2}\mathrm{d}t = -2\int \frac{t^2}{t^2-1}\mathrm{d}t$$

$$=-2t-\ln\left|\frac{t-1}{t+1}\right|+C=-2\sqrt{\frac{1+x}{x}}-\ln\left|1+2x-2\sqrt{x(x+1)}\right|+C.$$

例 10 求 $\int \frac{\sqrt{x+2}}{x+3}\mathrm{d}x$.

解 设 $\sqrt{x+2}=t$，则 $x=t^2-2$，$\mathrm{d}x=2t\mathrm{d}t$，

$$\int \frac{\sqrt{x+2}}{x+3}\mathrm{d}x = \int \frac{t}{t^2+1}\cdot 2t\mathrm{d}t = \int\left(2-\frac{2}{t^2+1}\right)\mathrm{d}t = 2t-2\arctan t+C$$

$$=2\sqrt{x+2}-2\arctan\sqrt{x+2}+C.$$

习题 4.4

1. 求下列不定积分

(1) $\int \frac{x+3}{x^2-5x+6}dx$

(2) $\int \frac{1}{x(x-1)^2}dx$

(3) $\int \frac{1}{(1+2x)(1+x^2)}dx$

(4) $\int \frac{dx}{1+x^3}$

(5) $\int \frac{2x^3+2x^2+5x+5}{x^4+5x^2+4}dx$

(6) $\int \frac{x^2}{(x^2+2x+2)^2}dx$

(7) $\int \frac{x^2 e^x}{(2+x)^2}dx$

(8) $\int \frac{dx}{1+\tan x}$

(9) $\int \frac{dx}{1+\sin x}$

第五章　微分方程与差分方程初步

在实际问题中，经常会建立连续变量与它们的导数或微分之间的关系，从而得到一个关于未知函数的导数或微分的方程，即微分方程．通过求解方程，同样可以找到未知函数的关系；在经济与管理等领域的实际问题中，大多数变量是定义在整数集上的离散变量．描述离散型变量之间的数学模型称为离散型模型，即差分方程．

本章主要介绍微分方程和差分方程的一些概念，常见方程的类型及解法，微分方程和差分方程在经济学中的简单应用．

第一节　微分方程的基本概念

例 1　已知曲线上任一点的切线斜率等于该点横坐标的两倍，试建立其方程．

解　所求曲线应满足方程　$\dfrac{dy}{dx}=2x.$　(5-1)

例 2　质量为 m 的物体只受重力的作用自由下落，试建立其路程 s 与时间 t 的关系．

解　把物体降落的铅垂线取作 s 轴，其指向朝下（朝向地心）．设物体在 t 时刻的位置为 $s=s(t)$．加速度为 $a=\dfrac{d^2s}{dt^2}$．

由牛顿第二定律　$F=ma$，　$m\dfrac{d^2s}{dt^2}=mg$ 或 $\dfrac{d^2s}{dt^2}=g$　(5-2)

这就是著名科学家伽利略当年研究发现的，自由落体的重力加速度为常数 g．

例 3　某商品在 t 时刻的售价为 P，社会对该商品的需求量和供给量分别是 P 的函数 $Q(P)$，$S(P)$，则在 t 时刻的价格 $P(t)$ 对于时间 t 的变化率可以认为与该商品在同一时刻的超额需求量 $Q(t)-P(t)$ 成正比（设比例系数为 k），即有关系式

$$\frac{dP}{dt}=k[Q(P)-S(P)]\quad(k>0)$$

这就是商品的价格调整模型．

定义 5.1　含有未知函数的导数（或微分）的方程称为微分方程．

微分方程中出现的未知函数的最高阶导数的阶数，称为微分方程的阶．如式

(5-1) 是一阶微分方程，式 (5-2) 是二阶微分方程.

定义 5.2　如果把某个函数代入微分方程，能使该方程成为恒等式，称此函数为微分方程的解. 即满足微分方程的函数称为微分方程的解.

例如，$y=x^2+C$ 是 $\frac{dy}{dx}=2x$ 的解；$s=\frac{1}{2}gt^2+C_1t+C_2$ 是 $\frac{d^2s}{dt^2}=g$ 的解.

若微分方程的解中包含独立的任意常数的个数与对应的微分方程的阶数相同，这样的解称为微分方程的通解.

通过附加条件确定通解中的任意常数而得到的解称为微分方程的特解. 这种附加条件称为初始条件.

如，设方程未知函数为 $y=y(x)$，如果微分方程是一阶的，通常用来确定任意常数的条件是 $y|_{x=x_0}=y_0$，其中 x_0，y_0 是给定的数值；如果微分方程是二阶的，通常用来确定任意常数的条件是 $y|_{x=x_0}=y_0$，$y'|_{x=x_0}=y_0'$. 其中 x_0，y_0，y_0' 都是给定的数值.

习题 5.1

1. 试说出下列微分方程的阶数：

(1) $x(y')^2-2yy'+x=0$；　(2) $x^2y''-xy'+y=0$；

(3) $(7x-6y)dx+(x+y)dy=0$；　(4) $\frac{d^3y}{dx^3}+\frac{3}{x}\left(\frac{d^2y}{dx^2}\right)^2=0$.

2. 验证下列各给定函数是其对应微分方程的解：

(1) $xy'=2y$，$y=5x^2$；

(2) $y''+y=0$，$y=3\sin x-4\cos x$；

(3) $y''-(\lambda_1+\lambda_2)y'+\lambda_1\lambda_2y=0$，$y=C_1e^{\lambda_1x}+C_2e^{\lambda_2x}$；

(4) $xyy''+x(y')^2-yy'=0$，$\frac{x^2}{C_1}+\frac{y^2}{C_2}=1$.

3. 在下列各题中，确定函数关系式中所含的参数，使函数满足所给的初始条件：

(1) $x^2-y^2=C$，$y|_{x=0}=5$；

(2) $y=(C_1+C_2x)e^{2x}$，$y|_{x=0}=0$，$y'|_{x=0}=1$.

4. 设曲线在点 (x, y) 处的切线的斜率等于该点横坐标的平方，试建立曲线所满足的微分方程.

5. 设函数 $y=(1+x)^2u(x)$ 是方程 $y'-\frac{2}{x+1}y=(x+1)^2$ 的通解，求 $u(x)$.

6. 求连续函数 $f(x)$，使它满足 $\int_0^1 f(tx)\,dt=f(x)+x\sin x$.

第二节　一阶微分方程

首先研究最简单的一阶微分方程中的可分离变量的微分方程.

一、可分离变量的方程

可以化成形如 $M(x)\mathrm{d}x=N(y)\mathrm{d}y$ 或 $\frac{\mathrm{d}y}{\mathrm{d}x}=f(x)g(y)$ 形式的方程称为可分离变量的微分方程.

对式 $M(x)\mathrm{d}x=N(y)\mathrm{d}y$ 两端分别积分，便得方程的通解为

$\int M(x)\mathrm{d}x=\int N(y)\mathrm{d}y+C$（$C$ 是任意常数）.

例 1 求方程 $(1+y^2)\mathrm{d}x-x(1+x^2)y\mathrm{d}y=0$ 的通解.

解 用 $x(1+x^2)(1+y^2)$ 除方程两边整理得 $\frac{\mathrm{d}x}{x(1+x^2)}=\frac{y\mathrm{d}y}{1+y^2}$.
两边积分得

$$\int\frac{\mathrm{d}x}{x(1+x^2)}=\int\frac{y\mathrm{d}y}{1+y^2}.$$

因为

$$\int\frac{\mathrm{d}x}{x(1+x^2)}=\int\left(\frac{1}{x}-\frac{x}{1+x^2}\right)\mathrm{d}x=\ln|x|-\frac{1}{2}\ln(1+x^2),$$

$$\int\frac{y\mathrm{d}y}{1+y^2}=\frac{1}{2}\ln(1+y^2),$$

所以

$$\ln|x|-\frac{1}{2}\ln(1+x^2)-\frac{1}{2}\ln(1+y^2)=C_1.$$

即

$$\ln\frac{x^2}{(1+x^2)(1+y^2)}=2C_1,\text{或}\frac{x^2}{(1+x^2)(1+y^2)}=\mathrm{e}^{2C_1}=\frac{1}{C},$$

通解为 $(1+x^2)(1+y^2)=Cx^2$. 此外方程还有解 $x=0$.

例 2 设推广某项新技术时，需要推广的总人数为 N，t 时刻已掌握技术的人数为 $P(t)$，新技术推广速度与已推广人数和待推广人数成正比，即有微分方程：

$$\frac{\mathrm{d}P}{\mathrm{d}t}=kP(N-P),$$

其中，k 为比例常数（此方程称为逻辑斯谛方程，也是经济学科中常遇到的数学模型），试求解该微分方程.

解 将该方程变形为

$$\frac{\mathrm{d}P}{P(N-P)}=k\mathrm{d}t,$$

两边积分得

$$\frac{1}{N}\ln\frac{P}{N-P}=kt+\ln C_1,$$

整理得通解为

$$P=\frac{CN\mathrm{e}^{Nkt}}{1+C\mathrm{e}^{Nkt}}.$$

例 3 某公司 t 年净资产有 $W(t)$（单位：百万元），并且资产本身以每年 5% 的速度连续增长，同时该公司每年要以 30 百万元的数额连续支付职工工资.（1）给出描述净资产 $W(t)$ 的微分方程；（2）假设初始净资产为 W_0，求解微分方程；（3）讨论在 $W_0=500$，600，700 三种情况下，$W(t)$ 的变化特点.

解 （1）利用平衡法，即由净资产增长速度 = 资产本身增长速度 - 职工工资支付速度，得到方程：

$$\frac{\mathrm{d}W}{\mathrm{d}t}=0.05W-30,$$

即

$$\frac{\mathrm{d}W}{0.05W-30}=\mathrm{d}t,$$

（2）两边积分，得

$$\ln|W-600|=0.05t+\ln C,$$

于是

$$|W-600|=C\mathrm{e}^{0.05t},$$

或

$$W-600=a\mathrm{e}^{0.05t}(a=\pm C),$$

将 $W(0)=W_0$ 代入，得方程特解为

$$W=600+(W_0-600)\mathrm{e}^{0.05t}.$$

在上式推导过程中 $W\neq600$，当 $W=600$ 时，有 $\frac{\mathrm{d}W}{\mathrm{d}t}=0$，可知 $W=600=W_0$，通常称为平衡解，可见平衡解已包含在了通解之中.

（3）由通解表达式可知，当 $W_0=500$ 时，净资产额单调递减，公司将在第 36 年破产；当 $W_0=600$ 时，公司将收支平衡，净资产将保持在 600 百万元不变；当 $W_0=700$ 时，净资产额将按指数不断增长.

二、齐次微分方程

形如 $\frac{\mathrm{d}y}{\mathrm{d}x}=\varphi\left(\frac{y}{x}\right)$ 的一阶微分方程称为齐次微分方程.

对方程$\frac{dy}{dx}=\varphi\left(\frac{y}{x}\right)$作变量代换 $\frac{y}{x}=u$，则 $y=xu$，两端对 x 求导数，得

$$\frac{dy}{dx}=u+x\frac{du}{dx},$$

又因为

$$\frac{dy}{dx}=\varphi(u),$$

于是

$$u+x\frac{du}{dx}=\varphi(u),$$

从而有

$$\frac{du}{\varphi(u)-u}=\frac{dx}{x}.$$

因此，方程$\frac{dy}{dx}=\varphi\left(\frac{y}{x}\right)$通过变量代换 $\frac{y}{x}=u$ 可化为可分离变量的方程.

两边分别积分，得

$$\int\frac{du}{\varphi(u)-u}=\ln x+C.$$

求出积分后，再用$\frac{y}{x}$代替 u，便得方程$\frac{dy}{dx}=\varphi\left(\frac{y}{x}\right)$的通解.

例 4 求微分方程 $xy\frac{dy}{dx}=x^2+y^2$满足 $y(e)=2e$ 的特解.

解 微分方程可化为

$$\frac{y}{x}\cdot\frac{dy}{dx}=1+\left(\frac{y}{x}\right)^2,$$

令 $u=\frac{y}{x}$，则$\frac{dy}{dx}=x\frac{du}{dx}+u$，代入上式，得

$$u\left(x\frac{du}{dx}+u\right)=1+u^2,$$

即

$$u\,du=\frac{dx}{x}.$$

两边积分，得

$$u^2=2\ln x+C,$$

所以原方程的通解为

$$y^2=2x^2\ln x+Cx^2,$$

代入初始条件，解得 $C=2$，故所求特解为

$$y^2=2x^2\ln x+2x^2.$$

例 5　求微分方程 $y\mathrm{d}x-(x+\sqrt{x^2+y^2})\mathrm{d}y=0$ 的通解.

解　将方程改写为 $\dfrac{\mathrm{d}x}{\mathrm{d}y}=\dfrac{x}{y}+\sqrt{\left(\dfrac{x}{y}\right)^2+1}$，故原方程为齐次方程.

作变量代换 $u=\dfrac{x}{y}$，则 $x=uy$，

两端求导，得 $\dfrac{\mathrm{d}x}{\mathrm{d}y}=u+y\dfrac{\mathrm{d}u}{\mathrm{d}y}$，代入方程，化简可得

$$\frac{\mathrm{d}y}{y}=\frac{\mathrm{d}u}{\sqrt{u^2+1}}.$$

两端分别积分，得

$$\ln y=\ln\left(u+\sqrt{u^2+1}\right)+\ln C,$$

或

$$u+\sqrt{u^2+1}=\frac{y}{C},$$

从而得

$$u-\sqrt{u^2+1}=-\frac{C}{y},$$

将 $u=\dfrac{x}{y}$ 代入并整理，得原方程的通解 $y^2=2C\left(x+\dfrac{C}{2}\right)$.

三、一阶线性微分方程

形如

$$\frac{\mathrm{d}y}{\mathrm{d}x}+P(x)y=Q(x) \tag{5-3}$$

的微分方程，称为一阶线性微分方程. 其中 $P(x)$，$Q(x)$ 都是 x 的已知连续函数. 特别地，若 $Q(x)\equiv 0$，式（5-3）变为

$$\frac{\mathrm{d}y}{\mathrm{d}x}+P(x)y=0 \tag{5-4}$$

式（5-4）称为一阶线性齐次方程.

当 $Q(x)$ 不恒为零时，式（5-3）称为一阶线性非齐次方程.

1. 一阶线性齐次微分方程的通解

式（5-4）是可分离变量的方程，当 $y\neq 0$ 时可化为

$$\frac{\mathrm{d}y}{y}=-P(x)\mathrm{d}x,$$

两边积分，得

$$\ln|y| = -\int P(x)\mathrm{d}x + C_1 ,$$

故一阶线性齐次方程的通解为

$$y = \pm \mathrm{e}^{-\int P(x)\mathrm{d}x + C_1} = C\mathrm{e}^{-\int P(x)\mathrm{d}x} \text{（}C\text{ 为任意常数）}. \qquad (5\text{-}5)$$

2. 一阶线性非齐次微分方程的通解

为求得一阶线性微分方程（5-3）的通解，将式（5-5）中的任意常数换成未知函数 $C(x)$，即设

$$y = C(x)\mathrm{e}^{-\int P(x)\mathrm{d}x} \qquad (5\text{-}6)$$

是非齐次方程（5-3）的形式的解，

将式（5-6）以及它的导数 $y' = C'(x)\mathrm{e}^{-\int P(x)\mathrm{d}x} - C(x)\cdot P(x)\mathrm{e}^{-\int P(x)\mathrm{d}x}$ 代入式（5-3）中，得

$$C'(x)\mathrm{e}^{-\int P(x)\mathrm{d}x} - C(x)\cdot P(x)\mathrm{e}^{-\int P(x)\mathrm{d}x} + C(x)P(x)\mathrm{e}^{-\int P(x)\mathrm{d}x} = Q(x).$$

即

$$C'(x)\mathrm{e}^{-\int P(x)\mathrm{d}x} = Q(x)\text{，或} \qquad C'(x) = Q(x)\mathrm{e}^{\int P(x)\mathrm{d}x}.$$

两端积分，得

$$C(x) = \int Q(x)\mathrm{e}^{\int P(x)\mathrm{d}x}\mathrm{d}x + C_1 .$$

所以线性非齐次微分方程（5-3）的通解为

$$y = C(x)\mathrm{e}^{-\int P(x)\mathrm{d}x} = \mathrm{e}^{-\int P(x)\mathrm{d}x}\left[\int Q(x)\mathrm{e}^{\int P(x)\mathrm{d}x}\mathrm{d}x + C_1\right] \qquad (5\text{-}7)$$

这种求非齐次微分方程通解的方法称为常数变易法. 式（5-7）为一阶线性非齐次微分方程的求解公式.

例 6 求方程 $xy' + y = \mathrm{e}^x$ 的通解.

解 对应的齐次方程为

$$y' + \frac{1}{x}y = 0,$$

分离变量，得

$$\frac{\mathrm{d}y}{y} = -\frac{\mathrm{d}x}{x},$$

两边积分，得

$$\ln y = -\ln x + \ln C\text{，或 } y = \frac{C}{x}.$$

令 $y = \dfrac{C(x)}{x}$ 是原方程的解，代入到非齐次方程，得 $C'(x) = \mathrm{e}^x$，故 $C(x) = \mathrm{e}^x + C$，

故原方程的通解为

$$y=\frac{1}{x}(\mathrm{e}^x+C).$$

例 7 解方程 $$\frac{\mathrm{d}y}{\mathrm{d}x}-\frac{2y}{x+1}=(x+1)^{\frac{5}{2}}.$$

解 $$P(x)=\frac{-2}{x+1},Q(x)=(x+1)^{\frac{5}{2}},$$

$$\int P(x)\mathrm{d}x=-2\int\frac{\mathrm{d}x}{x+1}=-2\ln(x+1)=\ln(x+1)^{-2},$$

$$\mathrm{e}^{\int P(x)\mathrm{d}x}=\mathrm{e}^{\ln(x+1)^{-2}}=(x+1)^{-2},\quad \mathrm{e}^{-\int P(x)\mathrm{d}x}=(x+1)^2.$$

方程的通解为

$$\begin{aligned}y&=(x+1)^2\left(\int(x+1)^{\frac{5}{2}}\cdot(x+1)^{-2}\mathrm{d}x+C\right)\\&=(x+1)^2\left(\int(x+1)^{\frac{1}{2}}\mathrm{d}x+C\right)=(x+1)^2\left(\frac{2}{3}(x+1)^{\frac{3}{2}}+C\right)\\&=\frac{2}{3}(x+1)^{\frac{7}{2}}+C(x+1)^2.\end{aligned}$$

例 8 设 $y=\mathrm{e}^x$ 是微分方程 $xy'+u(x)y=x$ 的一个解，求此微分方程满足条件 $y(\ln 2)=0$ 的特解.

解 将 $y=\mathrm{e}^x$ 代入方程 $xy'+u(x)y=x$，得

$$u(x)=x\mathrm{e}^{-x}-x.$$

所以原微分方程变为

$$xy'+(x\mathrm{e}^{-x}-x)y=x,$$

即

$$y'+(\mathrm{e}^{-x}-1)y=1.$$

$$P(x)=\mathrm{e}^{-x}-1,\ Q(x)=1,$$

$$\int P(x)\mathrm{d}x=\int(\mathrm{e}^{-x}-1)\mathrm{d}x=-\mathrm{e}^{-x}-x,$$

$$\mathrm{e}^{\int P(x)\mathrm{d}x}=\mathrm{e}^{-\mathrm{e}^{-x}-x},\ \mathrm{e}^{-\int P(x)\mathrm{d}x}=\mathrm{e}^{\mathrm{e}^{-x}+x},$$

方程的通解为

$$y=\mathrm{e}^{\mathrm{e}^{-x}+x}\left(\int\mathrm{e}^{-\mathrm{e}^{-x}-x}\mathrm{d}x+C\right)=\mathrm{e}^x+C\mathrm{e}^{\mathrm{e}^{-x}+x},$$

代入初始条件，解得 $C=-\mathrm{e}^{-\frac{1}{2}}$，故所求方程的特解为

$$y=\mathrm{e}^x-\mathrm{e}^{\mathrm{e}^{-x}+x-\frac{1}{2}}.$$

例 9 设 $f(x)$ 为连续函数，且满足 $f(x)=\mathrm{e}^x+\int_0^x f(t)\mathrm{d}t$，求 $f(x)$.

解 方程两边对 x 求导，得

$$f'(x)=\mathrm{e}^x+f(x),$$

即

$$f'(x)-f(x)=\mathrm{e}^x.$$

若记 $y=f(x)$，则上式变为

$$y'-y=\mathrm{e}^x,$$

这是一阶线性非齐次微分方程，$P(x)=-1$，$Q(x)=\mathrm{e}^x$，由求解公式可得

$$f(x)=(x+C)\mathrm{e}^x.$$

由于在原方程中，有 $f(0)=1$，代入上式，得 $C=1$，于是有

$$f(x)=(x+1)\mathrm{e}^x.$$

例 10 某商品在 t 时刻的售价为 P，社会对该商品的需求量和供给量分别是 P 的函数 $Q(P)$，$S(P)$，则在 t 时刻的价格 $P(t)$ 对于时间 t 的变化率可以认为与该商品在同一时刻的超额需求量 $Q(t)-P(t)$ 成正比（设比例系数为 k），即有关系式：

$$\frac{\mathrm{d}P}{\mathrm{d}t}=k[Q(P)-S(P)]\quad(k>0),$$

若 $Q(P)=c-\mathrm{d}P$，$S(P)=-a+bP$，这里 a，b，c，d 都是已知正常数，且初始价格为 $P(0)$，试求价格 $P(t)$ 的表达式.

解 将 $Q(P)=c-\mathrm{d}P$，$S(P)=-a+bP$ 代入 $\frac{\mathrm{d}P}{\mathrm{d}t}=k[Q(P)-S(P)]$ 中，并整理，得

$$\frac{\mathrm{d}P}{\mathrm{d}t}+k(b+d)P=k(a+c),$$

若记 $m=k(a+b)$，$n=k(c+d)$，则上式变为

$$\frac{\mathrm{d}P}{\mathrm{d}t}+nP=m.$$

容易求得该方程的通解为

$$P=c\mathrm{e}^{-kt}+\frac{m}{n},$$

由初始价格 $P(0)=P_0$，则得价格 $P(t)$ 的表达式为

$$P=\left(P_0-\frac{m}{n}\right)\mathrm{e}^{-kt}+\frac{m}{n}.$$

例 11 假设某公司的净资产因资产本身产生了利息而以 5% 的年利率增长，同时，该公司还必须以每年 200 百万元的数额连续地支付职员工资.

（1）求出描述公司净资产 w（以百万元为单位）的微分方程；

（2）解上述微分方程，这里假设初始净资产为 w_0（百万元）.

解　（1）现在用分析法来解此问题．为给净资产建立一个微分方程，下面将使用这一事实，即净资产增长的速度 = 利息盈取速度 - 工资支付率.

以每年百万元为单位，利息盈取的速率为 $0.05w$，而工资的支付率为每年 200 百万元，于是有 $\frac{dw}{dt}=0.05w-200$．其中 t 以年为单位.

（2）分离变量，有
$$\frac{dw}{w-4000}=0.05dt,$$
积分得
$$\ln|w-4000|=0.05t+C,$$
于是
$$w-4000=Ae^{0.05t},\ A=\pm e^{C}.$$
由 $t=0$ 时 $w=w_0$，有 $A=w_0-4000$，代入解中，得
$$w=4000+(w_0-4000)e^{0.05t}.$$

四、可化为一阶线性方程的方程——贝努力（Bernoulli）方程

形如
$$y'+P(x)y=Q(x)y^{\alpha}(\alpha\text{ 为常数,且 }\alpha\neq 0,1)$$
的微分方程称贝努力方程.

将方程两端除以 y^{α}，得到
$$y^{-\alpha}y'+P(x)y^{1-\alpha}=Q(x).$$
令 $y^{1-\alpha}=z$，有
$$\frac{dz}{dx}+(1-\alpha)P(x)z=(1-\alpha)Q(x).$$
这是一个线性方程，可以求解．求出 z 之后，再用 y 带回，即得贝努力方程的解.

例 12　求解微分方程 $\frac{dy}{dx}-xy=-e^{-x^2}y^3$.

解　这是一个贝努力方程，令 $z=y^{-2}$，则有 $\frac{dz}{dx}+2xz=2e^{-x^2}$.

这是一阶线性方程，解得　$z=e^{-x^2}(2x+C)$，

将 z 换成 y^{-2}，即得原方程的通解为
$$y^2=e^{x^2}(2x+C)^{-1}.$$

习题 5.2

1. 求下列微分方程的通解或在给定条件下的特解：

（1）$xy'-y\ln y=0$；

(2) $xy\mathrm{d}x+\sqrt{1-x^2}\mathrm{d}y=0$;

(3) $\sec^2x\tan y\mathrm{d}x+\sec^2y\tan x\mathrm{d}y=0$;

(4) $\cos x\sin y\mathrm{d}x+\sin x\cos y\mathrm{d}y=0$;

(5) $(\mathrm{e}^{x+y}-\mathrm{e}^x)\mathrm{d}x+(\mathrm{e}^{x+y}+\mathrm{e}^y)\mathrm{d}y=0$;

(6) $\cos y\mathrm{d}x+(1+\mathrm{e}^{-x})\sin y\mathrm{d}y=0$, $y|_{x=0}=\frac{\pi}{4}$;

(7) $y'\sin x=y\ln y$, $y|_{x=\frac{\pi}{2}}=\mathrm{e}$;

(8) $\mathrm{d}x+xy\mathrm{d}y=y^2\mathrm{d}x+y\mathrm{d}y$, $y|_{x=0}=0$.

2. 求下列微分方程的通解或在给定条件下的特解：

(1) $y^2+x^2\frac{\mathrm{d}y}{\mathrm{d}x}=xy\frac{\mathrm{d}y}{\mathrm{d}x}$;

(2) $(1+2\mathrm{e}^{\frac{x}{y}})\mathrm{d}x+2\mathrm{e}^{\frac{x}{y}}\left(1-\frac{x}{y}\right)\mathrm{d}y=0$;

(3) $y'=\frac{x}{y}+\frac{y}{x}$, $y|_{x=1}=2$;

(4) $(x^2+2xy-y^2)\mathrm{d}x+(y^2+2xy-x^2)\mathrm{d}y=0, y|_{x=1}=1$;

(5) $y'=\frac{y}{x}+\tan\frac{y}{x}$, $y|_{x=1}=\frac{\pi}{6}$;

(6) $(y^2-3x^2)\mathrm{d}y+2xy\mathrm{d}x=0$.

3. 设商品 A 和商品 B 的售价分别为 P_1，P_2，已知价格 P_1 与价格 P_2 相关，且价格 P_1 相对 P_2 的弹性为 $\frac{p_2\mathrm{d}p_1}{p_1\mathrm{d}p_2}=\frac{P_2-P_1}{P_2+P_1}$，求与的函数关系式.

4. 某商品的需求量 x 对价格 P 的弹性为 $\eta=-3P^2$，市场对该产品的最大需求量为 1（万件），求需求函数.

5. 求下列微分方程的通解或在给定条件下的特解：

(1) $y'+y\cos x=\mathrm{e}^{-\sin x}$;

(2) $y\ln y\mathrm{d}x+(x-\ln y)\mathrm{d}y=0$;

(3) $xy'-2y=x^3\mathrm{e}^x$, $y|_{x=1}=0$;

(4) $y'+y\cot x=5\mathrm{e}^{\cos x}$, $y|_{x=1}=0$;

(5) $(y^2-6x)\mathrm{d}y+2y\mathrm{d}x=0$, $y|_{x=1}=1$;

6. 求连续函数 $f(x)$，使它满足 $f(x)+2\int_0^x f(t)\mathrm{d}t=x^2$.

7. 求一曲线方程，该曲线通过原点，并且在点（x，y）处的切线斜率等于 $2x+y$.

8. 已知生产某产品的固定成本为 $a>0$，生产 x 单位的边际成本与平均单位成本之差为 $\frac{x}{a}-\frac{a}{x}$，且当产量的数值等于 a 时，相应的总成本为 $2a$，求总成本 C 与产量 x 的函数关系.

9. 求下列微分方程的通解：

(1) $y'+\frac{y}{x}=a(\ln x)y^2$;

(2) $y'-3xy=xy^2$.

10. 试求满足方程 $f'(x)+xf'(-x)=x$ 的 $f(x)$.

11. 设函数 $y(x)$ 满足 $\Delta y=\dfrac{\Delta x}{\sqrt{1-x^2}}+\alpha$，其中 α 为 $\Delta x\to 0$ 时的高阶无穷小，求 $y(x)$ 的表达式.

12. 设可导函数 $f(x)$ 满足 $f(x)\cdot\cos x+2\int_0^x f(t)\sin t\mathrm{d}t=x+1$，求 $f(x)$.

13. 设 $y=\mathrm{e}^{-x}$ 是微分方程 $xy'+p(x)y=x$ 的一个解，求此方程满足条件 $y|_{x=\ln 2}=1$ 的特解.

14. 设 $f(x)$ 有连续的导函数，且对任意常数 a，b，有 $f(a+b)=\mathrm{e}^a f(b)+\mathrm{e}^{2b}f(a)$，求 $f(x)$.

第三节 几类可降阶的二阶微分方程

一、$y''=f(x)$ 型

如 $\dfrac{\mathrm{d}^2y}{\mathrm{d}x^2}=-g$ 的方程属此类型，只要积分两次就可得出方程的通解为

$$y=-\frac{1}{2}gx^2+C_1x+C_2,$$

可由初始条件确定这两个任意常数而得到方程的特解.

一般地，对 n 阶方程

$$y^{(n)}=f(x),$$

积分 n 次便可得到通解为

$$\underbrace{\int\!\!\int\cdots\int}_{n个} f(x)\mathrm{d}x+C_1x^{n-1}+C_2x^{n-2}+\cdots+C_{n-1}x+C_n.$$

二、$y''=f(x,\ y')$ 型

此类方程的特点是，方程右端不显含未知函数 y.

令 $y'=p(x)$，则 $y''=p'(x)$ 代入原方程得

$$p'(x)=f(x,p(x)),$$

这是关于未知函数 $p(x)$ 的一阶微分方程. 这种方法称为降阶法. 解此一阶方程可求出其通解为 $p=p(x,\ C_1)$.

由关系式 $y'=p(x)$ 积分即得原方程的通解为

$$y=\int p(x,C_1)\mathrm{d}x+C_2(C_1,C_2\ 两个任意常数).$$

例 1 求方程 $y''-y'=\mathrm{e}^x$ 的通解.

解 令 $y'=p(x)$，则 $y''=\dfrac{\mathrm{d}p}{\mathrm{d}x}$，原方程化为 $\dfrac{\mathrm{d}p}{\mathrm{d}x}-p=\mathrm{e}^x$.

这是一阶线性微分方程. 由通解公式易得通解为

$$y' = p(x) = e^x(x + C_1).$$

故原方程通解为

$$\begin{aligned} y &= \int e^x(x + C_1)dx = xe^x - e^x + C_1e^x + C_2 \\ &= e^x(x - 1 + C_1) + C_2. \end{aligned}$$

三、$y''=f(y, y')$ 型

此类方程的特点是，方程右端不显含自变量 x.

令 $y'=p$，则 $\quad y''=\dfrac{dp}{dy}\cdot\dfrac{dy}{dx}=\dfrac{dp}{dy}\cdot p$，

故原方程化为 $p\dfrac{dp}{dy}=f(y, p)$.

这是关于未知函数 p 的一阶微分方程，设所求出的通解为 $p=p(y, C_1)$，即有 $\dfrac{dy}{dx}=p(y, C_1)$，

用分离变量法解此方程，可得原方程的通解 $y=y(x, C_1, C_2)$.

例 2 求方程 $yy''-y'^2=0$ 的通解.

解 作代换 $y'=p$，则 $y''=\dfrac{dp}{dy}\cdot p$，原方程化为

$$yp\frac{dp}{dy}-p^2=0,$$

分离变量有 $\dfrac{dp}{p}=\dfrac{dy}{y}$，积分得 $p=C_1y$，即 $\dfrac{dy}{dx}=C_1y$.

再分离变量，求积分得原方程通解为

$$y=C_2e^{C_1x}.$$

习题 5.3

1. 求下列微分方程的通解或在给定条件下的特解：

(1) $y''=xe^x$； (2) $y'''=e^{2x}-\cos x$.

2. 求下列微分方程的通解或在给定条件下的特解：

(1) $(1+x^2)y''=2xy'$，$y|_{x=0}=1$，$y'|_{x=0}=3$；

(2) $xy''-y'-x^2e^x=0$.

3. 求下列微分方程的通解或在给定条件下的特解：

(1) $yy''=2[(y')^2-y']$，$y|_{x=0}=1$，$y'|_{x=0}=2$；

(2) $yy''+(y')^2=0$.

4. 试求 $y''=x$ 的经过点 $M(0,1)$ 且在此点与直线 $y=\frac{x}{2}+1$ 相切的积分曲线.

第四节　二阶常系数线性齐次微分方程的解法

一、线性微分方程解的性质与解的结构

1. n 阶线性微分方程

形如　$y^{(n)}+p_1(x)y^{(n-1)}+\cdots p_{n-1}(x)y'+p_n(x)y=f(x)$ 的方程称为 n 阶线性微分方程. 其中 $p_1(x)$, $\cdots p_n(x)$, $f(x)$ 都是 x 的连续函数.

若 $f(x)\equiv 0$, 则称为 n 阶线性齐次方程. 反之, 称为 n 阶线性非齐次方程.

特别当 $n=2$ 时, 方程变为二阶线性微分方程

$$y''+p_1(x)y'+p_2(x)y=f(x).$$

下面以二阶线性微分方程为例讨论二阶线性微分方程的性质及解法.

2. 二阶线性齐次方程解的性质

定理 5.1　设 y_1, y_2 是二阶线性齐次方程的两个解, 则 y_1, y_2 的线性组合 $y=C_1y_1+C_2y_2$ 也是该方程的解. 其中 C_1, C_2 是任意常数.

证明　由假设有 $y''_1+p_1y'_1+p_2y_1\equiv 0$, $y''_2+p_1y'_2+p_2y_2\equiv 0$, 将 $y=C_1y_1+C_2y_2$ 代入 $y''+p_1(x)y'+p_2(x)y=0$, 有

$$(C_1y_1+C_2y_2)''+p_1(C_1y_1+C_2y_2)'+p_2(C_1y_1+C_2y_2)$$
$$=C_1(y''+p_1y'_1+p_2y_1)+C_2(y''_2+p_1y'_2+p_2y_2)\equiv 0.$$

如果 $\frac{y_1(x)}{y_2(x)}$ 不恒等于常数, 称为 $y_1(x)$ 与 $y_2(x)$ 线性无关的, 否则称 $y_1(x)$ 与 $y_2(x)$ 线性相关.

例 1　函数 $y_1=e^x$ 与 $y_2=e^{-x}$ 在任意区间上都是线性无关的.

事实上, 式 $\frac{y_1}{y_2}=\frac{e^x}{e^{-x}}=e^{2x}\neq$ 常数, 在任意区间上都成立.

定理 5.2　如果 $y_1(x)$, $y_2(x)$ 是齐次方程的两个线性无关的解, 则 $y=C_1y_1+C_2y_2$ 是该齐次方程的通解.

例 2　函数 $y_1=x$ 与 $y_2=x^2$ 是方程 $x^2y''-2xy'+2y=0(x>0)$ 的解, 易知 y_1 与 y_2 线性无关, 所以方程的通解为 $y=C_1x+C_2x^2$.

3. 线性非齐次方程解的结构

定理 5.3　设 $y_1(x)$ 是非齐次方程的一个特解, $y_2(x)$ 是相应的齐次方程的通解, 则 $Y=y_1(x)+y_2(x)$ 是非齐次方程的通解.

证明　因为 $y_1(x)$ 是非齐次方程的解, 即 $y''_1+p_1(x)y'_1+p_2(x)y_1=f(x)$,

又 $y_2(x)$ 是相应的齐次方程的解，即 $y''_2+p_1(x)y'_2+p_2(x)y_2=0$，对 $Y=y_1+y_2$有

$$\begin{aligned}&Y''+p_1(x)Y'+p_2(x)Y\\&=(y_1+y_2)''+p_1(x)(y_1+y_2)'+p_2(x)(y_1+y_2)\\&=[y''_1+p_1(x)y'_1+p_2(x)y_1]+[y''_2+p_1(x)y'_2+p_2(x)y_2]\\&=f(x)+0=f(x).\end{aligned}$$

因此，y_1+y_2是方程是非齐次方程的解．又因 y_2是方程是相应的齐次方程的通解，故 y_1+y_2也含有两个任意常数，所以它是非齐次方程的通解．

定理 5.4 （叠加原理）设 $y_1(x)$，$y_2(x)$ 分别是方程

$$y''+p_1(x)y'+p_2(x)y=f_1(x)$$

和

$$y''+p_1(x)y'+p_2(x)y=f_2(x)$$

的解，则 $y_1(x)+y_2(x)$是方程 $y''+p_1(x)y'+p_2(x)y=f_1(x)+f_2(x)$的解．

二、二阶常系数线性齐次微分方程的解法

$y''+py'+qy=0$ 的特点：左端是 y''、py'和 qy 三项之和，而右端为0，什么样的函数具有这个特征呢？自然想到指数 $y=e^{rx}$（r 为待定常数）．将 $y=e^{rx}$、$y'=re^{rx}$、$y''=r^2e^{rx}$代入方程 $y''+py'+qy=0$，有

$$r^2e^{rx}+pre^{rx}+qe^{rx}=0,$$

即

$$e^{rx}(r^2+pr+q)=0.$$

因 $e^{rx}\neq0$，故必然有 $r^2+pr+q=0$．这是一元二次代数方程，它有两个根

$$r_{1,2}=\frac{-p\pm\sqrt{p^2-4q}}{2}.$$

因此，只要 r_1和 r_2分别为方程 $r^2+pr+q=0$ 的根，则 $y=e^{r_1x}$、$y=e^{r_2x}$就都是方程 $y''+py'+qy=0$ 的特解．代数方程 $r^2+pr+q=0$ 称为微分方程 $y''+py'+qy=0$ 的特征方程，它的根称为特征根．

下面就三种情况讨论方程齐次的通解．

1. 特征方程有两个相异实根 r_1和 r_2的情形

这时 $y_1=e^{r_1x}$ 和 $y_2=e^{r_2x}$ 就是齐次微分方程的两个特解，由于 $\frac{y_1}{y_2}=\frac{e^{r_1x}}{e^{r_2x}}=e^{(r_1-r_2)x}\neq$常数，所以 y_1、y_2线性无关，故齐次微分方程的通解为

$$y=C_1e^{r_1x}+C_2e^{r_2x}.$$

例 3 求 $y''+3y'-4y=0$ 的通解．

解 特征方程为

$$r^3+3r-4=(r+4)(r-1)=0,$$

特征根为　$r_1=-4$，$r_2=1$.

故方程的通解为

$$y=C_1\mathrm{e}^{-4x}+C_2\mathrm{e}^{x}.$$

2. 特征方程有等根 $r=r_1=r_2$ 的情形

这时仅得到齐次微分方程一个特解 $y_1=\mathrm{e}^{rx}$，要求通解，还需找一个与 $y_1=\mathrm{e}^{rx}$ 线性无关的特解 y_2.

令 $\dfrac{y_2}{y_1}=u(x)$，其中 $u(x)$ 为待定函数. 即 $y_2=u(x)\mathrm{e}^{rx}$，则

$$y_2'=\mathrm{e}^{rx}[ru(x)+u'(x)],\ y_2''=\mathrm{e}^{rx}[r^2u(x)+2ru'(x)+u''(x)],$$

代入齐次微分方程，整理后得

$$\mathrm{e}^{rx}[u''(x)+(2r+p)u'(x)+(r^2+pr+q)u(x)]=0.$$

因 $\mathrm{e}^{rx}\neq0$，且因 r 为特征方程的重根，故 $r^2+pr+q=0$ 及 $2r+p=0$，于是上式成为 $u''(x)=0$. 取 $u(x)=x$，则满足 $u''(x)=0$，且 $\dfrac{y_2}{y_1}=x\neq$ 常数. 故齐次微分方程的通解为

$$y=C_1\mathrm{e}^{rx}+C_2x\mathrm{e}^{rx}=\mathrm{e}^{rx}(C_1+C_2x).$$

例 4　求方程 $\dfrac{\mathrm{d}^2s}{\mathrm{d}t^2}+2\dfrac{\mathrm{d}s}{\mathrm{d}t}+s=0$ 满足初始条件：$s\big|_{t=0}=4$，$\dfrac{\mathrm{d}s}{\mathrm{d}t}\Big|_{t=0}=-2$ 的特解.

解　特征方程为 $r^2+2r+1=0$，特征根为 $r_1=r_2=-1$，故方程通解为

$$s=\mathrm{e}^{-t}(C_1+C_2t).$$

以初始条件 $s|_{t=0}=4$ 代入上式，得 $C_1=4$，从而 $s=\mathrm{e}^{-t}(4+C_2t)$.

由 $\dfrac{\mathrm{d}s}{\mathrm{d}t}=\mathrm{e}^{-t}(C_2-4-C_2t)$，以 $\dfrac{\mathrm{d}s}{\mathrm{d}t}\Big|_{t=0}=-2$ 代入得 $-2=C_2-4$，有 $C_2=2$.

所求方程的特解为

$$s=\mathrm{e}^{-t}(4+2t).$$

3. 特征方程有共轭复根 $r_1=\alpha+i\beta$，$r_2=\alpha-i\beta$ 的情形

容易验证 $\mathrm{e}^{\alpha x}\cos\beta x$、$\mathrm{e}^{\alpha x}\sin\beta x$ 也是齐次微分方程的特解，且它们是线性无关的. 因此齐次微分方程的通解为 $y=\mathrm{e}^{\alpha x}[C_1\cos\beta x+C_2\sin\beta x]$.

例 5　求无阻尼自由振动的微分方程 $\dfrac{\mathrm{d}^2x}{\mathrm{d}t^2}+\omega^2x=0$ 的通解.

解　特征方程为 $r^2+\omega^2=0$，它有两个复根 $r=\pm i\omega$，故方程的通解为

$$x=C_1\cos\omega t+C_2\sin\omega t.$$

三、二阶常系数线性非齐次微分方程的解法

形如 $y''+py'+qy=f(x)$（$f(x)\neq0$）的方程称为二阶常系数线性非齐次微分方程.

由二阶线性非齐次微分方程解的结构定理可知，只要求出它的一个特解和它对应的齐次方程的通解即可.

求非齐次方程的一个特解的方法如下.

（1）若方程 $y''+py'+qy=f(x)$ 的右端是 $f(x)=\phi(x)\mathrm{e}^{\alpha x}$ 的形式，则方程具有形如 $y^*(x)=x^kQ(x)\mathrm{e}^{\alpha x}$ 的特解，其中 $Q(x)$ 是与 $\phi(x)$ 同次的多项式，如果 α 是相应齐次方程的特征根，则式中的 k 是 α 的重数，如果 α 不是特征根，则 $k=0$.

（2）若方程 $y''+py'+qy=f(x)$ 的右端是 $f(x)=(A\cos\beta x+B\sin\beta x)\mathrm{e}^{\alpha x}$ 的形式，则方程具有形如 $y^*(x)=x^k(E\cos\beta x+F\sin\beta x)\mathrm{e}^{\alpha x}$ 的特解，其中 E，F 是待定系数，如果 $\alpha+i\beta$ 是相应齐次方程的特征根，则式中的 $k=1$，否则 $k=0$.

例 6 求 $2y''+y'+5y=x^2+3x+2$ 的特解.

解 $\alpha=0$，不是相应的齐次方程的特征根，令方程的特解为

$$y^*(x)=ax^2+bx+c,\text{其中 } a,b,c \text{ 是待定系数.}$$

则 $y^{*\prime}=2ax+b$，$y^{*\prime\prime}=2a$，代入原方程得

$$4a+(2ax+b)+5(ax^2+bx+c)=x^2+3x+2,$$

或

$$5ax^2+(2a+5b)x+(4a+b+5c)=x^2+3x+2,$$

比较系数得联立方程

$$\begin{cases}5a=1\\2a+3b=3,\\4a+b+5c=2\end{cases}$$

得

$$a=\frac{1}{5},\ b=\frac{13}{25},\ c=\frac{17}{125}.$$

方程的特解为

$$y^*(x)=\frac{1}{5}x^2+\frac{13}{25}x+\frac{17}{125}.$$

例 7 求 $y''-3y'+2y=x\mathrm{e}^x$ 的通解.

解 齐次方程的特征方程 $\lambda^2-3\lambda+2=0$ 的根为 $\lambda_1=2$，$\lambda_2=1$，因此相应齐次方程的通解为

$$C_1\mathrm{e}^{2x}+C_2\mathrm{e}^x.$$

再求非齐次方程的特解，因 $\alpha=1$ 是特征方程的一重根，故设特解为

$y^*=x(ax+b)\mathrm{e}^x$，将 y^* 及 $y^{*\prime}$，$y^{*\prime\prime}$ 代入非齐次方程得

$$-2ax+(2a-b)=x,$$

比较系数得 $\begin{cases}-2a=1\\2a-b=0\end{cases}$，

解得 $a=-\frac{1}{2}$，$b=-1$，

因此，

非齐次方程的特解为 $y^*(x)=x\left(-\frac{1}{2}x-1\right)e^x$.

所以原方程的通解为 $y=C_1e^{2x}+C_2e^x+x\left(-\frac{1}{2}x-1\right)e^x$.

例 8　写出 $y''+6y'+9y=5e^{-3x}$ 的特解形式和通解形式.

解　特征方程 $\lambda^2+6\lambda+9=0$，特征根 $\lambda_1=\lambda_2=-3$，
因为 $\alpha=-3$ 是特征方程的二重根，故特解形式为 $y^*(x)=Ax^2e^{-3x}$，通解形式为 $Y=(C_1+C_2x)e^{-3x}+Ax^2e^{-3x}$.

例 9　求解方程 $y''+4y=2\cos 2x$ 的通解.

解　对应齐次方程的特征方程为

$$\lambda^2+4=0,$$

特征根为 $\lambda=\pm 2i$，于是对应齐次方程通解为 $y=C_1\cos x+C_2\sin x$.
因为 $\alpha+i\beta=0+2i$ 是特征根，故设特解为 $y^*=x(a\cos x+b\sin x)$，代入原方程，得

$$4b\cos 2x-4a\sin 2x=2\cos 2x.$$

比较系数得

$$b=\frac{1}{2},\ a=0.$$

于是

$$y^*=\frac{1}{2}x\sin 2x,$$

因此原方程的通解为

$$y=C_1\cos x+C_2\sin x+\frac{1}{2}x\sin 2x.$$

例 10　求解方程　$y''-y=3e^{2x}+2\cos 2x$.

解　根据定理 5.4，可先将原方程分解为 $y''-y=3e^{2x}$ 和 $y''-y=2\cos 2x$，这两个方程的特解为 $y_1^*=e^{2x}$，$y_2^*=\frac{1}{2}x\sin 2x$，所以所求特解为

$$y_1^*+y_2^*=e^{2x}+\frac{1}{2}x\sin 2x,$$

于是所求方程的通解为

$$y=C_1e^x+C_2e^{-x}+e^{2x}+e^{2x}+\frac{1}{2}x\sin 2x.$$

习题 5.4

1. 验证 $y_1=\cos\omega x$，$y_2=\sin\omega x$ 都是微分方程 $y''+\omega y=0$ 的解，并写出该方程的通解.

2. 验证 $y_1=e^{x^2}$，$y_2=xe^{x^2}$都是微分方程 $y''-4xy'+(4x^2-2)y=0$的解，并写出该方程的通解.

3. 已知 $y_1=3$，$y_2=3+x^2$，$y_3=3+x^2+e^x$.

都是微分方程$(x^2-2x)y''-(x^2-2)y'+(2x-2)y=6x-6$的解，求该方程的通解.

4. 已知 $y_1=\cos x$，$y_2=\sin x$ 都是微分方程 $y''+y=0$ 的解，$y^*=x^2-2$ 是 $y''+y=x^2$的解，求 $y''+y=0$ 的通解.

5. 求下列微分方程的通解或在给定条件下的特解：

(1) $y''-2y'-3y=0$；　　(2) $y''+4y'+4y=0$；

(3) $y''+2y'+5y=0$；

(4) $y''+3y'+2y=0$，$y'|_{x=0}=1$，$y|_{x=0}=1$；

(5) $y''+25y=0$，$y'|_{x=0}=5$，$y|_{x=0}=2$；

(6) $4y''+4y'+y=0$，$y'|_{x=0}=0$，$y|_{x=0}=2$.

6. 求下列微分方程的通解或在给定条件下的特解：

(1) $y''-5y'+6y=xe^x$；

(2) $y''-2y'-3y=3x+1$；

(3) $y''+y=2x+1$；

(4) $y''-2y'+5y=\cos 2x$；

(5) $y''+y'-2y=e^{-2x}\sin x$；

(6) $y''-2y'-e^{2x}=0$，$y'|_{x=0}=1$，$y|_{x=0}=1$.

7. 设函数 $y=y(x)$ 满足 $y''-3y'+2y=2e^x$，且其图像在点（0，1）处的切线与曲线 $y=x^2-x+1$ 在该点的切线重合，求函数 $y=y(x)$.

8. 设函数 $\varphi(x)$ 连续，且满足 $\varphi(x)=e^x+\int_0^x t\varphi(t)\,dt-x\int_0^x\varphi(t)\,dt$,求 $\varphi(x)$.

9. 已知二阶常系数非齐次线性微分方程有两个特解.

$y_1=\cos 2x-\frac{1}{4}x\sin 2x$，　$y_2=\sin 2x-\frac{1}{4}x\sin 2x$，求此微分方程.

10. 设 $y=e^{2x}+(1+x)e^x$是二阶常系数非齐次线性微分方程.

$y''+\alpha y'+\beta y=\gamma e^x$的一个特解，求 $\alpha^2+\beta^2+\gamma^2$.

11. 设 $y=y(x)$ 在$(-\infty,+\infty)$内具有二阶导数，且 $y'\neq 0$，$x=x(y)$ 是 $y=y(x)$ 的反函数，试求微分方程$\frac{d^2x}{dy^2}+(y+\sin x)\left(\frac{dx}{dy}\right)^2=0$ 的通解.

第五节　差分方程简介

一、差分与差分方程的一般概念

定义 5.3　设函数 $y=f(x)$，记为 y_x，则差 $y_{x+1}-y_x$称为 y_x的一阶差分，简称为差分，记作 Δy_x，即

$$\Delta y_x = y_{x+1} - y_x.$$

定义 5.4　y_x的一阶差分的差分

$$\Delta(\Delta y_x) = \Delta(y_{x+1} - y_x) = (y_{x+2} - y_{x+1}) - (y_{x+1} - y_x),$$

记作 $\Delta^2 y_x$，称为 y_x的二阶差分，即

$$\Delta^2 y_x = \Delta(\Delta y_x) = y_{x+2} - 2y_{x+1} + y_x.$$

同样定义三阶差分，四阶差分，….

$$\Delta^3 y_x = \Delta(\Delta^2 y_x), \Delta^4 y_x = \Delta(\Delta^3 y_x), \cdots.$$

二阶及二阶以上的差分统称为高阶差分.

由差分的定义，可知差分具有如下性质：

(1) $\Delta c = 0$（c 为常数）；

(2) $\Delta c y_x = c\Delta y_x$（$c$ 为常数）；

(3) $\Delta(y_x + z_x) = \Delta y_x + \Delta z_x$.

例 1　求 $\Delta(x^2)$，$\Delta^2(x^2)$，$\Delta^3(x^2)$.

解　设 $y_x = x^2$，那么

$$\Delta y_x = \Delta(x^2) = (x+1)^2 - x^2 = 2x + 1,$$

$$\Delta^2 y_x = \Delta^2(x^2) = \Delta(2x+1) = [2(x+1)+1] - (2x+1) = 2,$$

$$\Delta^3 y_x = \Delta(\Delta^2 y_x) = \Delta(2) = 2 - 2 = 0.$$

例 2　设 $y_x = \lambda^x$，求 Δy_x.

解　$y_{x+1} = \lambda^{x+1} = \lambda \cdot \lambda^x = \lambda y_x$，于是

$$\Delta y_x = y_{x+1} - y_x = (\lambda - 1)\lambda^x.$$

定义 5.5　含有自变量、未知函数以及未知函数差分的方程称为差分方程. 方程中含有未知函数差分的最高阶数称为差分方程的阶.

n 阶差分方程的一般形式为

$$F(x, y_x, \Delta y_x, \Delta^2 y_x, \cdots, \Delta^n y_x) = 0 \tag{5-8}$$

将　$\Delta y_x = y_{x+1} - y_x$，$\Delta^2 y_x = y_{x+2} - 2y_{x+1} + y_x$，

$$\Delta^3 y_x = y_{x+3} - 3y_{x+2} + 3y_{x+1} - y_x, \cdots.$$

代入式（5-8），则方程变成

$$F(x, y_x, y_{x+1}, \cdots, y_{x+n}) = 0 \tag{5-9}$$

反之，式（5-9）也可以化为式（5-8）的形式. 因此差分方程也可以定义如下：

定义 5.6　含有自变量以及未知函数两个以上（含两个）时期的符号的方程称为差分方程. 方程中含有未知函数附标的最大值与最小值的差称为差分方程的阶.

比如，二阶差分方程 $y_{x+2} - 2y_{x+1} - y_x = 3^x$，

将此方程左边写成 $(y_{x+2}-y_{x+1})-(y_{x+1}-y_x)-2y_x$

$$=\Delta y_{x+1}-\Delta y_x-2y_x=\Delta^2 y_x-2y_x.$$

则原方程可以化为 $$\Delta^2 y_x-2y_x=3^x.$$

定义 5.7 如果一个函数代入差分方程后，方程两边恒等，则称此函数为该差分方程的解.

比如，设有差分方程 $y_{x+1}-y_x=2$，把函数 $y_x=15+2x$ 代入此方程，则左边 $=[15+2(x+1)]-(15+2x)=2=$ 右边，故 $y_x=15+2x$ 是方程的解.

我们往往要根据系统在初始时刻所处的状态，对差分方程附加一定的条件，这种附加条件称之为初始条件. 满足初始条件的解称为特解. 如果差分方程的解中含有相互独立的任意常数的个数恰好等于方程的阶数，则称它为差分方程的通解.

比如，对于一阶差分方程 $\Delta y_x=0$，易知它的通解是 $y_x=A$（A 是任何实常数).

二、一阶常系数线性差分方程

形如

$$y_{x+1}+ay_x=f(x)\,(a\neq 0,\text{常数}) \tag{5-10}$$

的方程称为一阶常系数线性差分方程. 其中 $f(x)$ 为已知函数，y_x是未知函数. 解差分方程就是求出方程中的未知函数. 式（5-10）中，当$f(x)\neq 0$ 时，称之为非齐次的，否则称之为齐次的. 即

$$y_{x+1}+ay_x=0 \tag{5-11}$$

称为式（5-10）相应的齐次方程.

下面介绍一阶常系数差分方程的解法

1. 齐次方程（5-11）的解法

显然，$y_x=0$ 是齐次方程（5-11）的解.

若 $y_x\neq 0$，则有$\dfrac{y_{x+1}}{y_x}=-a$，即 $\{y_x\}$ 是公比为 $-a$ 的等比数列，于是齐次方程（5-11）的通解为 $y_x=Aa^x$. 当 $a=1$ 时，通解为 $y_x=A$.

2. 非齐次方程（5-10）的解法

由前面的概念可以看出，差分方程与微分方程有许多相似之处. 微分方程描述变量连续变化过程，而差分方程一般描述变量离散变化过程. 当自变量间隔很小时，差分可以看成微分的近似. 因此，差分方程和微分方程在解的结构、解的性质以及求解方法上基本相似. 比如，若 y_x^* 是非齐次方程（5-10）的一个特解，Y_x是齐次方程（5-11）的解，则 $y_x=y_x^*+Y_x$是非齐次方程（5-10）的解.

事实上，我们有　$y_{x+1}^* + ay_x^* = f(x)$，$Y_{x+1} - aY_x = 0$，
两式相加得$(y_{x+1}^* + Y_{x+1}) + a(y_x^* + Y_x) = f(x)$，即 $y_x = y_x^* + Y_x$ 是方程（5-10）的解.

因此，如果 y_x^* 是非齐次方程（5-10）的一个特解，则　$y_x = y_x^* + Aa^x$ 就是非齐次方程（5-10）的通解. 这样，为求非齐次方程（5-10）的通解，只需求出它的一个特解即可.

下面我们来讨论当 $f(x)$ 是某些特殊形式的函数时非齐次方程（5-10）的特解.

情形 1　$f(x) = p_n(x)$（n 次多项式），则非齐次方程（5-10）为

$$y_{x+1} + ay_x = p_n(x) \tag{5-12}$$

如果 y_x 是 m 次多项式，则 y_{x+1} 也是 m 次多项式，并且当 $a \neq -1$ 时，$y_{x+1} + ay_x$ 仍是 m 次多项式，因此若 y_x 是式（5-12）的解，应有 $m = n$.

于是，当 $a \neq -1$ 时，设 $y_x^* = B_0 + B_1 x + \cdots + B_n x^n$ 是式（5-12）的特解，将其代入式（5-12），比较两端同次项的系数，确定出 B_0，B_1，…，B_n，便得到式（5-12）的特解.

当 $a = -1$ 时，式（5-12）成为 $y_{x+1} - y_x = p_n(x)$，或 $\Delta y_x = p_n(x)$.
因此，y_x 应是 $n+1$ 次多项式，此时设特解为 $y_x^* = x(B_0 + B_1 x + \cdots + B_n x^n)$，代入式（5-10），比较两端同次项系数来确定 B_0，B_1，…，B_n，从而可得特解.

特别地，$p_n(x) = c$（c 为常数），则式（5-12）为

$$y_{x+1} + ay_x = c \tag{5-13}$$

当 $a \neq -1$ 时，设 $y_x^* = k$，代入式（5-13），得 $k = \dfrac{c}{1+a}$，所以特解为 $y_x^* = \dfrac{c}{1+a}$.
当 $a = -1$ 时，设 $y_x^* = kx$，代入式（5-13），得 $k = c$，所以特解为 $y_x^* = cx$.

例 3　求差分方程 $y_{x+1} - 3y_x = -2$ 的通解.

解　$a = -3 \neq 1$，$c = -2$，对应齐次方程的通解为 $Y = A3^x$. 非齐次方程的特解为

$$y_x^* = \frac{c}{1+a} = \frac{-2}{1-3} = 1,$$

所以，差分方程的通解为　$y_x = 1 + A3^x$.

例 4　求差分方程 $y_{x+1} - 2y_x = 3x^2$ 的通解.

解　由 $a = -2$ 知，对应齐次方程的通解为 $Y = A2^x$.

设 $\tilde{y}_x = B_0 + B_1 x + B_2 x^2$ 是方程的解，将它代入方程，则有

$$B_0 + B_1(x+1) + B_2(x+1)^2 - 2B_0 - 2B_1 x - 2B_2 x^2 = 3x^2,$$

整理得$(-B_0 + B_1 + B_2) + (-B_1 + 2B_2)x - B_2 x^2 = 3x^2$，比较同次项系数

得$\begin{cases} -B_0+B_1+B_2=0 \\ -B_1+2B_2=0 \\ -B_2=3 \end{cases}$，

解得 $B_0=-9$，$B_1=-6$，$B_2=-3$，

方程的特解为

$$\tilde{y}_x=-9-6x-3x^2,$$

而相应的齐次方程的通解为 $A2^x$，

于是得差分方程的通解

$$y_x=-9-6x-3x^2+A2^x.$$

例 5 求差分方程 $y_{x+1}-y_x=3x^2+x+4$ 的通解.

解 由 $a=-1$ 知，对应齐次方程的通解为 $Y=A$

设特解为 $y_x^*=x(B_0+B_1x+B_2x^2)$，代入原方程得

$$3B_2x^2+(2B_1+3B_2)x+(B_0+B_1+B_2)=3x^2+x+4,$$

比较系数得$\begin{cases} 3B_2=3 \\ 2B_1+3B_2=1 \\ B_0+B_1+B_2=4 \end{cases}$，

解得 $B_0=4$，$B_1=-1$，$B_2=1$，

齐次方程的特解为 $y_x^*=x(4-x+x^2)$. 因而得通解 $y_x=x^3-x^2+4x+A$.

情形 2 $f(x)=cb^x$（其中 c，b 均为常数且 $b\neq 1$），即

$$y_{x+1}+ay_x=cb^x. \tag{5-14}$$

当 $b\neq -a$ 时，设 $y_x^*=kb^x$ 为特解，代入式（5-14）并化简得 $k(b+a)=c$，所以 $k=\dfrac{c}{b+a}$，于是 $y_x^*=\dfrac{c}{b+a}b^x$.

当 $b=-a$ 时，设 $y_x^*=kxb^x$ 为特解，代入式（5-14）并化简得 $k=\dfrac{c}{b}$，所以方程的特解为

$$y_x^*=\frac{c}{b}xb^x.$$

例 6 求差分方程 $y_{x+1}-\dfrac{1}{2}y_x=\left(\dfrac{5}{2}\right)^x$ 的通解.

解 $a=-\dfrac{1}{2}$，$b=\dfrac{5}{2}$，$c=1$ 对应齐次差分方程的通解为 $Y=A\left(\dfrac{1}{2}\right)^x$，非齐次差分方程的特解为

$$y_x^*=\frac{c}{b+a}b^x=\frac{1}{-\frac{1}{2}+\frac{5}{2}}\left(\frac{5}{2}\right)^x=\frac{1}{2}\left(\frac{5}{2}\right)^x,$$

所以，原差分方程的通解为

$$y_x = \frac{1}{2}\left(\frac{5}{2}\right)^x + A\left(\frac{1}{2}\right)^x.$$

例 7　求差分方程 $y_{x+1} - 2y_x = 3 \cdot 2^x$ 满足初始条件 $y_0 = 4$ 的特解.

解　由 $a = -2$ 知，对应齐次差分方程的通解为 $Y = A \cdot 2^x$.

由于 $d = 2 = -a$，则特解为 $y_x^* = \frac{c}{b}xb^x = \frac{3}{2}x \cdot 2^x$，

所以，原方程的通解为

$$y_x = \frac{3}{2}x \cdot 2^x + A2^x.$$

代入初始条件 $y_0 = 4$，解得 $A = 4$，所以，所求原方程的特解为

$$y_x = \frac{3}{2}x \cdot 2^x + 4 \cdot 2^x.$$

三、二阶常系数线性差分方程

形如

$$y_{x+2} + ay_{x+1} + by_x = f(x) \tag{5-15}$$

的方程称为二阶常系数线性非齐次差分方程.

当 $f(x) \equiv 0$ 时，式（5-15）变为

$$y_{x+2} + ay_{x+1} + by_x = 0, \tag{5-16}$$

称为二阶常系数线性齐次差分方程.

1. 二阶常系数线性差分方程解的结构

定理 5.5　设 y_{1x} 与 y_{2x} 都是式（5-16）的解，则 y_{1x} 与 y_{2x} 的线性组合 $y_x = A_1y_{1x} + A_2y_{2x}$ 也是式（5-16）的解.

定理 5.6　设 y_{1x} 与 y_{2x} 都是式（5-16）的解，且 y_{1x} 与 y_{2x} 线性无关，则 $y_x = A_1y_{1x} + A_2y_{2x}$ 便是式（5-16）的通解，其中 A_1，A_2 是任意常数.

定理 5.7　设 $y_x = A_1y_{1x} + A_2y_{2x}$ 是式（5-16）的通解，且 y_x^* 是式（5-15）的一个特解，则　$Y = y_x^* + A_1y_{1x} + A_2y_{2x}$ 是式（5-15）的通解.

由上面的定理，为了求出式（5-15）的通解，我们只须先求出相应的齐次方程（5-16）的两个线性无关的特解，再求出式（5-15）的一个特解即可.

2. 二阶常系数线性齐次差分方程的解法

类似与相应的二阶微分方程，可设式（5-16）具有形如 $y_x = \lambda^x$ 的特解，代入式（5-16）并消去 λ^x，得

$$\lambda^2 + a\lambda + b = 0. \tag{5-17}$$

式（5-17）称为式（5-16）的特征方程．根据式（5-17）的根的不同情况，我们讨论如下：

（1）设特征方程（5-17）由两个不同的实根 $\lambda_1 \neq \lambda_2$，则式（5-16）有两个线性无关的特解 $y_{1x}=\lambda_1^x$，$y_{2x}=\lambda_2^x$．因此式（5-16）的通解便是 $y_x = A_1\lambda_1^x + A_2\lambda_2^x$．

（2）设特征方程（5-17）由两个相同的实根 $\lambda_1=\lambda_2=\lambda$，则 $y_{1x}=\lambda^x$ 是式（5-16）的一个特解．仿微分方程可求出另一特解 $y_{2x}=x\lambda^x$．
于是式（5-16）的通解是 $y_x=(A_1x+A_2)\lambda^x$（A_1，A_2是任意常数）．

（3）设式（5-16）的特征方程（5-17）由两个共轭的复数根

$\lambda_1=\alpha+\beta i$，$\lambda_2=\alpha-\beta i$．可以证明方程（5-16）有两个线性无关的实数特解

$y_1^* = r^x\cos\beta x$，$y_2^* = r^x\sin\beta x$．其中 $r=\sqrt{\alpha^2+\beta^2}=\sqrt{b}$，$\tan\beta=-\dfrac{1}{a}\sqrt{4b-a^2}$，

$\beta\in(0,\pi)$；$a=0$ 时，$\beta=\dfrac{\pi}{2}$

因此，式（5-16）的通解是 $y_x=r^x(A_1\cos\beta x+A_2\sin\beta x)$．

例 8 假设有人年初买了一对小兔子，经一个月后，长成了大兔子，便开始繁殖，且每月都生一对小兔子，而小兔子又遵循年初那对兔子的繁殖规律，问第 x 个月兔子有多少对？（假设兔子都不死亡）．

解 设第 x 个月兔子的对数是 y_x，则第 $x+2$ 个月的兔子数目可以这样得到：第 $x+1$ 个月的兔子在第 $x+2$ 个月依然存在，但有大有小，不一定都生小兔子，但第 x 个月的所有兔子到第 $x+2$ 个月都生一对兔子，因此有 $y_{x+2}=y_{x+1}+y_x$，即 $y_{x+2}-y_{x+1}-y_x=0$，且 $y_0=y_1=1$．

特征方程是 $\lambda^2-\lambda-1=0$．求得两个根 $\lambda_1=\dfrac{1+\sqrt{5}}{2}$，$\lambda_2=\dfrac{1-\sqrt{5}}{2}$，

于是原问题的解是 $\begin{cases} y_x=A_1\left(\dfrac{1+\sqrt{5}}{2}\right)^x+A_2\left(\dfrac{1-\sqrt{5}}{2}\right)^x \\ y_0=y_1=1 \end{cases}$，确定 A_1，A_2之后，便得

$$y_x=\frac{1}{\sqrt{5}}\left\{\left(\frac{1+\sqrt{5}}{2}\right)^{x+1}-\left(\frac{1-\sqrt{5}}{2}\right)^{x+1}\right\}.$$

3. 二阶常系数线性非齐次方程的解法

与一阶差分方程类似，二阶非齐次差分方程的特解同样可以采用待定系数法求解．非齐次方程特解类型与方程右端项 $f(x)$ 有关，具体参见表 5-1．

表 5-1

非齐次方程	特解形式	符合条件
$y_{x+2}+ay_{x+1}+by_x=P_m(x)$	$y^*=a_0+a_1x+a_2x^2+\cdots+a_mx^m$	$a+b+1\neq 0$
$P_m(x)$为 m 次多项式	$y^*=x(a_0+a_1x+a_2x^2+\cdots+a_mx^m)$	$a+b+1=0$,且 $a\neq -2$
	$y^*=x^2(a_0+a_1x+a_2x^2+\cdots+a_mx^m)$	$a=-2$,且 $b=1$
$y_{x+2}+ay_{x+1}+by_x=cd^x$ c,d 为常数,且 $d\neq 1$	$y^*=Ad^x$	d 不是特征根
	$y^*=Axd^x$	d 是单特征根
	$y^*=Ax^2d^x$	d 是重特征根

例 9　求差分方程 $y_{x+2}+y_{x+1}-2y_x=12$ 的通解及 $y_0=0$，$y_1=0$ 的特解.

解　相应齐次方程 $y_{x+2}+y_{x+1}-2y_x=0$ 的特征方程为

$$\lambda^2+\lambda-2=0,$$

解得特征根为

$$\lambda_1=-2,\ \lambda_2=1,$$

于是，齐次方程的通解是

$$y_x=A_1(-2)^x+A_2.$$

由于 $a+b+1=1-2+1=0$，且 $a=1\neq -2$，故设原方程的一个特解是 $y_x^*=a_0x$，代入原方程，得 $a_0=4$，因此，特解是 $y_x^*=4x$.
于是，原方程的通解为

$$Y=A_1(-2)^x+A_2+4x.$$

由 $y_0=0$，$y_1=0$ 得 $A_1=\frac{4}{3}$，$A_2=-\frac{4}{3}$. 故所求特解为

$$y=\frac{4}{3}(-2)^x-\frac{4}{3}+4x.$$

例 10　求差分方程 $y_{x+2}+5y_{x+1}+4y_x=x$ 的通解.

解　相应齐次方程的特征方程是 $\lambda^2+5\lambda+4=0$,
特征根为 $\lambda_1=-1$，$\lambda_2=-4$,
齐次方程的通解

$$y_x=A_1(-1)^x+A_2(-4)^x.$$

由于 $a+b+1=4+5+1=10\neq 0$，故设 $y_x^*=ax+b$ 为非齐次方程的一个特解，代入原方程得

$$\begin{cases}7a+10b=0\\ 10a=1\end{cases},$$

解得 $a=\frac{1}{10}$，$b=-\frac{7}{100}$，于是 $y_x^*=\frac{x}{10}-\frac{7}{100}$.

原方程的通解为

$$y_x=A_1(-1)^x+A_2(-4)^x-\frac{7}{100}+\frac{1}{10}x.$$

例 11 求差分方程 $y_{x+2}-10y_{x+1}+25y_x=3^x$ 的通解.

解 相应齐次方程的特征方程是 $\lambda^2-10\lambda+25=0$，
解得特征根为 $\lambda_1=\lambda_2=5$，于是齐次方程通解是 $y_x=(C_1+C_2x)\cdot 5^x$.
又 $d=3$ 不是特征根，故可设非齐次特解是 $y_x^*=A\cdot 3^x$，代入原方程求得 $A=\frac{1}{4}$.
故原方程的通解为 $y_x=(C_1+C_2x)\cdot 5^x+\frac{1}{4}\cdot 3^x$.

习题 5.5

1. 确定下列差分方程的阶：

(1) $y_{x+3}-y_{x-2}+y_{x-4}=0$；　　(2) $5y_{x+5}+3y_{x+1}=7$.

2. 求下列差分方程的通解或在给定条件下的特解：

(1) $y_{x+1}-y_x=2x^2$；

(2) $y_{x+1}-y_x=x+3$；

(3) $y_{x+1}-2y_x=2x^2-1$；

(4) $2y_{x+1}-y_x=2+x^2$，$y_0=4$.

3. 在农业生产中，种植先于产出及产品出售一个适当时期，t 时期该产品的价格 P_t 决定着生产者在下一时期愿意提供市场的产量 S_{t+1}，P_t 还决定着本期该产品的需求量 Q_t，因此有 $Q_t=a-bP_t$，$S_t=-c+dP_{t-1}$，其中均为正的常数，求价格随时间变动的规律.

4. 某家庭从现在开始，每月从工资中拿出一部分固定资金进行储蓄，用于子女教育，计划 20 年后开始从账户每月支取 1000 元，直到 10 年后全部支取. 假设储蓄月利率为 0.5%，则该家庭每月应存多少钱?

5. 已知 $\varphi(x)=2^x$，$\varphi(x)=2^x-3x$ 是差分方程 $y_{x+1}+p(x)y_x=f(x)$ 的两个特解，求 $p(x)$ 和 $f(x)$.

6. 求下列差分方程的通解或在给定条件下的特解：

(1) $y_{x+2}-3y_{x+1}-4y_x=0$；

(2) $y_{x+2}+4y_{x+1}+4y_x=0$；

(3) $y_{x+2}-2y_{x+1}+4y_x=0$；

(4) $y_{x+2}+\frac{1}{2}y_{x+1}-\frac{1}{2}y_x=0=3x+2^x$，$y_0=\frac{2}{9}$，$y_1=\frac{4}{9}$.

7. 已知 $y=3e^x$ 是二阶差分方程 $y_{x+2}+ay_{x-1}=e^x$ 的一个特解，求 a.

第六章　定积分

不定积分和定积分是一元函数积分中两方面的内容. 从问题的引入来看，二者属于两类不同的问题. 但到了 17 世纪，牛顿和莱布尼兹分别发现了它们之间的内在联系，给出了一般定积分计算的简便可行的方法，从而推动了微积分理论的发展和应用.

本章介绍定积分的概念与基本性质、定积分与不定积分的关系、定积分的计算与简单应用，以及反常积分初步.

第一节　定积分的概念和性质

一、引例

1. 曲边梯形的面积

设函数 $y=f(x)$ 在闭区间 $[a, b]$ 上非负且连续，则曲线 $y=f(x)$ 与直线 $x=a$，$x=b$，$y=0$ 围成的图形称为曲边梯形. 下面求其面积 A 的值. 基本思想是，在很小的区间上用小矩形面积近似代替小梯形面积.

第一步，分割.

用一串分点 $a=x_0<x_1<\cdots<x_n=b$ 把区间 $[a, b]$ 分成 n 个小区间（图 6-1），过每个分点作 x 轴的垂线段，相应地把曲边梯形分成 n 个小曲边梯形，其中第 i 个小曲边梯形为

$$x_{i-1}\leqslant x\leqslant x_i \qquad 0\leqslant y\leqslant f(x),$$

记它们的面积依次为

$$\Delta A_1, \Delta A_2, \cdots, \Delta A_n.$$

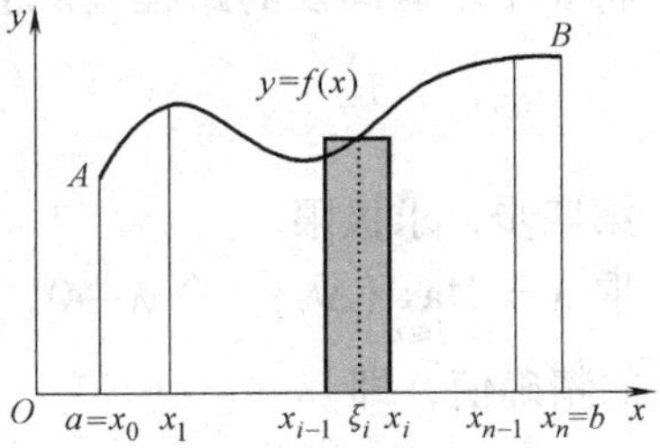

图 6-1

第二步，取近似.

在每个小区间 $[x_{i-1}, x_i]$ 上任取一点 ξ_i，以区间 $[x_{i-1}, x_i]$ 的长为底、$f(\xi_i)$ 为高的小矩形的面积应为第 i 个小曲边梯形面积的近似值，即

$$\Delta A_i \approx f(\xi_i)\Delta x_i.$$

第三步，作和.

将 n 个小矩形的面积相加，得到曲边梯形面积 A 的近似值，即

$$A = \sum_{i=1}^{n} \Delta A_i \approx \sum_{i=1}^{n} f(\xi_i)\Delta x_i .$$

第四步，求极限（由近似过渡到精确）.

显然上述划分越细，近似效果越好，为保证每个小区间的长度都无限小，取

$$\lambda = \underset{1\leqslant i\leqslant n}{\mathrm{Max}} \{\Delta x_i\},$$

令 $\lambda\to 0$（这时小区间的个数 n 无限增多，即 $n\to\infty$），如果上述和式极限存在，则此极限值就是曲边梯形面积，
即

$$A = \lim_{\lambda\to 0}\sum_{i=1}^{n} f(\xi_i)\Delta x_i .$$

2. 变速直线运动的路程问题

设物体作变速直线运动，其速度 v 是时间 t 的函数 $v=v(t)$. 下面计算这个物体从时刻 a 到时刻 b 经过的路程 s.

第一步，分割.

用一串分点 $a=t_0<t_1<\cdots<t_n=b$ 把$[a,\ b]$分成 n 个小区间$[t_{j-1},\ t_j]$，小区间长记为 $\Delta t_j=t_j-t_{j-1}$，$j=1,\ 2,\ \cdots,\ n$，各小区间段内物体运动的路程依次为

$$\Delta s_1,\Delta s_2,\cdots,\Delta s_n.$$

第二步，取近似.

在$[t_{j-1},\ t_j]$上任取一点 τ_j，以时刻 τ_j的速度 $v(\tau_j)$ 近似代替$[t_{j-1},\ t_j]$上的速度，则在 Δt_j内物体经过的路程 Δs_j的近似值

$$\Delta s_j\approx v(\tau_j)\Delta t_j.$$

第三步，作和.

将 n 个小区间段的路程近似值相加，便得到总路程 s 的近似值

$$s \approx \sum_{j=1}^{n} v(\tau_j)\Delta t_j .$$

第四步，求极限.

取 $\lambda = \underset{1\leqslant j\leqslant n}{\mathrm{Max}} \{\Delta t_j\}$，令 $\lambda\to 0$，如果上述和式极限存在，则此极限值就是总路程 s 的精确值，即

$$s = \lim_{\lambda\to 0}\sum_{j=1}^{n} v(\tau_j)\Delta t_j .$$

二、定积分的定义

上面的两个例子虽然问题不同，前者是几何量，后者为物理量，但解决的方

法是相同的，都是通过“分割、取近似、作和、求极限”这四个步骤化为具有同一数学结构的和式极限．抛开问题的实际意义，保留其数学结构，便可抽象出定积分的概念．

定义 6.1 设$f(x)$在区间$[a, b]$有定义，在区间$[a, b]$内任意插入$n-1$个分点：$a=x_0<x_1<x_2<\cdots<x_{n-1}<x_n=b$，将区间$[a, b]$分成$n$个小区间：$[x_0, x_1]$，$[x_1, x_2]$，…，$[x_{i-1}, x_i]$，…，$[x_{n-1}, x_n]$第$i$个小区间$[x_{i-1}, x_i]$的长度表示为$\Delta x_i=x_i-x_{i-1}$，取$\lambda=\underset{1\leqslant i\leqslant n}{\mathrm{Max}}\{\Delta x_i\}$，在$[x_{i-1}, x_i]$中任取一点$\xi_i$（$i=1, 2, \cdots, n$），作和式$S=\sum_{i=1}^{n}f(\xi_i)\Delta x_i$，如果当$\lambda\to0$时，和数$S$趋于确定的极限$I$，且$I$与分法无关，也与$\xi_i$在$[x_{i-1}, x_i]$中的取法无关，则称$f(x)$在区间$[a, b]$上可积，极限$I$称为$f(x)$在区间$[a, b]$上的定积分，记作$\int_a^b f(x)\mathrm{d}x$，即

$$\int_a^b f(x)\mathrm{d}x=\lim_{\lambda\to0}\sum_{i=1}^{n}f(\xi_i)\Delta x_i.$$

其中，$f(x)$称为被积函数，$f(x)\mathrm{d}x$称为被积表达式，x称为积分变量，a与b称为积分的下限与上限，符号$\int$是积分符号．

如果当$\lambda\to0$时，积分和S不存在极限，则称$f(x)$在$[a, b]$上不可积．

注 （1）定积分的值只与被积函数$f(x)$以及积分区间$[a, b]$有关，而与积分变量用什么字母表示无关，即

$$\int_a^b f(x)\mathrm{d}x=\int_a^b f(t)\mathrm{d}t.$$

（2）被积函数$f(x)$在区间$[a, b]$有界只是可积的必要条件，关于可积的充分条件只给出如下三个结论，而不作深入研究．

定理 6.1 若函数$f(x)$在区间$[a, b]$上连续，则函数$f(x)$在区间$[a, b]$上可积．

定理 6.2 若函数$f(x)$在区间$[a, b]$上有界，且只有有限个间断点，则函数$f(x)$在区间$[a, b]$上可积．

定理 6.3 若函数$f(x)$在区间$[a, b]$上是单调的，则函数$f(x)$在区间$[a, b]$上可积．

（3）为计算和使用方便，作如下规定：

规定 1 $\int_a^a f(x)\mathrm{d}x=0$.

规定 2 当$a>b$时，$\int_a^b f(x)\mathrm{d}x=-\int_b^a f(x)\mathrm{d}x$.

（4）根据定积分的定义，前面两个引例中，曲边梯形的面积 A 用定积分可表示为

$$A=\int_a^b f(x)\,\mathrm{d}x.$$

变速直线运动的路程 s 用定积分可表示为

$$s=\int_a^b v(x)\,\mathrm{d}x.$$

三、定积分的几何意义

若在区间 $[a,b]$ 上，$f(x)\geqslant 0$，则定积分 $\int_a^b f(x)\,\mathrm{d}x$ 表示由曲线 $y=f(x)$、x 轴，以及直线 $x=a$、$x=b$ 所围成的曲边梯形的面积.

若 $f(x)\leqslant 0$，则定积分 $\int_a^b f(x)\,\mathrm{d}x$ 表示上述曲边梯形的面积的相反数.

若函数 $f(x)$ 在区间 $[a,b]$ 上有正有负，则定积分 $\int_a^b f(x)\,\mathrm{d}x$ 表示各部分面积的代数和，如图 6-2 所示.

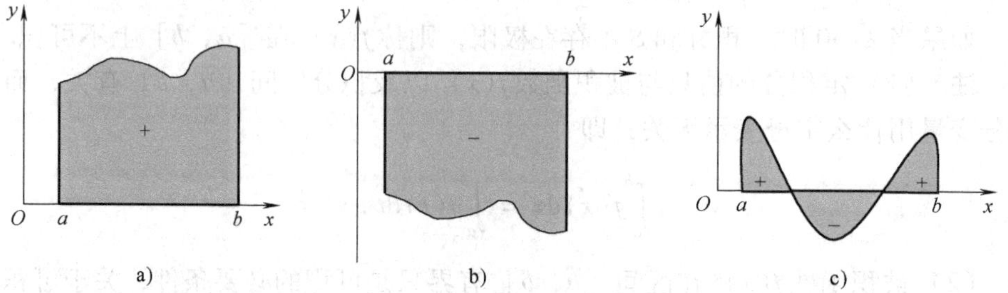

图 6-2

例 1 计算定积分 $\int_0^a \sqrt{a^2-x^2}\,\mathrm{d}x\,(a>0)$.

解 由定积分的几何意义知，该积分值等于由 $x=0$、$x=a$、$y=0$ 和 $y=\sqrt{a^2-x^2}$ 所围半径为 a 的四分之一圆的面积，
即

$$\int_0^a \sqrt{a^2-x^2}\,\mathrm{d}x=\frac{1}{4}\pi a^2.$$

例 2 计算定积分 $\int_a^b \sin x\,\mathrm{d}x$.

解 因为 $f(x)=\sin x$ 在区间 $[a,b]$ 上连续，故 $\sin x$ 在区间 $[a,b]$ 上可积，因此可以对区间 $[a,b]$ 采用特殊的分法，以及选取特殊的点 ξ_i，取极限

$\lim\limits_{\lambda \to 0} \sum\limits_{i=1}^{n} f(\xi_i)\Delta x_i$，即得到积分值.

将区间［a，b］n 等分，则 $\Delta x_i = \dfrac{b-a}{n}$，取 $\xi_i = a + \dfrac{(i-1)\ (b-a)}{n}$，$i=1$，2，…，$n$，则有

$$\int_a^b \sin x \mathrm{d}x = \lim_{n\to\infty}\sum_{i=0}^{n-1}\sin\left[a+\frac{i(b-a)}{n}\right]\cdot\frac{b-a}{n}.$$

为了书写方便，令 $h=\dfrac{b-a}{n}$，利用积化和差公式有

$$\begin{aligned}\sum_{i=0}^{n-1}\sin(a+ih) &= \frac{1}{2\sin\frac{h}{2}}\left[2\sin a\sin\frac{h}{2}+2\sin(a+h)\sin\frac{h}{2}+\cdots+2\sin[a+(n-1)h]\sin\frac{h}{2}\right]\\ &= \frac{1}{2\sin\frac{h}{2}}\left[\cos\left(a-\frac{h}{2}\right)-\cos\left(a+\frac{h}{2}\right)+\cos\left(a+\frac{h}{2}\right)-\cos\left(a+\frac{3h}{2}\right)+\cdots\right.\\ &\quad\left.+\cos\left(a+\frac{2n-3}{2}h\right)-\cos\left(a+\frac{2n-1}{2}h\right)\right]\\ &= \frac{1}{2\sin\frac{h}{2}}\left[\cos\left(a-\frac{h}{2}\right)-\cos\left(a+\frac{2n-1}{2}h\right)\right],\end{aligned}$$

所以

$$\int_a^b \sin x \mathrm{d}x = \lim_{n\to\infty}\sum_{i=0}^{n-1}\sin\left[a+\frac{i(b-a)}{n}\right]\cdot\frac{b-a}{n} = \cos a - \cos b.$$

四、定积分的基本性质

在下面讨论中，我们总假设函数在所讨论的区间上都是可积的.

性质 6.1　$\int_a^b [f(x) \pm g(x)]\mathrm{d}x = \int_a^b f(x)\mathrm{d}x \pm \int_a^b g(x)\mathrm{d}x$.

证明

$$\begin{aligned}\int_a^b [f(x)\pm g(x)]\mathrm{d}x &= \lim_{\lambda\to 0}\sum_{i=1}^{n}[f(\xi_i)\pm g(\xi_i)]\Delta x_i\\ &= \lim_{\lambda\to 0}\sum_{i=1}^{n} f(\xi_i)\Delta x_i \pm \lim_{\lambda\to 0}\sum_{i=1}^{n} g(\xi_i)\Delta x_i\\ &= \int_a^b f(x)\mathrm{d}x \pm \int_a^b g(x)\mathrm{d}x.\end{aligned}$$

性质 6.2　$\int_a^b kf(x)\mathrm{d}x = k\int_a^b f(x)\mathrm{d}x$（$k$ 为常数）.

性质 6.3（积分区间的可加性）　如果将积分区间分成两部分，则在整个区

间上的定积分等于这两部分区间上定积分之和，即设 $a<c<b$，则

$$\int_a^b f(x)\,\mathrm{d}x = \int_a^c f(x)\,\mathrm{d}x + \int_c^b f(x)\,\mathrm{d}x .$$

证明 因为函数$f(x)$ 在区间 $[a, b]$ 上可积，所以不论区间 $[a, b]$ 怎样划分，不论 ξ_i怎样选取，当 $\lambda\to 0$ 时，积分和的极限是不变的，所以我们可以选取 c （$a<c<b$） 永远是个分点.

$$\begin{aligned}\lim_{\lambda\to 0}\sum_{i=1}^{n} f(\xi_i)\Delta x_i &= \lim_{\lambda\to 0}\Big[\sum_{[a,c]} f(\xi_i)\Delta x_i + \sum_{[c,b]} f(\xi_i)\Delta x_i\Big]\\ &= \lim_{\lambda\to 0}\sum_{[a,c]} f(\xi_i)\Delta x_i + \lim_{\lambda\to 0}\sum_{[c,b]} f(\xi_i)\Delta x_i ,\end{aligned}$$

即

$$\int_a^b f(x)\,\mathrm{d}x = \int_a^c f(x)\,\mathrm{d}x + \int_c^b f(x)\,\mathrm{d}x .$$

推广 不论 a、b、c 的相对位置如何，$\int_a^b f(x)\,\mathrm{d}x = \int_a^c f(x)\,\mathrm{d}x + \int_c^b f(x)\,\mathrm{d}x$ 成立

例如，当 $a<b<c$ 时，

由于

$$\int_a^c f(x)\,\mathrm{d}x = \int_a^b f(x)\,\mathrm{d}x + \int_b^c f(x)\,\mathrm{d}x,$$

则

$$\int_a^b f(x)\,\mathrm{d}x = \int_a^c f(x)\,\mathrm{d}x - \int_b^c f(x)\,\mathrm{d}x = \int_a^c f(x)\,\mathrm{d}x + \int_c^b f(x)\,\mathrm{d}x.$$

性质 6.4 如果$f(x)=1$，则 $\int_a^b f(x)\,\mathrm{d}x = \int_a^b \mathrm{d}x = b-a.$

性质 6.5 如果在区间 $[a, b]$ 上$f(x)\geqslant 0$，则 $\int_a^b f(x)\,\mathrm{d}x \geqslant 0.$

证明 $\int_a^b f(x)\,\mathrm{d}x = \lim\limits_{\lambda\to 0}\sum\limits_{i=1}^{n} f(\xi_i)\Delta x_i$

因为 $f(x)\geqslant 0$，故$f(\xi_i)\geqslant 0$ $(i=1, 2, \cdots, n)$，

又 $\Delta x_i\geqslant 0$ $(i=1, 2, \cdots n)$，因此，$\sum\limits_{i=1}^{n} f(\xi_i)\Delta x_i \geqslant 0$，

所以

$$\lim_{\lambda\to 0}\sum_{i=1}^{n} f(\xi_i)\Delta x_i \geqslant 0,$$

即

$$\int_a^b f(x)\,\mathrm{d}x \geqslant 0.$$

推论 6.1 如果在区间 $[a, b]$ 上$f(x)\leqslant g(x)$，

则

$$\int_a^b f(x)\,dx \leqslant \int_a^b g(x)\,dx.$$

推论 6.2 $\left|\int_a^b f(x)\,dx\right| \leqslant \int_a^b |f(x)|\,dx.$

性质 6.6 设 M、m 分别是函数 $f(x)$ 在区间 $[a, b]$ 上的最大值和最小值，则

$$m(b-a) \leqslant \int_a^b f(x)\,dx \leqslant M(b-a).$$

证明 因为 $m \leqslant f(x) \leqslant M$，由推论 6.1 得

$$\int_a^b m\,dx \leqslant \int_a^b f(x)\,dx \leqslant \int_a^b M\,dx.$$

再由性质 6.2 及性质 6.4 可得

$$m(b-a) \leqslant \int_a^b f(x)\,dx \leqslant M(b-a).$$

性质 6.7 如果函数 $f(x)$ 在闭区间 $[a, b]$ 上连续，则在积分区间 $[a, b]$ 上至少存在一点 ξ，使下式成立

$$\int_a^b f(x)\,dx = f(\xi)(b-a).$$

证明 因 $f(x)$ 在区间 $[a, b]$ 上连续，故必存在最大值 M 与最小值 m，由性质 6

$$m(b-a) \leqslant \int_a^b f(x)\,dx \leqslant M(b-a)，或$$

$$m \leqslant \frac{1}{b-a}\int_a^b f(x)\,dx \leqslant M.$$

这说明，数 $\frac{1}{b-a}\int_a^b f(x)\,dx$ 介于 M 与 m 之间，根据闭区间连续函数的介值定理，在区间 $[a, b]$ 内存在一点 ξ，使

$$f(\xi) = \frac{1}{b-a}\int_a^b f(x)\,dx,$$

即

$$\int_a^b f(x)\,dx = f(\xi)(b-a).$$

此性质称为积分中值定理.

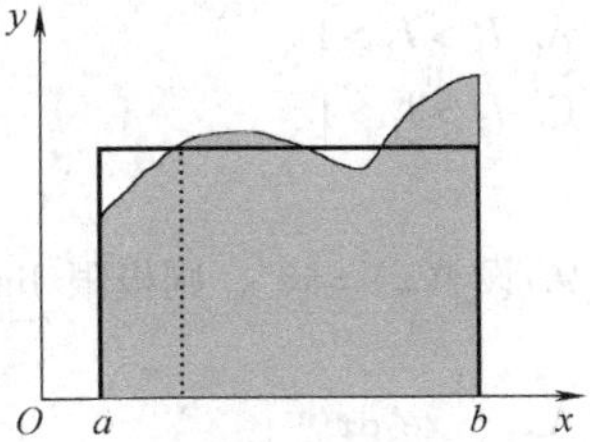

图 6-3

积分中值定理有其明显的几何意义：

设 $f(x) \geqslant 0$，由曲线 $y=f(x)$、x 轴及直线 $x=a$、$x=b$ 所围成的曲边梯形的面积等于以区间 $[a, b]$ 为底、某一函数值 $f(\xi)$ 为高的矩形面积（图 6-3）.

$\dfrac{1}{b-a}\int_a^b f(x)\,\mathrm{d}x$ 称为函数$f(x)$ 在区间$[a, b]$上的平均值.

习题 6.1

1. 利用定积分定义计算下列积分:

(1) $\int_a^b x\mathrm{d}x\,(a < b)$; (2) $\int_0^1 \mathrm{e}^x\mathrm{d}x$.

2. 利用定积分的几何意义，求下列定积分:

(1) $\int_{-\pi}^{\pi} \sin x\mathrm{d}x$; (2) $\int_0^1 x\mathrm{d}x$; (3) $\int_0^{2a} \sqrt{2ax - x^2}\,\mathrm{d}x\ (a > 0)$.

3. 利用定积分性质，比较下列各定积分值的大小:

(1) $\int_0^1 x^2\mathrm{d}x$ 与$\int_0^1 x^3\mathrm{d}x$; (2) $\int_1^2 x^2\mathrm{d}x$ 与$\int_1^2 x^3\mathrm{d}x$;

(3) $\int_1^2 \ln x\mathrm{d}x$ 与$\int_1^2 (\ln x)^2\mathrm{d}x$; (4) $\int_0^1 \mathrm{e}^x\mathrm{d}x$ 与$\int_0^1 \ln(1+x)\mathrm{d}x$.

4. 估计下列各积分的值:

(1) $\int_{\frac{\pi}{4}}^{\frac{5\pi}{4}} (1+\sin^2 x)\mathrm{d}x$; (2) $\int_{\frac{1}{\sqrt{3}}}^{\sqrt{3}} x\arctan x\mathrm{d}x$; (3) $\int_2^0 \mathrm{e}^{x^2-x}\mathrm{d}x$.

5. 利用积分中值定理求 $\lim\limits_{n\to+\infty}\int_0^{\frac{1}{2}} \dfrac{x^n}{1+x}\mathrm{d}x$.

6. 设函数$f(x)$ 在区间$[0, 1]$上连续，在区间$(0, 1)$内可导，且

$$3\int_{\frac{2}{3}}^1 f(x)\,\mathrm{d}x = f(0).$$

证明在区间$(0, 1)$内至少存在一点ξ，使$f'(\xi)=0$.

7. 设$\forall x \in [a, b]$都有$f(x)>0$，$f'(x)>0$，$f''(x)<0$ 则$f(b)(b-a)$，$\int_a^b f(x)\mathrm{d}x$ 及 $\dfrac{f(a)+f(b)}{2}(b-a)$ 和$f(a)(b-a)$ 的从大到小的顺序是.

8. 设$I_1 = \int_0^{\frac{\pi}{4}} \dfrac{\tan x}{x}\mathrm{d}x$， $I_2 = \int_0^{\frac{\pi}{4}} \dfrac{x}{\tan x}\mathrm{d}x$，则（　　）.

A. $I_1 > I_2 > 1$　　B. $1 > I_1 > I_2$

C. $I_2 > I_1 > 1$　　D. $1 > I_2 > I_1$

9. 设$f(x) = x\mathrm{e}^x$，则极限 $\lim\limits_{n\to\infty}\sum\limits_{k=1}^{n} \dfrac{f\left[\dfrac{f^{(k)}(0)}{n}\right]}{f^{(n)}(0)}$ 为（　　）.

A. $\int_0^1 x\mathrm{e}^x\mathrm{d}x$　　B. $\int_0^1 \mathrm{e}^x\mathrm{d}x$

C. $\int_0^1 xf(x)\mathrm{d}x$　　D. $\int_0^1 x\mathrm{e}^x f(x)\mathrm{d}x$

10. 设$f(x) \in C[0, 1]$ 且$0 \leqslant f(x) < 1$. 试证: $\lim\limits_{n\to\infty}\int_0^1 f^n(x)\mathrm{d}x = 0$.

第二节 微积分基本定理

原函数概念与作为积分和的极限的定积分概念是从两个完全不同的角度引进的，那么它们之间有什么关系呢？本节由引例出发，探讨这两个概念之间的关系，并通过这个关系得出利用原函数计算定积分的公式，即牛顿—莱布尼兹公式.

一、引例

讨论做直线运动的物体的路程函数 $S(t)$ 与速度函数 $v(t)$ 之间的关系. 做直线运动的物体的路程函数为 $S=S(t)$，速度函数为 $v=v(t)=S'(t)$，一方面，物体从 $t=a$ 到 $t=b$ 这段时间所经过的路程 $s=\int_a^b v(t)\mathrm{d}t$，另一方面

$$s=S(b)-S(a),$$

所以

$$\int_a^b v(t)\mathrm{d}t=S(b)-S(a).$$

说明 $\int_a^b v(t)\mathrm{d}t$ 等于 $v(t)$ 的原函数在区间 $[a,b]$ 的增量.

从前面例 2 的计算结果

$$\int_a^b \sin x\mathrm{d}x=\cos a-\cos b$$

中，我们也得到 $\int_a^b \sin x\mathrm{d}x$ 等于 $\sin x$ 的原函数在区间 $[a,b]$ 上的增量.

为得出一般性的结论，接下来讨论变上限的积分及其重要性质.

二、积分上限函数

定义 6.2 设函数 $f(x)$ 在区间 $[a,b]$ 上连续，x 为区间 $[a,b]$ 上任意一点（图 6-4），则函数 $f(x)$ 在区间 $[a,x]$ 上也连续，故定积分 $\int_a^x f(t)\mathrm{d}t$ 存在. 于是，$\forall x\in[a,b]$，有惟一确定的数 $\int_a^x f(t)\mathrm{d}t$ 与之对应，所以在区间 $[a,b]$ 上定义了一个函数，我们称之为函数 $f(x)$ 在区间 $[a,b]$ 上的积分上限的函数，记作 $\Phi(x)$，即

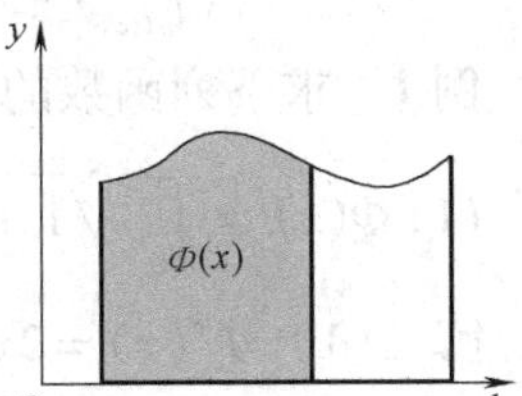

图 6-4

$$\Phi(x)=\int_a^x f(t)\mathrm{d}t\quad(a\leqslant x\leqslant b).$$

关于积分上限函数的性质，有如下定理：

定理 6.4 如果函数 $f(x)$ 在区间 $[a, b]$ 上连续，则积分上限的函数 $\Phi(x)=\int_a^x f(t)\mathrm{d}t$ 在区间 $[a, b]$ 上可导，并且它的导数是

$$\Phi'(x)=\frac{\mathrm{d}}{\mathrm{d}x}\int_a^x f(t)\mathrm{d}t=f(x)\ (a\leqslant x\leqslant b).$$

证明 设自变量 x 有增量 Δx，使 $x+\Delta x\in[a, b]$，则函数 $\Phi(x)$ 具有增量

$$\begin{aligned}\Delta\Phi&=\Phi(x+\Delta x)-\Phi(x)=\int_a^{x+\Delta x}f(t)\mathrm{d}t-\int_a^x f(t)\mathrm{d}t\\&=\int_a^x f(t)\mathrm{d}t+\int_x^{x+\Delta x}f(t)\mathrm{d}t-\int_a^x f(t)\mathrm{d}t=\int_x^{x+\Delta x}f(t)\mathrm{d}t.\end{aligned}$$

利用积分中值定理，则有 $\Delta\Phi=f(\xi)\Delta x$，$\xi$ 介于 x 与 $x+\Delta x$ 之间.
于是，有

$$\frac{\Delta\Phi}{\Delta x}=f(\xi)(\xi\text{ 介于 }x\text{ 与 }x+\Delta x\text{ 之间}).$$

由于函数 $f(x)$ 在区间 $[a, b]$ 上连续，且当 $\Delta x\to0$ 时，$\xi\to x$，有

$$\lim_{\Delta x\to0}\frac{\Delta\Phi}{\Delta x}=\lim_{\xi\to x}f(\xi)=f(x).$$

推论 6.3 （原函数存在定理）若函数 $f(x)$ 在区间 $[a, b]$ 上连续，则函数

$$\Phi(x)=\int_a^x f(t)\mathrm{d}t$$

就是函数 $f(x)$ 在区间 $[a, b]$ 上的一个原函数.

推论 6.4 设函数 $f(x)$ 在区间 $[a, b]$ 上连续，$u(x)$、$v(x)$ 在区间 $[a, b]$ 上可导，且

$$a\leqslant u(x),v(x)\leqslant b,x\in[a,b],$$

则

$$\left(\int_{u(x)}^{v(x)}f(t)\mathrm{d}t\right)'=f(v(x))v'(x)-f(u(x))u'(x).$$

例 1 求下列函数的导数：

(1) $\Phi(x)=\int_0^{x^2}\sqrt{1+\sqrt{t}}\mathrm{d}t$; (2) $\Phi(x)=\int_x^{\sqrt{x}}t^2\sin t\mathrm{d}t$; (3) $\Phi(x)=\int_0^x f(t)(x-t)\mathrm{d}t$.

解 (1) $\Phi'(x)=2x\sqrt{1+x}$.

(2) $\Phi'(x)=x\sin\sqrt{x}\dfrac{1}{2\sqrt{x}}-x^2\sin x$.

(3) 由于 $\Phi(x)=\int_0^x f(t)(x-t)\mathrm{d}t=x\int_0^x f(t)\mathrm{d}t-\int_0^x f(t)t\mathrm{d}t$,

所以

$$\Phi'(x)=\int_0^x f(t)\,dt+xf(x)-xf(x)=\int_0^x f(t)\,dt.$$

例2　求 $\lim\limits_{x\to+\infty}\dfrac{\int_0^x t^2e^{t^2}dt}{xe^{x^2}}$.

解　当 $x>1$ 时，有

$$\int_0^x t^2e^{t^2}dt=\int_0^1 t^2e^{t^2}dt+\int_1^x t^2e^{t^2}dt\geqslant\int_1^x t^2e^{t^2}dt\geqslant\int_1^x e\,dt=e(x-1),$$

因此

$\lim\limits_{x\to+\infty}\int_0^x t^2e^{t^2}dt=+\infty$，由洛必达法则，得

$$\lim_{x\to+\infty}\frac{\int_0^x t^2e^{t^2}dt}{xe^{x^2}}=\lim_{x\to+\infty}\frac{x^2e^{x^2}}{e^{x^2}+2x^2e^{x^2}}=\lim_{x\to+\infty}\frac{x^2}{1+2x^2}=\frac{1}{2}.$$

例3　设函数 $f(x)$ 在区间 $[a,b]$ 上连续，在区间 (a,b) 内可导，且 $f'(x)\leqslant0$，证明

$$F(x)=\frac{1}{x-a}\int_a^x f(t)\,dt$$

在区间 (a,b) 内单调递减.

证明　$F'(x)=\dfrac{(x-a)f(x)-\int_a^x f(t)\,dt}{(x-a)^2}$，根据积分中值定理，存在一点 $\xi\in(a,x)$，使得

$$F'(x)=\frac{(x-a)f(x)-(x-a)f(\xi)}{(x-a)^2}=\frac{f(x)-f(\xi)}{(x-a)};$$

又由 $f'(x)\leqslant0$ 知，$f(x)$ 在区间 (a,b) 内单调递减，所以

$$f(x)\leqslant f(\xi).$$

从而有 $F'(x)\leqslant0$，即函数 $F(x)$ 在区间 (a,b) 内单调递减.

三、牛顿—莱布尼兹公式

定理6.5　如果函数 $F(x)$ 是连续函数 $f(x)$ 在区间 $[a,b]$ 上的一个原函数，则

$$\int_a^b f(x)\,dx=F(b)-F(a)$$

证明　已知 $F(x)$ 是 $f(x)$ 的一个原函数，积分上限函数 $\Phi(x)=\int_a^x f(t)\,dt$ 也是 $f(x)$ 的一个原函数，于是这两个原函数之差 $F(x)-\Phi(x)$ 在区间 $[a,b]$

上必定是某一常数 C，即

$$F(x)-\Phi(x)=C(a\leqslant x\leqslant b).$$

在上式中，令 $x=a$，则

$$F(a)-\Phi(a)=C.$$

又因为

$$\Phi(a)=\int_a^a f(t)\,\mathrm{d}t=0,$$

因此 $C=F(a)$，因而

$$\int_a^x f(t)\,\mathrm{d}t=F(x)-F(a).$$

令 $x=b$，得 $\int_a^b f(x)\,\mathrm{d}x=F(b)-F(a)$.

有时也写成

$$\int_a^b f(x)\,\mathrm{d}x=[F(x)]_a^b \text{ 或} \int_a^b f(x)\,\mathrm{d}x=F(x)\Big|_a^b.$$

例 4 计算定积分 $\int_a^b \sin x\,\mathrm{d}x$.

解 $\int_a^b \sin x\,\mathrm{d}x=[-\cos x]_a^b=\cos a-\cos b$.

例 5 计算 $\int_1^{\sqrt{3}}\frac{1}{1+x^2}\mathrm{d}x$.

解 $\int_1^{\sqrt{3}}\frac{1}{1+x^2}\mathrm{d}x=\arctan x\Big|_1^{\sqrt{3}}=\arctan\sqrt{3}-\arctan 1=\frac{\pi}{3}-\frac{\pi}{4}=\frac{\pi}{12}$.

例 6 计算 $\int_1^3|x-2|\,\mathrm{d}x$.

解 要去掉绝对值符号，必须分区间积分，显然点 $x=2$ 为区间的分界点，

$$\begin{aligned}\int_1^3|x-2|\,\mathrm{d}x&=\int_1^2|x-2|\,\mathrm{d}x+\int_2^3|x-2|\,\mathrm{d}x=\int_1^2(2-x)\,\mathrm{d}x+\int_2^3(x-2)\,\mathrm{d}x\\&=\left[2x-\frac{1}{2}x^2\right]_1^2+\left[\frac{1}{2}x^2-2x\right]_2^3=1.\end{aligned}$$

例 7 计算 $\int_0^2 f(x)\,\mathrm{d}x$，其中 $f(x)=\begin{cases}x^2, & (0\leqslant x\leqslant 1)\\ x-1, & (1<x<2)\end{cases}$.

解
$$\int_0^2 f(x)\,\mathrm{d}x=\int_0^1 f(x)\,\mathrm{d}x+\int_1^2 f(x)\,\mathrm{d}x$$

于是 $\int_0^2 f(x)\,\mathrm{d}x=\int_0^1 x^2\mathrm{d}x+\int_1^2(x-1)\,\mathrm{d}x=\frac{1}{3}x^3\Big|_0^1+\frac{1}{2}(x-1)^2\Big|_1^2=\frac{5}{6}$.

例 8 设函数 $f(x)$ 在区间 $[0,1]$ 上连续，且满足

$$f(x)=x\mathrm{e}^{x^2}+x\int_0^1 f(t)\,\mathrm{d}t,$$

求$\int_0^1 f(t)\mathrm{d}t$及$f(x)$.

解
$$\int_0^1 f(t)\mathrm{d}t = \int_0^1 x\mathrm{e}^{x^2}\mathrm{d}t + \int_0^1 \left(x\int_0^1 f(t)\mathrm{d}t\right)\mathrm{d}x$$
$$= \frac{1}{2}\mathrm{e}^{x^2}\Big|_0^1 + \frac{1}{2}\int_0^1 f(t)\mathrm{d}t$$
$$= \frac{1}{2}(\mathrm{e}-1) + \frac{1}{2}\int_0^1 f(x)\mathrm{d}x,$$

所以
$$\int_0^1 f(t)\mathrm{d}t = \mathrm{e}-1.$$
$$f(x) = x\mathrm{e}^{x^2} + (\mathrm{e}-1)x.$$

习题 6.2

1. 计算下列各导数：

(1) $\frac{d}{\mathrm{d}x}\int_0^{x^2}\sqrt{1+t^2}\mathrm{d}t$；(2) $\frac{d}{\mathrm{d}x}\int_{x^2}^{x^3}\frac{\mathrm{d}t}{\sqrt{1+t^4}}$；(3) $\frac{d}{\mathrm{d}x}\int_{\sin x}^{\cos x}\cos(\pi t^2)\mathrm{d}t$；

(4) $\frac{d}{\mathrm{d}x}\int_0^x (t^3-x^3)\sin t\mathrm{d}t$.

2. 设函数$f(x)$由方程$\int_0^y \mathrm{e}^t\mathrm{d}t + \int_0^x \cos t\mathrm{d}t = 0$所确定，求$\frac{\mathrm{d}y}{\mathrm{d}x}$.

3. 设$x = \int_0^t \sin u\mathrm{d}u$, $y = \int_0^t \cos u\mathrm{d}u$, 求$\frac{\mathrm{d}y}{\mathrm{d}x}$.

4. 求下列各极限：

(1) $\lim\limits_{x\to 0}\frac{\int_0^x \cos t^2\mathrm{d}t}{\mathrm{e}^x-1}$；(2) $\lim\limits_{x\to 0}\frac{\int_0^x \ln(1+t)\mathrm{d}t}{\sin^2 x}$；(3) $\lim\limits_{x\to 0}\frac{\int_0^{x^2}(\mathrm{e}^t-1)\sin\sqrt{t}\mathrm{d}t}{\arctan x^5}$.

5. 当x为何值时，函数$I(x) = \int_0^x t\mathrm{e}^{-t^2}\mathrm{d}t$有极值？

6. 设$f(x)$在$[0, +\infty)$上连续，若$\int_0^{f(x)} t^2\mathrm{d}t = x^2(x+1)$，求$f(2)$.

7. 设$f(x)$为连续函数，且存在常数a，满足
$$x^5+1 = \int_a^{x^3} f(t)\mathrm{d}t,$$
求$f(x)$及常数a.

8. 设$f(x) = x + x^2\int_0^1 f(x)\mathrm{d}x$，求$f(x)$.

9. 用牛顿—莱布尼兹公式计算下列定积分：

(1) $\int_{-1}^1 \frac{1}{\sqrt{4-x^2}}\mathrm{d}x$；(2) $\int_1^{\mathrm{e}}\frac{x^2+\ln x^2}{x}\mathrm{d}x$；(3) $\int_0^{\pi}\sqrt{1-\sin 2x}\mathrm{d}x$；

(4) $\int_{-1}^2 |x^2-x|\mathrm{d}x$；(5) $\int_{-2}^3 \max\{1, x^4\}\mathrm{d}x$；(6) $\int_{\frac{\pi}{4}}^{\frac{\pi}{2}}\frac{x\cos x+\sin x}{(x\sin x)^2}\mathrm{d}x$.

10. 设函数$f(x)$在区间$[a, b]$上连续，在(a, b)内可导，且$f'(x)\leqslant 0$，

$$F(x)=\frac{1}{x-a}\int_a^x f(t)\,dt$$

证明在(a, b)内有$F'(x)\leqslant 0$.

11. 设函数$f(x)$在$(0, +\infty]$上可导，$f(0)=0$，且其反函数为$g(x)$，若$\int_0^{f(x)} g(t)\,dt = x^2 e^x$，求$f(x)$.

12. 设函数$f(x)$在$x=a$的某邻域内可导，且$f(a)\neq 0$，求极限$\lim\limits_{x\to a}\left[\frac{1}{(x-a)f(a)}-\frac{1}{\int_a^x f(t)\,dt}\right]$.

13. 设函数$f(x)$在$x=a$的某邻域内可导，且$f(a)\neq 0$，求极限$\lim\limits_{n\to\infty}\left[\frac{n\int_a^{a+\frac{1}{n}} f(x)\,dx}{f(a)}\right]^n$.

14. 设$f(x)$为连续函数，且$f(x)=x^2+2\int_0^1 f(t)\,dt-\int_1^2 xf(t)\,dt$，求$f(x)$.

第三节　定积分的换元积分法与分部积分法

用牛顿—莱布尼兹公式计算定积分时，需要求出被积函数的原函数．我们知道用换元积分法和分部积分法可以求出一些函数的原函数．因此，在一定条件下，可以用换元积分法和分部积分法来计算定积分．下面讨论定积分的这两种计算方法.

一、定积分的换元积分法

定理6.6　若函数$f(x)$在区间$[a, b]$上连续，函数$x=\varphi(t)$在区间$[\alpha, \beta]$上具有连续的导数，当t在区间$[\alpha, \beta]$上变化时，$x=\varphi(t)$的值在区间$[a, b]$上变化，且$\varphi(\alpha)=a$，$\varphi(\beta)=b$，则$\int_a^b f(x)\,dx=\int_\alpha^\beta f(\varphi(t))\varphi'(t)\,dt$.

证明　设函数$F(x)$是函数$f(x)$在区间$[a, b]$上的一个原函数，则

$$\int_a^b f(x)\,dx = F(b)-F(a).$$

再设$\Phi(t)=F(\varphi(t))$，对$\Phi(t)$求导，得

$$\Phi'(t)=\frac{dF}{dx}\cdot\frac{dx}{dt}=f(x)\cdot\varphi'(t)=f(\varphi(t))\cdot\varphi'(t),$$

即，$\Phi(t)$是$f(\varphi(t))\varphi'(t)$的一个原函数，因此有

$$\int_\alpha^\beta f(\varphi(t))\varphi'(t)\,dt=\Phi(\beta)-\Phi(\alpha).$$

又因为 $\Phi(t)=F(\varphi(t))$，$\varphi(\alpha)=a$，$\varphi(\beta)=b$，可知

$$\Phi(\beta)-\Phi(\alpha)=F(\varphi(\beta))-F(\varphi(\alpha))=F(b)-F(a),$$

所以

$$\int_a^b f(x)\mathrm{d}x=\int_\alpha^b f(\varphi(t))\varphi'(t)\mathrm{d}t.$$

应用换元公式计算定积分应注意两点：(1) 用 $x=\varphi(t)$ 把原来变量 x 代换成新变量 t 时，积分限也要换成相应于新变量 t 的积分限；(2) 求出 $f(\varphi(t))\varphi'(t)$ 的一个原函数 $\Phi(t)$ 后，不必像计算不定积分那样再把 $\Phi(t)$ 变成原来变量 x 的函数，而只要把新变量 t 的上、下限分别代入式中然后相减即可.

例 1 计算 $\int_1^{e^3}\frac{\mathrm{d}x}{x\sqrt{1+\ln x}}$.

解 令 $t=\ln x$，则 $x=\mathrm{e}^t$，$\mathrm{d}x=\mathrm{e}^t\mathrm{d}t$，于是

$$\int_1^{e^3}\frac{\mathrm{d}x}{x\sqrt{1+\ln x}}=\int_0^3\frac{\mathrm{e}^t\mathrm{d}t}{\mathrm{e}^t\sqrt{1+t}}=\int_0^3\frac{\mathrm{d}t}{\sqrt{1+t}}=2\sqrt{1+t}\Big|_0^3=2.$$

在例 1 中，如果不明显地写出新变量，那么定积分的上、下限就不要变更. 现在用这种记法计算如下：

$$\int_1^{e^3}\frac{\mathrm{d}x}{x\sqrt{1+\ln x}}=\int_1^{e^3}\frac{\mathrm{d}(1+\ln x)}{\sqrt{1+\ln x}}=2\sqrt{1+\ln x}\Big|_1^{e^3}=2.$$

例 2 计算 $\int_0^a\sqrt{(a^2-x^2)^3}\mathrm{d}x\quad(a>0)$.

解 令 $x=a\sin t\left(0\leqslant t\leqslant\frac{\pi}{2}\right)$，则 $\mathrm{d}x=a\cos t\mathrm{d}t$，$x=0$ 时 $t=0$；$x=a$ 时 $t=\frac{\pi}{2}$，于是

$$\begin{aligned}\int_0^a\sqrt{(a^2-x^2)^3}\mathrm{d}x&=a^4\int_0^{\frac{\pi}{2}}\cos^3t\cos t\mathrm{d}t=a^4\int_0^{\frac{\pi}{2}}\left(\frac{1+\cos2t}{2}\right)^2\mathrm{d}t\\&=\frac{1}{4}a^4\int_0^{\frac{\pi}{2}}(1+2\cos2t+\cos^22t)\mathrm{d}t\\&=\frac{1}{4}a^4[t+\sin2t]_0^{\frac{\pi}{2}}+\frac{1}{8}a^4\int_0^{\frac{\pi}{2}}(1+\cos4t)\mathrm{d}t\\&=\frac{\pi a^4}{8}+\frac{1}{8}a^4[t]_0^{\frac{\pi}{2}}+\frac{1}{32}a^4[\sin4t]_0^{\frac{\pi}{2}}=\frac{3}{16}\pi a^4.\end{aligned}$$

例 3 计算 $\int_0^4\frac{x}{\sqrt{2x+1}}\mathrm{d}x$.

解 令 $\sqrt{2x+1}=t$，则 $x=\frac{1}{2}(t^2-1)$，$\mathrm{d}x=t\mathrm{d}t$，且 $x=0$ 时，$t=1$；$x=4$ 时，$t=3$ 于是

$$\int_0^4\frac{x}{\sqrt{2x+1}}\mathrm{d}x=\int_1^3\frac{t^2-1}{2t}t\mathrm{d}t=\frac{1}{2}\left(\frac{t^3}{3}-t\right)\Big|_1^3=\frac{10}{3}.$$

例 4 设函数 $f(x)=\begin{cases}e^{-x}, & x\geqslant 0\\ 1+x^2, & x<0\end{cases}$，求 $\int_0^2 f(x-1)\,dx$.

解 令 $x-1=t$，则 $dx=dt$，且 $x=0$ 时，$t=-1$；$x=2$ 时，$t=1$，于是

$$\int_0^2 f(x-1)\,dx=\int_{-1}^1 f(t)\,dt=\int_{-1}^0(1+t^2)\,dt+\int_0^1 e^{-t}dt=\frac{7}{3}-\frac{1}{e}.$$

例 5 设函数 $f(x)$ 在 $[-a,a]$ 上连续，则

(1) 若 $f(x)$ 是偶函数，则 $\int_{-a}^a f(x)\,dx=2\int_0^a f(x)\,dx$.

(2) 若 $f(x)$ 是奇函数，则

$$\int_{-a}^a f(x)\,dx=0,$$

并由此计算 $\int_{-1}^1\left[\frac{\ln(x+\sqrt{1+x^2})}{1+x^2}+|x|\right]dx$ 和 $\int_{-\frac{\pi}{4}}^{\frac{\pi}{4}}\frac{\cos^2x}{1+e^x}dx$.

证明 因为 $$\int_{-a}^a f(x)\,dx=\int_{-a}^0 f(x)\,dx+\int_0^a f(x)\,dx,$$

在上式右端第一项中，令 $x=-t$，则有

$$\int_{-a}^0 f(x)\,dx=\int_a^0 f(-t)(-1)\,dt=\int_0^a f(-t)\,dt,$$

所以

$$\int_{-a}^a f(x)\,dx=\int_0^a f(-x)\,dx+\int_0^a f(x)\,dx=\int_0^a[f(-x)+f(x)]\,dx.$$

当 $f(x)$ 为偶函数时，$f(-x)=f(x)$，则 $\int_{-a}^a f(x)\,dx=2\int_0^a f(x)\,dx$；当 $f(x)$ 为奇函数时，即 $f(-x)=-f(x)$，则 $\int_{-a}^a f(x)\,dx=\int_0^a 0dx=0$. 在 $\int_{-1}^1\left(\frac{\ln(x+\sqrt{1+x^2})}{1+x^2}+|x|\right)dx$ 中，因为 $\frac{\ln(x+\sqrt{1+x^2})}{1+x^2}$ 是在 $[-1,1]$ 上连续的奇函数，$|x|$ 是在 $[-1,1]$ 上连续的偶函数，

所以

$$\int_{-1}^1\left(\frac{\ln(x+\sqrt{1+x^2})}{1+x^2}+|x|\right)dx=2\int_0^1 x\,dx=1.$$

在 $\int_{-\frac{\pi}{4}}^{\frac{\pi}{4}}\frac{\cos^2x}{1+e^x}dx$ 中，由于被积函数的原函数不易求出，但积分区间对称，函数又在该区间上连续，则

$$\int_{-\frac{\pi}{4}}^{\frac{\pi}{4}}\frac{\cos^2x}{1+e^x}dx=\int_0^{\frac{\pi}{4}}\left(\frac{\cos^2x}{1+e^x}+\frac{\cos^2x}{1+e^{-x}}\right)dx=\int_0^{\frac{\pi}{4}}\cos^2x\,dx=\frac{1}{2}\int_0^{\frac{\pi}{4}}(1+\cos2x)\,dx=\frac{\pi+2}{8}.$$

例 6 若 $f(x)$ 在 $[0,1]$ 上连续，证明 $\int_0^{\frac{\pi}{2}}f(\sin x)\,dx=\int_0^{\frac{\pi}{2}}f(\cos x)\,dx$.

证明　设 $x=\frac{\pi}{2}-t$，则

$$\int_0^{\frac{\pi}{2}}f(\sin x)\mathrm{d}x=-\int_{\frac{\pi}{2}}^0 f\left(\sin\left(\frac{\pi}{2}-t\right)\right)\mathrm{d}t$$

$$=\int_0^{\frac{\pi}{2}}f(\cos t)\mathrm{d}t=\int_0^{\frac{\pi}{2}}f(\cos x)\mathrm{d}x.$$

例7　若 $f(x)$ 在 $[0,1]$ 上连续，证明 $\int_0^{\pi}xf(\sin x)\mathrm{d}x=\pi\int_0^{\frac{\pi}{2}}f(\sin x)\mathrm{d}x$，并由此计算 $\int_0^{\pi}\frac{x\sin x}{1+\cos^2 x}\mathrm{d}x$.

证明　$\int_0^{\pi}xf(\sin x)\mathrm{d}x=\int_0^{\frac{\pi}{2}}xf(\sin x)\mathrm{d}x+\int_{\frac{\pi}{2}}^{\pi}xf(\sin x)\mathrm{d}x.$

对于上式右端第二项的积分，设 $\pi-x=t$，则 $-\mathrm{d}x=\mathrm{d}t$，

$$\int_0^{\pi}xf(\sin x)\mathrm{d}x=\int_0^{\frac{\pi}{2}}xf(\sin x)\mathrm{d}x+\int_{\frac{\pi}{2}}^0(\pi-t)f(\sin t)(-\mathrm{d}t)$$

$$=\int_0^{\frac{\pi}{2}}xf(\sin x)\mathrm{d}x+\int_0^{\frac{\pi}{2}}(\pi-t)f(\sin t)\mathrm{d}t$$

$$=\int_0^{\frac{\pi}{2}}xf(\sin x)\mathrm{d}x+\int_0^{\frac{\pi}{2}}(\pi-x)f(\sin x)\mathrm{d}x$$

$$=\pi\int_0^{\frac{\pi}{2}}f(\sin x)\mathrm{d}x.$$

$$\int_0^{\pi}\frac{x\sin x}{1+\cos^2 x}\mathrm{d}x=\int_0^{\pi}\frac{x\sin x}{2-\sin^2 x}\mathrm{d}x=\pi\int_0^{\frac{\pi}{2}}\frac{\sin x}{2-\sin^2 x}\mathrm{d}x$$

$$=-\pi\int_0^{\frac{\pi}{2}}\frac{\mathrm{d}(\cos x)}{1+\cos^2 x}$$

$$=-\pi[\arctan(\cos x)]_0^{\frac{\pi}{2}}=-\pi\left(0-\frac{\pi}{4}\right)=\frac{\pi^2}{4}.$$

例8　设 $f(x)$ 是以 $T(T>0)$ 为周期的周期函数，则对任意常数 a，有 $\int_a^{a+T}f(x)\mathrm{d}x=\int_0^T f(x)\mathrm{d}x$，并由此计算 $\int_0^{n\pi}|\sin x|\mathrm{d}x(n\in N)$.

证明　$\int_a^{a+T}f(x)\mathrm{d}x=\int_a^0 f(x)\mathrm{d}x+\int_0^T f(x)\mathrm{d}x+\int_T^{a+T}f(x)\mathrm{d}x.$

在 $\int_T^{a+T}f(x)\mathrm{d}x$ 中，令 $x=u+T$，

则　$\int_T^{a+T}f(x)\mathrm{d}x=\int_0^a f(u+T)\mathrm{d}u=\int_0^a f(u)\mathrm{d}u=\int_0^a f(x)\mathrm{d}x.$

由于　$\int_0^a f(x)\mathrm{d}x+\int_a^0 f(x)\mathrm{d}x=0,$

所以

$$\int_a^{a+T} f(x)\,\mathrm{d}x = \int_0^T f(x)\,\mathrm{d}x.$$

因为 $|\sin x|$ 是以 π 为周期的周期函数，

则 $$\int_0^{n\pi} |\sin x|\,\mathrm{d}x = \int_0^{\pi} |\sin x|\,\mathrm{d}x + \int_{\pi}^{2\pi} |\sin x|\,\mathrm{d}x + \cdots + \int_{(n-1)\pi}^{n\pi} |\sin x|\,\mathrm{d}x$$

$$= n\int_0^{\pi} |\sin x|\,\mathrm{d}x = n\int_0^{\pi} \sin x\,\mathrm{d}x = 2n.$$

二、定积分的分部积分法

与不定积分的分部积分法类似，我们有下面的定理.

定理 6.7 设 $u(x)$、$v(x)$ 在区间 $[a, b]$ 上连续可导，则有下面的分部积分公式成立.

$$\int_a^b uv'\,\mathrm{d}x = [uv]_a^b - \int_a^b u'v\,\mathrm{d}x \text{ 或 } \int_a^b u\,\mathrm{d}v = [uv]_a^b - \int_a^b v\,\mathrm{d}u.$$

例 9 计算 $\int_0^1 \mathrm{e}^{\sqrt{x}}\,\mathrm{d}x$.

解 令 $\sqrt{x} = t$，则 $x = t^2$，$\mathrm{d}x = 2t\mathrm{d}t$，

于是

$$\int_0^1 \mathrm{e}^{\sqrt{x}}\,\mathrm{d}x = \int_0^1 \mathrm{e}^t 2t\,\mathrm{d}t = 2\int_0^1 t\mathrm{e}^t\,\mathrm{d}t$$

$$= 2\int_0^1 t\,\mathrm{d}\mathrm{e}^t = 2[t\mathrm{e}^t]_0^1 - 2\int_0^1 \mathrm{e}^t\,\mathrm{d}t = 2\mathrm{e} - 2[\mathrm{e}^t]_0^1$$

$$= 2\mathrm{e} - 2(\mathrm{e} - 1) = 2.$$

例 10 计算 $\int_0^{\frac{\pi}{2}} \mathrm{e}^{2x}\cos x\,\mathrm{d}x$.

解 设 $I = \int_0^{\frac{\pi}{2}} \mathrm{e}^{2x}\cos x\,\mathrm{d}x$，即

$$I = \int_0^{\frac{\pi}{2}} \mathrm{e}^{2x}\,\mathrm{d}\sin x = [\mathrm{e}^{2x}\sin x]_0^{\frac{\pi}{2}} - 2\int_0^{\frac{\pi}{2}} \mathrm{e}^{2x}\sin x\,\mathrm{d}x$$

$$= \mathrm{e}^{\pi} + 2\int_0^{\frac{\pi}{2}} \mathrm{e}^{2x}\,\mathrm{d}\cos x = \mathrm{e}^{\pi} + 2\left\{[\mathrm{e}^{2x}\cos x]_0^{\frac{\pi}{2}} - 2\int_0^{\frac{\pi}{2}} \mathrm{e}^{2x}\cos x\,\mathrm{d}x\right\}$$

$$= \mathrm{e}^{\pi} - 2 - 4I.$$

移项，解得

$$I = \frac{1}{5}(\mathrm{e}^{\pi} - 2).$$

例 11 求 $I_n = \int_0^{\frac{\pi}{2}} \sin^n x\,\mathrm{d}x$，其中 n 为非负整数.

解　$I_0 = \int_0^{\frac{\pi}{2}} dx = \frac{\pi}{2}, I_1 = \int_0^{\frac{\pi}{2}} \sin x dx = 1.$

当 $n \geqslant 2$，

$$\begin{aligned} I_n &= -\int_0^{\frac{\pi}{2}} \sin^{n-1} x d\cos x \\ &= -\left[\sin^{n-1} x \cdot \cos x\right]_0^{\frac{\pi}{2}} + \int_0^{\frac{\pi}{2}} \cos x d\sin^{n-1} x \\ &= (n-1)\int_0^{\frac{\pi}{2}} \cos^2 x \cdot \sin^{n-2} x dx \\ &= (n-1)\int_0^{\frac{\pi}{2}} (1-\sin^2 x)\sin^{n-2} x dx \\ &= (n-1)\int_0^{\frac{\pi}{2}} \sin^{n-2} x dx - (n-1)\int_0^{\frac{\pi}{2}} \sin^n x dx \\ &= (n-1) I_{n-2} - (n-1) I_n, \end{aligned}$$

移项，得到积分 I_n 的递推公式

$$I_n = \frac{n-1}{n} I_{n-2}.$$

（1）当 n 为偶数时，设 $n=2m$，有

$$I_{2m} = \int_0^{\frac{\pi}{2}} \sin^{2m} x dx = \frac{(2m-1)(2m-3)\cdots 3 \cdot 1}{(2m)(2m-2)\cdots 4 \cdot 2} \cdot \frac{\pi}{2} = \frac{(2m-1)!!}{(2m)!!} \cdot \frac{\pi}{2};$$

（2）当 n 为奇数时，设 $n=2m+1$，有

$$I_{2m+1} = \int_0^{\frac{\pi}{2}} \sin^{2m+1} x dx = \frac{(2m)(2m-2)\cdots 4 \cdot 2}{(2m+1)(2m-1)\cdots 5 \cdot 3} = \frac{(2m)!!}{(2m+1)!!}.$$

注　以后计算时可直接使用该公式，比如

$$\int_0^{\frac{\pi}{2}} \sin^7 x dx = \frac{6 \cdot 4 \cdot 2}{7 \cdot 5 \cdot 3} = \frac{16}{35},$$

$$\int_0^{\frac{\pi}{2}} \cos^6 x dx = \frac{5 \cdot 3 \cdot 1}{6 \cdot 4 \cdot 2} \cdot \frac{\pi}{2} = \frac{5\pi}{32}.$$

例 12　设 $f(x) = \int_1^{x^2} \frac{\sin t}{t} dt$，求 $\int_0^1 x f(x) dx$.

解

$$\begin{aligned} \int_0^1 x f(x) dx &= \frac{1}{2}\int_0^1 f(x) dx^2 = \frac{1}{2}\left(x^2 f(x)\Big|_0^1 - \int_0^1 x^2 f'(x) dx\right) \\ &= \frac{1}{2} f(1) - \frac{1}{2}\int_0^1 x^2 \cdot \frac{\sin x^2}{x^2} \cdot 2x dx \\ &= 0 + \frac{1}{2}\cos x^2 \Big|_0^1 = \frac{1}{2}(\cos 1 - 1). \end{aligned}$$

习题 6.3

1. 用换元法计算下列各定积分：

(1) $\int_1^2 \frac{\sqrt{x^2-1}}{x}dx$；(2) $\int_0^a \frac{1}{(x^2+a^2)^{\frac{3}{2}}}dx\ (a>0)$；(3) $\int_{\frac{1}{\sqrt{2}}}^1 \frac{\sqrt{1-x^2}}{x^2}dx$；

(4) $\int_0^a x^2\sqrt{a^2-x^2}dx\ (a>0)$；(5) $\int_{-1}^1 \frac{xdx}{\sqrt{5-4x}}$；(6) $\int_1^{e^2} \frac{dx}{x\sqrt{1+\ln x}}$.

2. 用分部积分计算下列各定积分：

(1) $\int_0^1 xe^{-x}dx$；(2) $\int_0^{\frac{\pi}{2}} e^{2x}\cos xdx$；(3) $\int_1^4 \frac{\ln xdx}{\sqrt{x}}$;

(4) $\int_0^1 x\arctan xdx$；(5) $\int_0^{2\pi} |x\sin x|dx$.

3. 利用函数奇偶性计算下列各定积分：

(1) $\int_{-1}^1 \frac{x^2\sin x}{x^4+3x^2+1}dx$；(2) $\int_{-\pi}^{\pi} x^2\ln(x+\sqrt{1+x^2})dx$；(3) $\int_{-1}^1 \frac{1+\sin x}{1+x^2}dx$；

(4) $\int_{-\frac{\pi}{2}}^{\frac{\pi}{2}} \sqrt{\cos x-\cos^3 x}dx$；(5) $\int_{-1}^1 \frac{1}{\sqrt{4-x^2}}\left(\frac{1}{1+e^x}-\frac{1}{2}\right)dx$.

4. 利用 $\int_{-a}^a f(x)dx=\int_0^a [f(-x)+f(x)]dx$，求 $\int_{-\frac{\pi}{4}}^{\frac{\pi}{4}} \frac{1}{1+\sin x}dx$.

5. 设函数

$$f(x)=\begin{cases} xe^{-x^2}, x\geqslant 0 \\ \frac{1}{1+\cos x}, -1<x<0 \end{cases}.$$

计算 $\int_1^4 f(x-2)dx$.

6. 设 $f(x)$ 连续，$\int_0^x tf(x-t)dt=1-\cos x$，求 $\int_0^{\frac{\pi}{2}} f(x)dx$.

7. 证明(1) 若 $f(x)$ 为连续的偶函数，则 $F(x)=\int_0^x f(t)dt$ 为奇函数；

(2) 若 $f(x)$ 为连续的奇函数，则 $F(x)=\int_a^x f(t)dt$ 为偶函数（a 为任意常数）.

8. 证明 $\int_0^{2\pi} \sin^n xdx=\begin{cases} 4\int_0^{\frac{\pi}{2}} \sin^n xdx, & n\text{ 为偶数} \\ 0, & n\text{ 为奇数} \end{cases}$.

9. 设 $f(\pi)=1$，且 $\int_0^{\pi} [f(x)+f''(x)]\sin xdx=3$，求 $f(0)$.

10. 设函数 $f(x)$ 在 $(-\infty, +\infty)$ 内满足 $f(x)=f(x-\pi)+\sin x$，且 $f(x)=x$，$x\in[0,\pi]$，计算 $\int_{\pi}^{3\pi} f(x)dx$.

11. $f(x)=\int_0^x \frac{\sin t}{\pi-t}dt$，计算 $\int_0^{\pi} f(x)dx$.

12. 设 $f(x)$ 为连续函数，且 $\int_0^x tf(2x-t)dt=\frac{1}{2}\arctan x^2$，已知 $f(1)=1$，求 $\int_1^2 f(x)dx$.

13. 设$f(x)$为连续函数，且$f(0)\neq 0$，求极限$\lim\limits_{x\to 0}\dfrac{\int_0^x (x-t)f(t)\,\mathrm{d}t}{x\int_0^x f(x-t)\,\mathrm{d}t}$.

第四节　定积分的应用

一、定积分的元素法

从前面讨论过的曲边梯形的面积和变速直线运动的路程看出，定积分所解决的问题可归结为求与区间$[a, b]$上有关的量A. 解决问题的步骤是：分割—近似代替—求和—取极限. 这里的整体量A对于区间$[a, b]$具有可加性，即若把区间$[a, b]$分成若干个小区间$[x_{i-1}, x_i]$ $(i=1, 2, \cdots, n)$，就有$A=\sum\limits_{i=1}^{n}\Delta A_i$，其中$\Delta A_i$是对应于小区间$[x_{i-1}, x_i]$的局部量，可以近似地求出$\Delta A_i$，即$\Delta A_i\approx f(\xi_i)\Delta x_i$ $(i=1, 2, \cdots, n)$，这里$f(x)$是已知函数，$\xi_i\in[x_{i-1}, x_i]$ $(i=1, 2, \cdots, n)$，并且满足$\Delta A_i-f(\xi_i)\Delta x_i$是比$\Delta x_i$更高阶的无穷小量（当$\Delta x_i\to 0$时），则$A$可以表示为定积分$A=\int_a^b f(x)\,\mathrm{d}x$.

如果要确定的实际问题中的所求量A符合下列条件：

(1) A是与一个变量的变化区间$[a, b]$有关的量；

(2) A对于区间$[a, b]$具有可加性；

(3) 局部量ΔA_i的近似值可表示为$f(\xi_i)\Delta x_i$，这里$f(x)$是实际问题选择的函数，则该实际问题可以用定积分来解决.

解决步骤：

第一步，分割区间，写出微元.

分割区间$[a, b]$，取具有代表性的任意一个小区间（不必写出下标号），记作$[x, x+\mathrm{d}x]$，设相应的局部量为ΔA，分析局部量ΔA，选择函数$f(x)$，写出近似等式

$$\Delta A\approx \mathrm{d}A=f(x)\,\mathrm{d}x.$$

第二步，求定积分得整体量.

令$\Delta x\to 0$，对这些微元求和取极限，得到的定积分就是所要求的整体量

$$A=\int_a^b \mathrm{d}A=\int_a^b f(x)\,\mathrm{d}x.$$

则上述方法称为定积分的元素法，又称微元法.

二、平面图形的面积

由定积分几何意义，曲线 $y=f(x)\,(f(x)\geqslant 0)$，以及直线 $x=a$、$x=b$ 及 $y=0$ 所围成的曲边梯形的面积 $A=\int_a^b f(x)\,\mathrm{d}x$.

由在区间 $[a,\ b]$ 上的连续曲线 $y=f(x)$（有的部分为正，有的部分为负）、x 轴及两直线 $x=a$ 与 $x=b$ 所围成的平面图形的面积 $A=\int_a^b |f(x)|\,\mathrm{d}x$.

如果平面区域是由区间 $[a,\ b]$ 上的两条连续曲线 $y=f(x)$ 与 $y=g(x)$ 及两直线 $x=a$ 与 $x=b$ 围成（图 6-5），则其面积 $A=\int_a^b |f(x)-g(x)|\,\mathrm{d}x$.

如果平面区域是由区间 $[c,\ d]$ 上的两条连续曲线 $x=\varphi(y)$ 与 $x=\psi(y)$ 及两直线 $y=c$ 与 $y=d$ 围成（图 6-6），则其面积 $A=\int_c^d |\varphi(y)-\psi(y)|\,\mathrm{d}y$.

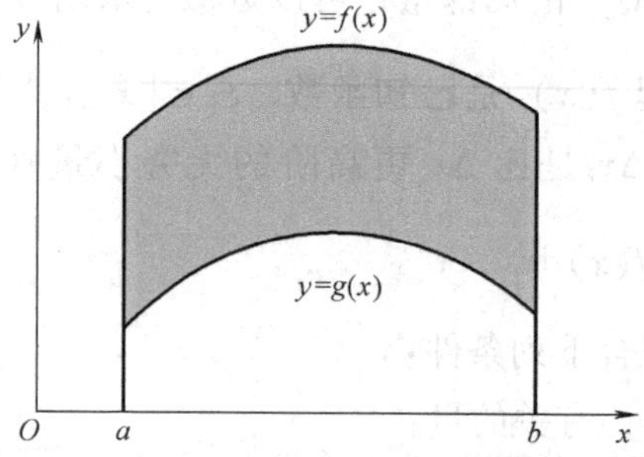

图 6-5

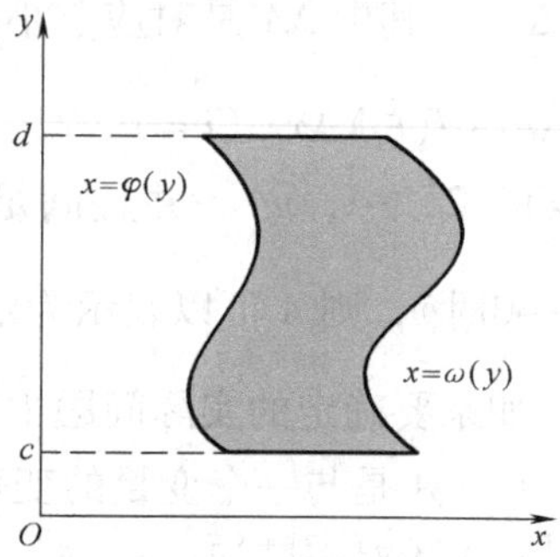

图 6-6

例 1 求由 $y=\ln x$、x 轴及两直线 $x=\frac{1}{2}$ 与 $x=2$ 所围成的平面图形的面积（图 6-7）.

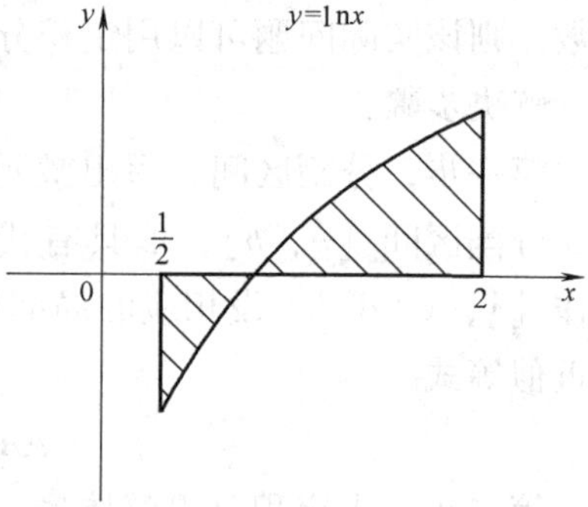

图 6-7

解 已知在 $\left[\frac{1}{2},\ 1\right]$ 上，$\ln x\leqslant 0$，在 $[1,\ 2]$ 上，$\ln x\geqslant 0$，

$$A=\int_{\frac{1}{2}}^{2}|\ln x|\,\mathrm{d}x=-\int_{\frac{1}{2}}^{1}\ln x\,\mathrm{d}x+\int_{1}^{2}\ln x\,\mathrm{d}x$$

$$=-(x\ln x-x)\Big|_{\frac{1}{2}}^{1}+(x\ln x-x)\Big|_{1}^{2}$$

$$=\frac{3}{2}\ln 2-\frac{1}{2}.$$

例 2 求抛物线 $y^2=2x$ 和直线 $y=-x+4$ 所围成的图形的面积（图 6-8）.

解　先求抛物线和直线的交点，解方程组

$\begin{cases} y^2=2x \\ y=-x+4 \end{cases}$，得交点(2, 2)和点 (8, −4).

方法一，选 x 为积分变量，变化区间为[0, 8]，面积为

$$A=\int_0^2 2\sqrt{2x}\mathrm{d}x+\int_2^8(\sqrt{2x}-x+4)\mathrm{d}x$$

$$=\frac{2}{3}[(2x)^{\frac{3}{2}}]_0^2+[\frac{1}{3}(2x)^{\frac{3}{2}}-\frac{1}{2}x^2+4x]_2^8$$

$$=18.$$

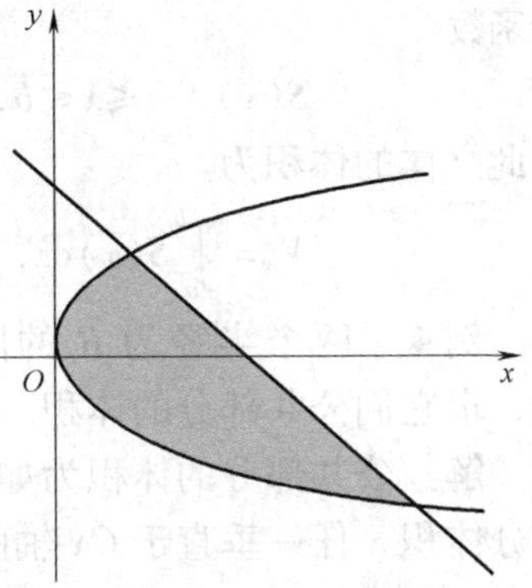

图 6-8

方法二，选 y 作积分变量，则 y 的变化区间为 [−4, 2]，所求的面积为

$$A=\int_{-4}^2(4-y-\frac{y^2}{2})\mathrm{d}y=[4y-\frac{1}{2}y^2-\frac{1}{6}y^3]_{-4}^2=18.$$

例 3　求椭圆 $\frac{x^2}{a^2}+\frac{y^2}{b^2}=1$ 所围成的面积.

解　此椭圆关于两个坐标轴都对称（图 6-9），故只需求在第一象限内的面积 A_1，则椭圆的面积为 $A=4A_1=4\int_0^a y\mathrm{d}x$.

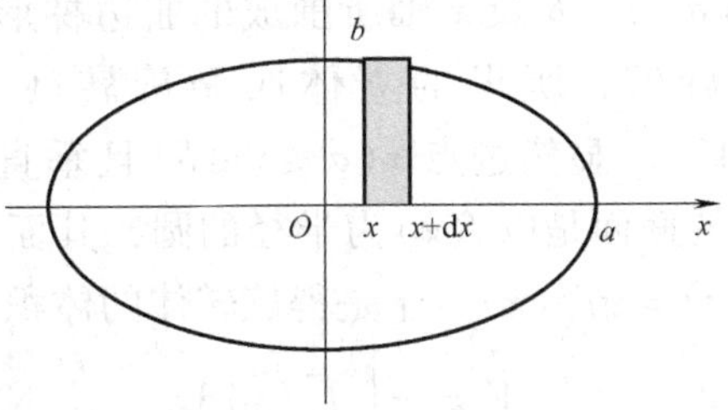

图 6-9

椭圆的参数方程 $\begin{cases} x=a\cos t \\ y=b\sin t \end{cases}$，则

$$y=b\sin t,\ \mathrm{d}x=-a\sin t\mathrm{d}t.$$

$$A=4\int_0^a y\mathrm{d}x=4\int_{\frac{\pi}{2}}^0 b\sin t(-a\sin t)\mathrm{d}t$$

$$=4ab\int_0^{\frac{\pi}{2}}\sin^2 t\mathrm{d}t=4ab\cdot\frac{1}{2}\cdot\frac{\pi}{2}=\pi ab.$$

当 $a=b$ 时，就得到圆的面积公式 $A=\pi a^2$.

参数方程所确定的函数的积分，实质是做了一次变量代换.

三、两种特殊立体的体积

1. 平行截面面积为已知函数的立体体积

设空间某立体由一曲面和垂直于 x 轴的两平面 $x=a$、$x=b$ 围成（图 6-10），如果用过任意点 $x(a\leqslant x\leqslant b)$ 且垂直于 x 轴的平面截立体，所得到的截面面积是已知连

续函数

$$S(x),\ a\leqslant x\leqslant b,$$

则此立体的体积为

$$V=\int_a^b S(x)\,\mathrm{d}x.$$

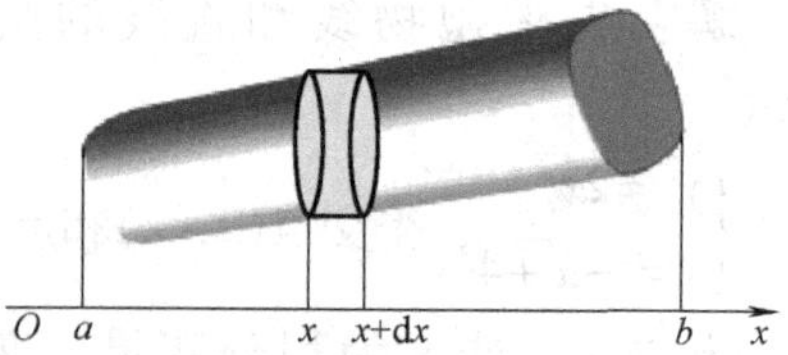

图 6-10

例 4 两个半径为 R 的圆柱体垂直相交，求它们公共部分的体积.

解 公共部分的体积为如图 6-11 所示的阴影部分体积的 8 倍，现考虑阴影部分体积. 任一垂直于 Ox 轴的截面为正方形，因此截面面积为

$S(x)=R^2-x^2$，所以 $V=8\int_0^R(R^2-x^2)\,\mathrm{d}x$

$$=8\left[R^2x-\frac{1}{3}x^3\right]_0^R=\frac{16}{3}R^3.$$

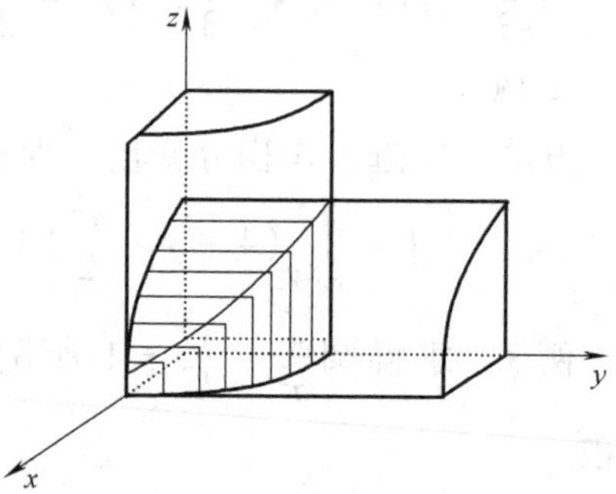

图 6-11

2. 旋转体的体积

由连续曲线 $y=f(x)\,(f(x)\geqslant 0)$ 与直线 $x=a$、$x=b$ 及 x 轴所围成的曲边梯形绕 x 轴旋转，所得的立体叫做旋转体（图 6-12）. 显然过点 $x\,(a\leqslant x\leqslant b)$ 且垂直于 x 轴的截面是以 $f(x)$ 为半径的圆，其面积是 $S(x)=\pi f^2(x)$，于是得旋转体的体积

$$V=\pi\int_a^b f^2(x)\,\mathrm{d}x.$$

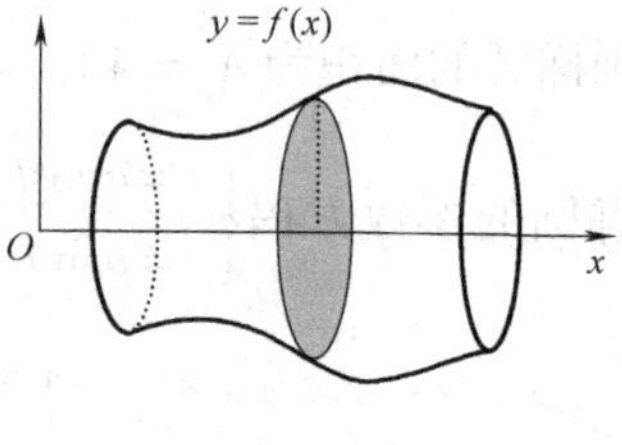

图 6-12

类似地，由连续曲线 $x=\varphi(y)$ 和直线 $y=c$、$y=d$ 及 y 轴所围成曲边梯形绕 y 轴旋转所生成的旋转体的体积为

$$V=\pi\int_c^d \varphi^2(y)\,\mathrm{d}y.$$

例 5 求椭圆 $\dfrac{x^2}{a^2}+\dfrac{y^2}{b^2}=1$ 分别绕 x 轴和 y 轴旋转所得旋转体的体积.

解 （1）绕 x 轴旋转.

由半个椭圆 $y=\dfrac{b}{a}\sqrt{a^2-x^2}$ 及 x 轴围成的图形绕 x 轴旋转而成的立体体积为

$$V_x=\pi\int_{-a}^{a}\frac{b^2}{a^2}(a^2-x^2)\,\mathrm{d}x=\pi\frac{b^2}{a^2}\left[a^2x-\frac{1}{3}x^3\right]_{-a}^{a}=\frac{4}{3}\pi ab^2.$$

（2）绕 y 轴旋转.

$$V_y = \pi\int_{-b}^{b} \frac{a^2}{b^2}(b^2 - y^2)\mathrm{d}y = \pi \frac{a^2}{b^2}\left[b^2 y - \frac{1}{3}y^3\right]_{-b}^{b} = \frac{4}{3}\pi a^2 b.$$

当 $a=b$ 时，得半径为 a 的球体体积

$$V=\frac{4}{3}\pi a^3.$$

例 6　求圆 $(x-b)^2+y^2=a^2(0<a<b)$ 绕 y 轴旋转一周的旋转体的体积.

解　圆的方程改写为 $x=b\pm\sqrt{a^2-y^2}$.

如图 6-13 所示，x 轴正方向上的圆截面方程为

$$\varphi_1(y)=b+\sqrt{a^2-y^2}$$

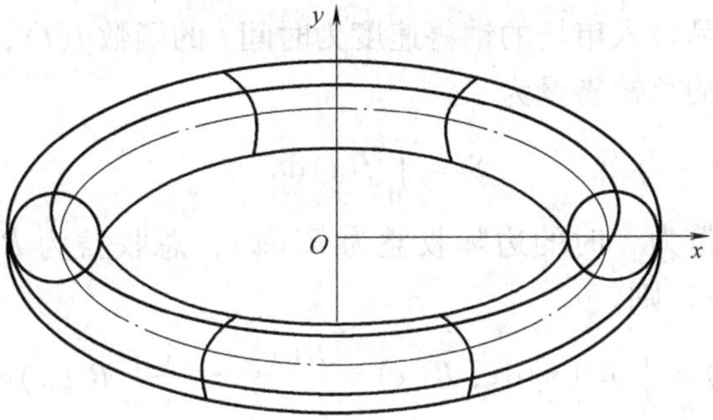

图 6-13

x 轴负方向上的圆截面方程为

$$\varphi_2(y)=b-\sqrt{a^2-y^2}$$

所求的旋转体（环体）的体积是分别以两个半圆为曲边的曲边梯形绕 y 轴旋转一周的旋转体的体积的差，即

$$\begin{aligned}
V &= \pi\int_{-a}^{a}(\varphi_1(y))^2\mathrm{d}y - \pi\int_{-a}^{a}(\varphi_2(y))^2\mathrm{d}y \\
&= \pi\int_{-a}^{a}\{[\varphi_1(y)]^2-[\varphi_2(y)]^2\}\mathrm{d}y \\
&= \pi\int_{-a}^{a}[(b+\sqrt{a^2-y^2})^2-(b-\sqrt{a^2-y^2})^2]\mathrm{d}y \\
&= 8b\pi\int_{0}^{a}\sqrt{a^2-y^2}\mathrm{d}y \\
&= 8b\pi\left[\frac{y}{2}\sqrt{a^2-y^2}+\frac{a^2}{2}\arcsin\frac{y}{a}\right]_0^a \\
&= 2a^2b\pi^2.
\end{aligned}$$

四、定积分在经济中的简单应用

首先介绍几个相关概念.

已知某产品在时刻 t 的总产量的变化率为 $f(t)$，则从时刻 t_1 到时刻 t_2 的总产量为 $Q = \int_{t_1}^{t_2} f(t)\,dt$.

已知边际成本 $C'(x)$ 是产品的产量 x 的函数，则生产第 x 个单位产品的总成本为

$$C(x) = \int_0^x C'(x)\,dx + C_0.$$

已知总费用变化率 $f(x)$，其中 x 是变量，则总费用为

$$F(x) = \int_0^x f(x)\,dx.$$

已知某种新产品投入市场的销售速度为时间 t 的函数 $f(t)$，那么，在 T 个单位时间内，该产品的总销售量为

$$S = \int_0^T f(t)\,dt.$$

已知某产品产量为 x 时的边际收益为 $R'(x)$，总收益为 $R(x)$，销售量为 x 的平均收益为 $\overline{R}(x)$，则

$$R(x) = \int_0^x R'(x)\,dx,\ \overline{R}(x) = \frac{R(x)}{x} = \frac{1}{x}\int_0^x R'(x)\,dx.$$

例 7 已知某商品每周生产 x 单位时，总费用的变化率是 $f(x) = 0.4x - 12$（元/单位），求总费用 $F(x)$. 如果这种产品的销售单价是 20 元，求总利润 $L(x)$，并问每周生产多少单位时才能获得最大利润？

解 总费用 $F(x) = \int_0^x (0.4x - 12)\,dx = [0.2x^2 - 12x]_0^x = 0.2x^2 - 12x$，销售 x 单位商品得到的总收入为 $R(x) = 20x$.

又因为利润 $L(x) = R(x) - F(x)$，所以

$$L(x) = 20x - (0.2x^2 - 12x) = 32x - 0.2x^2.$$

令 $L'(x) = 0$，即 $32 - 0.4x = 0$，得

$$x = 80,$$

因此最大利润为

$$L(80) = 32 \times 80 - 0.2 \times 80^2 = 1280\ (\text{元}).$$

例 8 已知某产品的边际成本为 $C'(x) = 2x^2 - 3x + 2$（元/单位），求

（1）生产前 6 个单位产品的可变成本.

（2）若固定成本 $C(0) = 6$ 元，求前 6 个产品的平均成本.

（3）求生产第 10 个到第 15 个单位产品时的平均成本.

解 （1）生产前 6 个单位产品，即从生产第 1 个到第 6 个单位的可变成本为

$$C_{1,6}=\int_0^6(2x^2-3x+2)\,dx=\left[\frac{2}{3}x^3-\frac{3}{2}x^2+2x\right]_0^6=102\text{（元）}.$$

（2）
$$C(6)=\int_0^6(2x^2-3x+2)\,dx+6=102+6=108,$$

$$\overline{C}(6)=\frac{108}{6}=18\text{（元/单位）}.$$

（3）
$$C_{10,15}=\int_{10-1}^{15}(2x^2-3x+2)\,dx=\left[\frac{2}{3}x^3-\frac{3}{2}x^2+2x\right]_9^{15}$$

$$=\frac{2}{3}(15^3-9^3)-\frac{3}{2}(15^2-9^2)+2(15-9)$$

$$=1764-216+12=1560\text{（元）}.$$

例 9　设某产品的平均边际成本为

$$\overline{C}'(x)=-\frac{2500}{x^2}-0.015+0.004x\text{（元/个）}.$$

已知生产 10 个产品时，其平均成本为 274.05 元，求总成本和固定成本．

解　因为平均边际成本为

$$\overline{C}'(x)=-\frac{2500}{x^2}-0.015+0.004x,$$

所以平均成本为

$$\overline{C}(x)=\int\left(-\frac{2500}{x^2}-0.015+0.004x\right)dx$$

$$=\frac{2500}{x}-0.015x+0.002x^2+c.$$

由已知 $\overline{C}(10)=274.05$ 元，即有

$$\frac{2500}{10}-0.015\times10+0.002\times10^2+c=274.05.$$

得 $c=24$，故平均成本为

$$\overline{C}(x)=\frac{2500}{x}-0.015x+0.002x^2+24.$$

因此，总成本为

$$C(x)=x\,\overline{C}(x)=2500+24x-0.015x^2+0.002x^3.$$

固定成本为

$$C(0)=2500\text{（元）}.$$

例 10　设某产品每天生产 x 单位时，边际成本为 $C'(x)=4x$（元/单位），其固定成本为 10 元，总收入 $R(x)$ 的变化率也是产量 x 的函数 $R'(x)=60-2x$．求每天生产多少单位产品时，总利润 $L(x)$ 最大？

解 可变成本就是边际成本函数在 $[0, x]$ 上的定积分，又已知固定成本为 10 元，所以总成本函数为

$$C(x) = \int_0^x 4x\mathrm{d}x + 10 = 2x^2 \Big|_0^x + 10 = 2x^2 + 10.$$

而总收入函数为

$$R(x) = \int_0^x (60 - 2x)\mathrm{d}x = 60x - x^2.$$

因而总利润函数为

$$\begin{aligned} L(x) &= R(x) - C(x) = (60x - x^2) - (2x^2 + 10) \\ &= -3x^2 + 60x - 10. \end{aligned}$$

由 $L'(x) = 60 - 6x = 0$，得 $x = 10$，又 $L''(x) = -6 < 0$，
所以每天生产 10 个单位产品可获得最大利润，最大利润为

$$L(10) = 290\ (元).$$

习题 6.4

1. 计算下列曲线所围成的平面图形的面积：

(1) $y = x^2$，$y = x$；(2) $y = \dfrac{1}{x}$，$y = x$，$x = 2$；

(3) $y = \dfrac{1}{2}x^2$，$y = x + 4$；(4) $y = \mathrm{e}^x$，$y = \mathrm{e}^{-x}$，$x = 1$；

(5) $y = x^2 - x$，$y = 1 - x^2$；(6) $y = x^2$，$4y = x^2$，$y = 1$.

2. 求曲线 $y = x^3 - 3x + 2$ 在 x 轴上介于两极值点间的曲边梯形的面积.

3. 求 c ($c > 0$) 的值，使两曲线 $y = x^2$ 与 $y = cx^3$ 所围成的图形的面积为 $\dfrac{2}{3}$.

4. 求位于曲线 $y = \mathrm{e}^x$ 下方，该曲线过原点的切线的左方及 x 轴上方的图形的面积.

5. 求下列平面图形分别绕 x 轴、y 轴旋转所得的旋转体的体积：

(1) 曲线 $y = \sqrt{x}$ 与直线 $x = 1$，$x = 4$，$y = 0$ 所围的图形；

(2) 在区间 $\left[0, \dfrac{\pi}{2}\right]$ 上，曲线 $y = \sin x$ 与直线 $x = \dfrac{\pi}{2}$，$y = 0$ 所围的图形；

(3) 曲线 $x^2 + y^2 = 1$ 与 $y^2 = \dfrac{3}{2}x$ 所围的两个图形中较小的一块.

6. 求圆盘 $x^2 + y^2 \leqslant a^2$ 绕 $x = -b$ ($b > a > 0$) 旋转所成的旋转体的体积.

7. 已知某产品总产量的变化率是时间 t（单位：年）的函数

$$f(t) = 2t + 5 \quad (t \geqslant 0),$$

求第一个五年和第二个五年的总产量各为多少.

8. 已知某产品生产了 x 个单位时，总收益 R 的变化率（边际收益）为

$$R'(x) = 200 - \frac{x}{100} \quad (x \geqslant 0),$$

(1) 求生产了 50 个单位时的总收益；

（2）如果已经生产了100个单位，求再生产100个单位时的总收益.

9. 已知某产品的边际收入为

$$R'(x)=25-2x \quad (x\geqslant 0),$$

边际成本为

$$C'(x)=13-4x \quad (x\geqslant 0),$$

固定成本为 $C_0=10$，求当 $x=5$ 时的毛利润和纯利润.

10. 假设某产品的边际收入函数为

$$R'(x)=9-x \quad (x\geqslant 0)$$

边际成本函数为

$$C'(x)=4+\frac{x}{4} \quad (x\geqslant 0)(\text{万元每万台}),$$

（1）试求当产量由4万台增加到5万台时利润的变化量；

（2）当产量为多少时利润最大？

（3）已知固定成本为1万元，求总成本函数 $C(x)$ 和利润函数 $L(x)$.

11. 已知一抛物线过点 A（1，0），B（3，0），

（1）求证两坐标轴与该抛物线所围图形面积等于 x 轴与该抛物线所围图形面积.

（2）求上面两图形绕 x 轴旋转所得两个旋转体体积比.

12. 已知 $y=px^2+q(x)$，$(p<0,\ q>0)$ 在第一象限内与直线 $y=-x+5$ 相切，且此抛物线与 x 轴所围图形面积为 S，问 p，q 取何值时面积 S 最大？

13. 设 $y=f(x)$ 是区间[0，1]上的任一非负连续函数.

（1）试证存在 $x_0\in(0,1)$ 使得在区间 $[0,x_0]$ 上以 $f(x_0)$ 为高的矩形面积等于在区间 $[x_0,1]$ 上以 $y=f(x)$ 为曲边的曲边梯形面积；

（2）又设 $f(x)$ 在区间(0，1)内可导，且 $f'(x)>-\frac{2f(x)}{x}$，证明（1）中的 x_0 是惟一的.

14. 设 $y=f(x)$ 是区间 $[a,b]$ 上的任一连续单调增加正函数，$t\in[a,b]$，由 $y=f(x)$，$y=f(a)$，$x=t$ 所围的图形面积为 $S_1(t)$，由 $y=f(x)$，$y=f(b)$，$x=t$ 所围的图形面积为 $S_1(t)$.

（1）试证存在惟一的 $t\in(a,b)$ 使得 $S_1(t_0)=S_2(t_0)$；

（2）问函数 $S_1(t)+S_2(t)$ 是否有最小值？

15. 设曲线方程为 $y=\mathrm{e}^{-x}$ $(0\leqslant x)$.

（1）把曲线 $y=\mathrm{e}^{-x}(0\leqslant x)$，$x$ 轴、y 轴和直线 $x=\xi$，$(\xi>0)$ 所围成的平面图形绕 x 轴旋转一周得一旋转体，求此旋转体的体积 $V(\xi)$ 以及满足 $V(a)=\frac{1}{2}\lim\limits_{\xi\to+\infty}V(\xi)$ 的 a；

（2）在此曲线上找一点，使过该点的切线与两坐标轴所围平面图形面积最大，并求出该面积.

第五节　广义积分与Γ—函数

一、无穷限的广义积分

定义6.3　设函数 $f(x)$ 在区间 $[a,+\infty)$ 上连续，取 $b>a$，如果极限 $\lim\limits_{b\to+\infty}\int_a^b f(x)\mathrm{d}x$

存在，则称此极限值为函数$f(x)$在无穷区间$[a, +\infty)$上的广义积分，记作$\int_a^{+\infty} f(x)\mathrm{d}x$，即

$$\int_a^{+\infty} f(x)\mathrm{d}x = \lim_{b\to+\infty}\int_a^b f(x)\mathrm{d}x .$$

这时也称广义积分$\int_a^{+\infty} f(x)\mathrm{d}x$收敛；反之，则称广义积分$\int_a^{+\infty} f(x)\mathrm{d}x$发散.

同样，可以定义函数$f(x)$在区间$(-\infty, b]$，$(-\infty, +\infty)$上的广义积分.

定义 6.4 设函数$f(x)$在区间$(-\infty, b]$上连续，取$a < b$，如果极限$\lim\limits_{a\to-\infty}\int_a^b f(x)\mathrm{d}x$存在，则称此极限值为函数$f(x)$在无穷区间$(-\infty, b]$上的广义积分，记作$\int_{-\infty}^b f(x)\mathrm{d}x$，即

$$\int_{-\infty}^b f(x)\mathrm{d}x = \lim_{a\to-\infty}\int_a^b f(x)\mathrm{d}x.$$

也称广义积分$\int_{-\infty}^b f(x)\mathrm{d}x$收敛. 如果上述极限不存在，就称广义积分$\int_{-\infty}^b f(x)\mathrm{d}x$发散.

定义 6.5 设函数$f(x)$在区间$(-\infty, +\infty)$连续，如果广义积分$\int_{-\infty}^0 f(x)\mathrm{d}x$和$\int_0^{+\infty} f(x)\mathrm{d}x$都收敛，则称上述两广义积分之和为函数$f(x)$在无穷区间$(-\infty, +\infty)$上的广义积分，记作$\int_{-\infty}^{+\infty} f(x)\mathrm{d}x$，即

$$\int_{-\infty}^{+\infty} f(x)\mathrm{d}x = \int_{-\infty}^0 f(x)\mathrm{d}x + \int_0^{+\infty} f(x)\mathrm{d}x .$$

这时也称广义积分$\int_{-\infty}^{+\infty} f(x)\mathrm{d}x$收敛，否则，就称广义积分$\int_{-\infty}^{+\infty} f(x)\mathrm{d}x$发散.

设函数$f(x)$在区间$[a, +\infty)$上连续，$F(x)$是$f(x)$的原函数，为了方便，分别记作

$$\lim_{b\to+\infty}[F(x)]_a^b \text{为} [F(x)]_a^{+\infty},\quad \lim_{a\to-\infty}[F(x)]_a^b \text{为} [F(x)]_{-\infty}^b$$

则无穷限的广义积分 $\int_a^{+\infty} f(x)\mathrm{d}x = [F(x)]_a^{+\infty}$，$\int_{-\infty}^b f(x)\mathrm{d}x = [F(x)]_{-\infty}^b$

例 1 求$\int_0^{+\infty}\frac{\mathrm{d}x}{1+x^2}$，$\int_{-\infty}^0\frac{\mathrm{d}x}{1+x^2}$，$\int_{-\infty}^{+\infty}\frac{\mathrm{d}x}{1+x^2}$.

解 $\int_0^{+\infty}\frac{\mathrm{d}x}{1+x^2} = \lim\limits_{b\to+\infty}\int_0^b\frac{\mathrm{d}x}{1+x^2} = \lim\limits_{b\to+\infty}\arctan x\Big|_0^b = \lim\limits_{b\to+\infty}\arctan b = \frac{\pi}{2}$

$$\int_{-\infty}^0\frac{\mathrm{d}x}{1+x^2} = \arctan x\Big|_{-\infty}^0 = \frac{\pi}{2}$$

$$\int_{-\infty}^{\infty}\frac{\mathrm{d}x}{1+x^2}=\arctan x\Big|_{-\infty}^{+\infty}=\frac{\pi}{2}-\left(-\frac{\pi}{2}\right)=\pi.$$

例 2　求 $\int_0^{+\infty}te^{-t}\mathrm{d}t$.

解　$$\int_0^{+\infty}te^{-t}\mathrm{d}t=\lim_{b\to+\infty}\int_0^b te^{-t}\mathrm{d}t=\lim_{b\to+\infty}\left\{[-te^{-t}]_0^b+\int_0^b e^{-t}\mathrm{d}t\right\}$$

$$=-\lim_{b\to+\infty}\frac{b}{e^b}+\lim_{b\to+\infty}[-e^{-t}]_0^b$$

$$=0-(0-1)=1.$$

例 3　讨论广义积分 $\int_a^{+\infty}\frac{\mathrm{d}x}{x^p}\mathrm{d}x(a>0)$ 的收敛性.

解　当 $p\neq1$ 时

$$\int_a^{+\infty}\frac{\mathrm{d}x}{x^p}=\left[\frac{x^{1-p}}{1-p}\right]_a^{+\infty}=\begin{cases}\dfrac{a^{1-p}}{p-1},p>1\\+\infty,p<1\end{cases}$$

又当 $p=1$ 时　$\int_a^{+\infty}\frac{\mathrm{d}x}{x}=[\ln x]_a^{+\infty}=+\infty$

因此，广义积分 $\int_a^{+\infty}\frac{1}{x^p}\mathrm{d}x$ 当 $p>1$ 时收敛于$\frac{a^{1-p}}{p-1}$，当 $p\leqslant1$ 时发散.

二、无界函数的广义积分

若 x_0 是函数 $f(x)$ 的无穷间断点，即 $\lim\limits_{x\to x_0}f(x)=\infty$，则 x_0 是 $f(x)$ 的瑕点.

定义 6.6　设函数 $f(x)$ 在区间 $(a,b]$ 上连续，且 a 为瑕点取 $\eta>0$，如果极限 $\lim\limits_{\eta\to0^+}\int_{a+\eta}^b f(x)\mathrm{d}x$ 存在，则称此极限值为无界函数 $f(x)$ 在区间 $[a,b]$ 上的广义积分或瑕积分，记作 $\int_a^b f(x)\mathrm{d}x$，即

$$\int_a^b f(x)\mathrm{d}x=\lim_{\eta\to0^+}\int_{a+\eta}^b f(x)\mathrm{d}x.$$

也称广义积分 $\int_a^b f(x)\mathrm{d}x$ 收敛，若上述极限不存在，则称广义积分 $\int_a^b f(x)\mathrm{d}x$ 发散.

当 b 为瑕点或 $c\in(a,\ b)$ 为瑕点时，可类似地定义函数 $f(x)$ 在区间 $[a,\ b]$ 上的瑕积分

$$\int_a^b f(x)\mathrm{d}x=\lim_{\eta\to0^+}\int_a^{b-\eta}f(x)\mathrm{d}x$$

$$\int_a^b f(x)\mathrm{d}x=\int_a^c f(x)\mathrm{d}x+\int_c^b f(x)\mathrm{d}x$$

$$=\lim_{\eta\to0^+}\int_a^{c-\eta}f(x)\mathrm{d}x+\lim_{\delta\to0^+}\int_{c+\delta}^b f(x)\mathrm{d}x.$$

例 4 计算$\int_0^1 \ln x dx$.

解 因为$\lim\limits_{x\to 0^+}\ln x=-\infty$，所以点$x=0$是瑕点，

$$\int_0^1 \ln x dx=\lim_{\eta\to 0^+}\int_\eta^1 \ln x dx=\lim_{\eta\to 0^+}[x\ln x-x]_\eta^1$$
$$=\lim_{\eta\to 0^+}[-1-\eta\ln\eta+\eta]=-1.$$

例 5 讨论广义积分$\int_a^b \frac{dx}{(x-a)^q}$的敛散性（$b>a>0$，$q>0$）.

解 显然点$x=a$是瑕点，当$q\neq 1$时，

$$\int_a^b \frac{dx}{(x-a)^q}=\lim_{\eta\to 0^+}\int_{a+\eta}^b \frac{dx}{(x-a)^q}=\lim_{\eta\to 0^+}\left[\frac{(x-a)^{1-q}}{1-q}\right]_{a+\eta}^b$$
$$=\lim_{\eta\to 0^+}\frac{1}{1-q}[(b-a)^{1-q}-\eta^{1-q}]=\begin{cases}\dfrac{(b-a)^{1-q}}{1-q}, & q<1\\ -\infty, & q>1\end{cases}$$

当$q=1$时，

$$\int_a^b \frac{dx}{(x-a)^q}=\int_a^b \frac{dx}{x-a}=\lim_{\eta\to 0^+}\int_{a+\eta}^b \frac{dx}{x-a}=\lim_{\eta\to 0^+}[\ln(x-a)]_{a+\eta}^b$$
$$=\lim_{\eta\to 0^+}[\ln(b-a)-\ln\eta]=+\infty$$

因此，广义积分$\int_a^b \frac{dx}{(x-a)^q}$，当$q<1$时收敛；当$q\geqslant 1$时发散；

同样可得，广义积分$\int_a^b \frac{dx}{(b-x)^q}$，当$q<1$时收敛，当$q\geqslant 1$时发散.

三、Γ— 函数

定义 6.7 积分$\Gamma(\alpha)=\int_0^{+\infty} x^{\alpha-1}e^{-x}dx \quad (\alpha>0)$称为Γ—函数.

Γ—函数有一个重要性质，即递推公式

$$\Gamma(\alpha+1)=\alpha\Gamma(\alpha).$$

这是因为

$$\Gamma(\alpha+1)=\int_0^{+\infty} x^\alpha e^{-x}dx=-x^\alpha e^{-x}\Big|_0^{+\infty}+\alpha\int_0^{+\infty} x^{\alpha-1}e^{-x}dx$$
$$=\alpha\int_0^{+\infty} x^{\alpha-1}e^{-x}dx=\alpha\Gamma(\alpha).$$

特别地

$$\Gamma(n+1)=n!.$$

这是因为

$$\Gamma(n+1)=n\Gamma(n)=n(n-1)\Gamma(n-1)=\cdots=n!\Gamma(1),$$

又因为

$$\Gamma(1)=\int_0^{+\infty}e^{-x}dx=-e^{-x}\Big|_0^{+\infty}=1,$$

所以

$$\Gamma(n+1)=n!.$$

Γ—函数还可以写成另一形式：

$$\Gamma(\alpha)=2\int_0^{+\infty}t^{2\alpha-1}e^{-t^2}dt(\alpha>0).$$

$$\Gamma\left(\frac{1}{2}\right)=2\int_0^{+\infty}e^{-t^2}dt.$$

可以证明

$$\Gamma\left(\frac{1}{2}\right)=2\int_0^{+\infty}e^{-t^2}dt=\sqrt{\pi}.$$

例 6　计算 $\int_0^{+\infty}x^5e^{-x}dx$.

解　$\int_0^{+\infty}x^5e^{-x}dx=\Gamma(6)=5!=120$.

例 7　计算 $\int_0^{+\infty}\sqrt{x}e^{-x}dx$

解　$\int_0^{+\infty}\sqrt{x}e^{-x}dx=\int_0^{+\infty}x^{\frac{3}{2}-1}e^{-x}dx=\Gamma\left(\frac{3}{2}\right)=\Gamma\left(\frac{1}{2}+1\right)=\frac{1}{2}\Gamma\left(\frac{1}{2}\right)=\frac{1}{2}\sqrt{\pi}$.

习题 6.5

1. 下列积分中不是广义积分的是（　　）.

A. $\int_1^e\frac{dx}{x\ln x}$; B. $\int_{-2}^{-1}\frac{dx}{x}$; C. $\int_0^1\frac{dx}{1-e^x}$; D. $\int_0^{\frac{\pi}{2}}\frac{dx}{\cos x}$.

2. 下列广义积分发散的是（　　）.

A. $\int_1^{+\infty}\frac{dx}{x}$; B. $\int_1^{+\infty}\frac{dx}{x\sqrt{x}}$; C. $\int_1^{+\infty}\frac{dx}{x^2}$; D. $\int_1^{+\infty}\frac{dx}{x^2\sqrt{x}}$.

3. 下列广义积分收敛的是（　　）.

A. $\int_0^1\frac{dx}{x}$; B. $\int_0^1\frac{dx}{\sqrt{x}}$; C. $\int_0^1\frac{dx}{x^2}$; D. $\int_0^1\frac{dx}{x\sqrt{x}}$.

4. 计算下列广义积分：

(1) $\int_0^{+\infty}xe^{-x}dx$;(2) $\int_{-\infty}^{+\infty}\frac{x}{\sqrt{1+x^2}}dx$;(3) $\int_0^1\frac{dx}{\sqrt{1-x}}$;(4) $\int_0^2\frac{dx}{(x-1)^2}$.

5. 计算下列积分：

(1) $\int_0^{+\infty}x^4e^{-x}dx$;(2) $\int_0^{+\infty}x^2e^{-2x^2}dx$.

第七章　多元函数的微积分

前面我们讨论的函数都是只有一个自变量的一元函数，研究的问题属于一元函数的微分和积分问题．但在许多实际问题中往往涉及到多方面的因素，反映到数学上就是一个变量依赖于多个变量的情形．本章我们就讨论多元函数的微分和积分问题.

第一节　预备知识

一、空间直角坐标系

1. 坐标系和坐标

由公共原点 O，三条互相垂直的数轴 Ox 轴（横轴），Oy 轴（纵轴），Oz 轴（竖轴），符合右手规则，则构成一个空间直角坐标系．点 O 称为坐标原点，数轴 Ox，Oy，Oz 统称为坐标轴．xOy，yOz，zOx 三个坐标面．三个坐标面将空间分成八个部分，每一部分称为卦限（图 7-1）.

设 M 为空间中一点，过点 M 作三个平面分别垂直于三条坐标轴，它们与 x 轴，y 轴，z 轴的交点依次为 P，Q，R（图 7-2），设 P，Q，R 三点在三个坐标轴的坐标依次为 x，y，z. 空间一点 M 就惟一地确定了一个有序数组（x，y，z），称为 M 的直角坐标，x、y、z 分别称为点 M 的横坐标、纵坐标和竖坐标，记作M（x，y，z）.

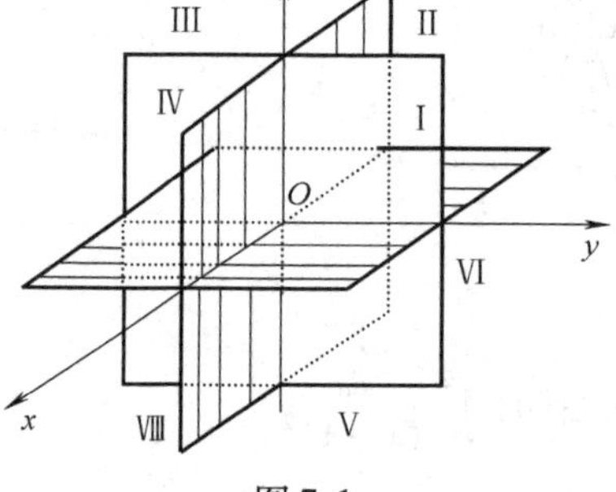

图 7-1

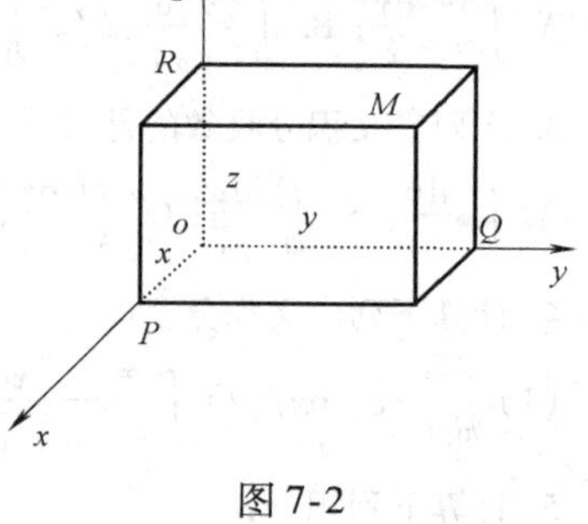

图 7-2

2. 两点间的距离

设 $M_1(x_1, y_1, z_1)$，$M_2(x_2, y_2, z_2)$ 为空间两点，我们可用两点的坐标来

表达它们之间的距离 d 如下

$$d=|M_1M_2|=\sqrt{(x_2-x_1)^2+(y_2-y_1)^2+(z_2-z_1)^2}.$$

特别地，$M(x, y, z)$ 与原点 $O(0, 0, 0)$ 的距离为

$$d=|OM|=\sqrt{x^2+y^2+z^2};$$

$M(x, y, z)$ 到 x 轴的距离为

$$d=\sqrt{y^2+z^2};$$

到 xOy 面的距离为

$$d=|z|.$$

类似可得到点 M 到 y 轴、z 轴以及 xOz 面、yOz 面的距离公式.

二、空间曲面与方程

定义 7.1 如果曲面 S 与三元方程 $F(x, y, z)=0$ 有如下关系：

(1) 曲面 S 上任一点的坐标都满足方程；

(2) 不在曲面上的点的坐标都不满足方程.

那么，方程就称为曲面 S 的方程，而曲面 S 就称为方程的图形.

如果方程对 x，y，z 是一次的，所表示的曲面称为一次曲面，平面是一次曲面. 如果方程是二次的，所表示曲面称为二次曲面.

下面介绍几个重要的特殊曲面.

1. 球面

空间中与一个定点有等距离的点的集合称为球面，定点称为球心，定距离称为半径. 若球心为 $Q(a, b, c)$，半径为 R，设点 $P(x, y, z)$ 为球面上任一点，则，由于 $|PQ|=R$，有

$$\sqrt{(x-a)^2+(y-b)^2+(z-c)^2}=R.$$

消去根式，得球面方程

$$(x-a)^2+(y-b)^2+(z-c)^2=R^2.$$

将上式球面方程展开得

$$x^2+y^2+z^2-2ax-2by-2cz+(a^2+b^2+c^2-R^2)=0,$$

即方程具有

$$x^2+y^2+z^2+2Ax+2By+2Cz+D=0 \text{ 的形式.}$$

反之经过配方

$$(x+A)^2+(y+B)^2+(z+C)^2+D-(A^2+B^2+C^2)=0,$$

当 $A^2+B^2+C^2-D>0$ 时，表示球心在 $(-A, -B, -C)$，半径为 $\sqrt{A^2+B^2+C^2-D}$ 的球面；当 $A^2+B^2+C^2-D=0$，表示一点；当 $A^2+B^2+C^2-D<0$，没有轨迹.

2. 柱面

如图7-3所示，一般地，平行于定直线并沿着定曲线 C 移动的直线 L 的轨迹称为柱面. 曲线 C 称为准线. 动直线 L 称为柱面的一条母线. 准线 C 是直线的柱面称为平面，是圆的柱面称为圆柱面.

一般说来，若一个方程中缺少一个坐标，则这个方程所表示的轨迹是一个柱面，它的母线平行于所缺少的那个坐标的坐标轴，它的准线就是在与母线垂直的坐标平面上由原方程所表示的平面曲线.

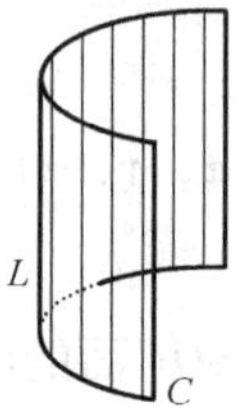

图7-3

例如 $x^2+z^2=1$ 在 zOx 平面上表示一个圆，而在空间中则表示一个以此圆为准线，母线平行于 y 轴的圆柱面，又如 $y-x^2=0$ 表示以此抛物线为准线，母线平行于 z 轴的抛物柱面.

3. 旋转曲面

定义 7.2　平面曲线 l 绕与其在平面上一定直线旋转所成的曲面称为旋转曲面，定直线称为旋转曲面的轴，曲线 l 称为这旋转曲面的一条母线（图7-4）.

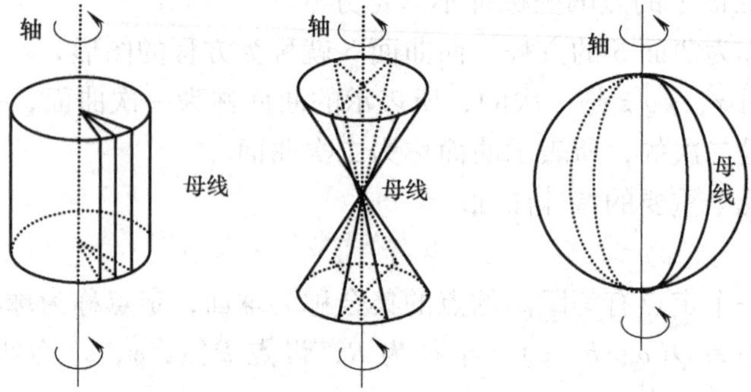

图7-4

一般地，若 yOz 面上一条曲线 L 的方程为 $\begin{cases} f(y,z)=0 \\ x=0 \end{cases}$，这条曲线绕 z 轴旋转，就得到一个以 z 轴为轴的旋转曲面. 其方程为

$$f(\pm\sqrt{x^2+y^2},z)=0.$$

同理，曲线 L 绕 y 轴旋转所成的旋转曲面的方程为

$$f(y,\pm\sqrt{x^2+z^2})=0.$$

比如，椭圆 $\begin{cases} \dfrac{x^2}{a^2}+\dfrac{z^2}{b^2}=1 \\ z=0 \end{cases}$ 绕 x 轴旋转所成的曲面方程为

$$\frac{x^2}{a^2}+\frac{y^2+z^2}{b^2}=1.$$

若此椭圆绕 z 轴旋转，则所成的曲面方程为

$$\frac{x^2+y^2}{a^2}+\frac{z^2}{b^2}=1.$$

又如，抛物线 $\begin{cases} y^2=2pz \\ x=0 \end{cases}$ 绕 z 轴旋转所成的曲面的方程为

$$x^2+y^2=2pz.$$

4. 椭球面

由方程$\frac{x^2}{a^2}+\frac{y^2}{b^2}+\frac{z^2}{c^2}=1$ 所确定的曲面称为椭球面．这里 a，b，c 都是正数（图 7-5）．

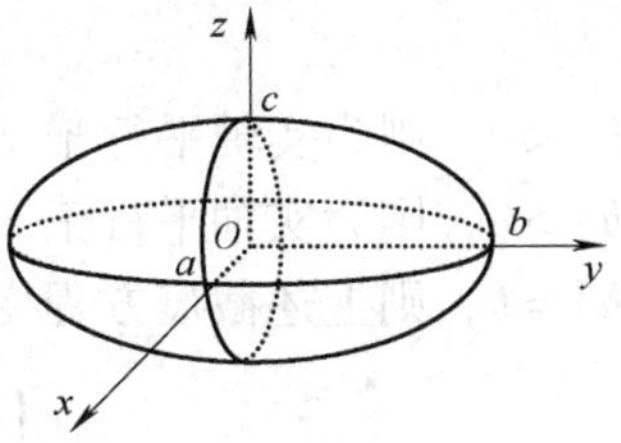

图 7-5

椭球面的性质：

（1）对称性：椭球面对于坐标平面、坐标轴和坐标原点都对称．

（2）椭球面被三个坐标面 xOy，yOz，zOx 所截的截痕各为椭圆（切截法）

$$\begin{cases} \frac{x^2}{a^2}+\frac{y^2}{b^2}=1, \\ z=0 \end{cases}\quad \begin{cases} \frac{y^2}{b^2}+\frac{z^2}{c^2}=1 \\ x=0 \end{cases},\quad \begin{cases} \frac{x^2}{a^2}+\frac{z^2}{c^2}=1 \\ y=0 \end{cases}.$$

用平行于坐标面 xOy 的平面 $z=h$（$|h|<c$）截椭球面，截痕为椭圆

$$\begin{cases} \dfrac{x^2}{a^2\left(1-\dfrac{h^2}{c^2}\right)}+\dfrac{y^2}{b^2\left(1-\dfrac{h^2}{c^2}\right)}=1 \\ z=h \end{cases}.$$

此椭圆的半轴为$\frac{a}{c}\sqrt{c^2-h^2}$，$\frac{b}{c}\sqrt{c^2-h^2}$．如果 $h=\pm c$，则截痕缩为两点：$(0,0,c)$与$(0,0,-c)$．

至于平行于其他两个坐标面的平面截此椭球面时，所得到的结果完全类似．

（3）如果 $a=b=c\neq 0$，则表示一个球面．

5. 单叶双曲面

根据方程 $\frac{x^2}{a^2}+\frac{y^2}{b^2}-\frac{z^2}{c^2}=1$，$\frac{x^2}{a^2}-\frac{y^2}{b^2}+\frac{z^2}{c^2}=1$，$-\frac{x^2}{a^2}+\frac{y^2}{b^2}+\frac{z^2}{c^2}=1$所确定的曲面称为单叶双曲面，其中 a，b，c 均为正数，称为双曲面的半轴．以$\frac{x^2}{a^2}+\frac{y^2}{b^2}-\frac{z^2}{c^2}=1$为例（图 7-6）．

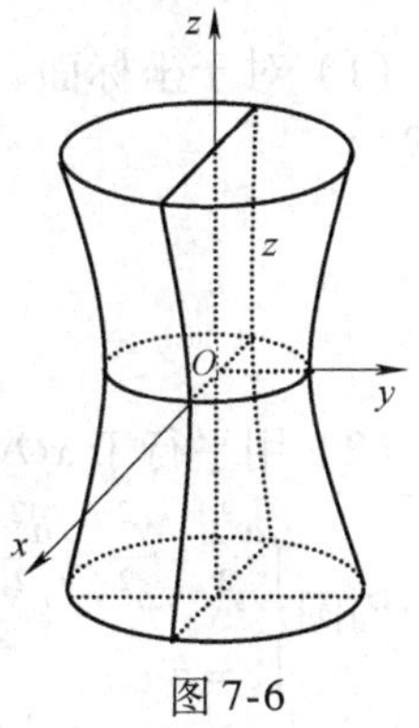

图 7-6

显然，它对于坐标面、坐标轴和坐标原点都是对称的．

（1）用平行于坐标面 xOy 的平面 $z=h$ 截曲面，其截

痕是一椭圆

$$\begin{cases}\dfrac{x^2}{a^2}+\dfrac{y^2}{b^2}=1+\dfrac{h^2}{c^2},\\ z=h\end{cases}$$

半轴为 $\dfrac{a}{c}\sqrt{c^2+h^2}$，$\dfrac{b}{c}\sqrt{c^2+h^2}$. 当 $h=0$ 时（xOy 面），半轴最小.

（2）用平行于坐标面 xOz 的平面 $y=h$ 截曲面的截痕为

$$\begin{cases}\dfrac{x^2}{a^2}-\dfrac{z^2}{c^2}=1-\dfrac{h^2}{b^2},\\ y=h\end{cases}$$

若 $|h|<b$，则为实轴平行于 x 轴，虚轴平行于 z 轴的双曲线；
若 $|h|>b$，则为实轴平行于 z 轴，虚轴平行于 x 轴的双曲线；
若 $|h|=b$，则上述截痕方程变成

$$\begin{cases}\left(\dfrac{x}{a}+\dfrac{z}{c}\right)\left(\dfrac{x}{a}-\dfrac{z}{c}\right)=0,\\ y=h\end{cases}$$

这表示平面 $y=\pm b$ 与其的截痕是一对相交的直线，交点为 $(0, b, 0)$ 和 $(0, -b, 0)$.

（3）坐标面 yOz 和平行于 yOz 的平面截单叶双曲面的截痕与上面第二步讨论类似.

（4）若 $a=b$，则单叶双曲面变成单叶旋转双曲面.

6. 双叶双曲面

由方程 $-\dfrac{x^2}{a^2}+\dfrac{y^2}{b^2}+\dfrac{z^2}{c^2}=-1$，$\dfrac{x^2}{a^2}-\dfrac{y^2}{b^2}+\dfrac{z^2}{c^2}=-1$，$\dfrac{x^2}{a^2}+\dfrac{y^2}{b^2}-\dfrac{z^2}{c^2}=-1$ 确定的曲面称为双叶双曲面，这里 a，b，c 为正数.

我们只讨论

$$\frac{x^2}{a^2}+\frac{y^2}{b^2}-\frac{z^2}{c^2}=-1.$$

（1）对于坐标面、坐标轴和原点都对称，它与 xOz 面和 yOz 面的交线都是双曲线.

$$\begin{cases}\dfrac{x^2}{a^2}-\dfrac{z^2}{c^2}=-1\\ y=0\end{cases} \text{和} \begin{cases}\dfrac{y^2}{b^2}-\dfrac{z^2}{c^2}=-1\\ x=0\end{cases}.$$

（2）用平行于 xOy 面的平面 $z=h$（$|h|\geqslant c$）去截它，当 $|h|>c$ 时，截痕是一个椭圆 $\begin{cases}\dfrac{x^2}{a^2}+\dfrac{y^2}{b^2}=\dfrac{h^2}{c^2}-1\\ z=h\end{cases}$，它的半轴随 $|h|$ 的增大而增大，当 $|h|=c$ 时，截痕是

一个点；$|h|<c$ 时，没有交点．显然双叶双曲面有两支，位于坐标面 xOy 两侧，无限延伸（图 7-7）.

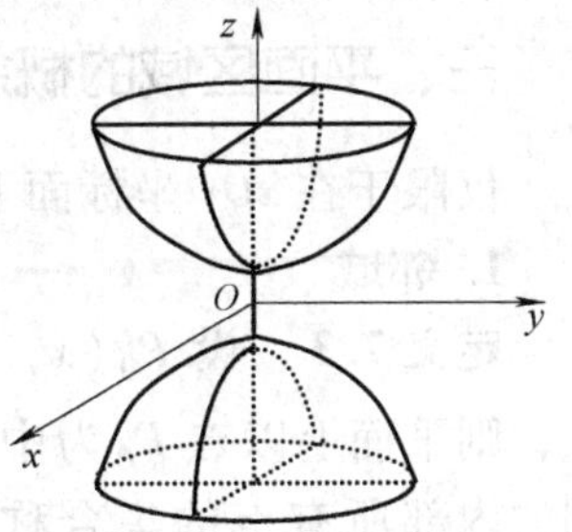

图 7-7

7. 椭圆抛物面

由方程 $\frac{x^2}{a^2}+\frac{y^2}{b^2}=z$ 确定的曲面称为椭圆抛物面.

它对于坐标面 xOz 和坐标面 yOz 对称，对于 z 轴也对称，但是它没有对称中心，它与对称轴的交点称为顶点，因 $z\geqslant 0$，故整个曲面在 xOy 面的上侧，它与坐标面 xOz 和坐标面 yOz 的交线是抛物线 $\begin{cases}x^2=a^2z\\y=0\end{cases}$ 和 $\begin{cases}y^2=b^2z\\x=0\end{cases}$，这两条抛物线有共同的顶点和轴.

用平行于 xOy 面的平面 $z=h$（$h>0$）去截它，截痕是一个椭圆 $\begin{cases}\frac{x^2}{a^2}+\frac{y^2}{b^2}=h\\z=h\end{cases}$，这个椭圆的半轴随 h 增大而增大（图 7-8）.

如果 $a=b\neq 0$，则表示旋转抛物面．用平行于 xOy 面的平面 $z=h$（$h>0$）去截它，截痕是一个圆.

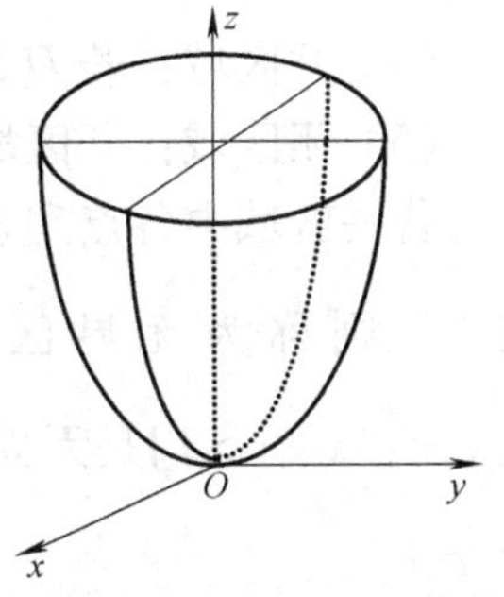

图 7-8

8. 双曲抛物面

由方程 $-\frac{x^2}{a^2}+\frac{y^2}{b^2}=z$ 确定的曲面称为双曲抛物面.

它对于坐标面 xOz 和 yOz 是对称的，对 z 轴也是对称的，但是它没有对称中心，它与坐标面 xOz 和坐标面 yOz 的截痕是抛物线（图 7-9）.

$$\begin{cases}x^2=-a^2z\\y=0\end{cases} \text{和} \begin{cases}y^2=b^2z\\x=0\end{cases}.$$

这两条抛物线有共同的顶点和轴，但轴的方向相反．用平行于 xOy 面的平面 $z=h$ 去截它，截痕为

$$\begin{cases}-\frac{x^2}{a^2}+\frac{y^2}{b^2}=h\\z=h\end{cases}.$$

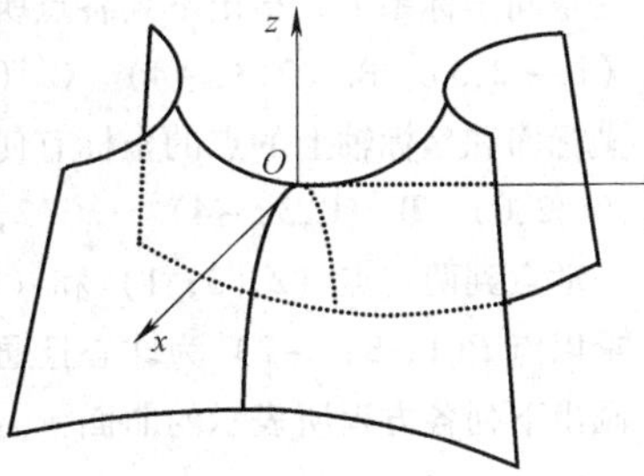

图 7-9

当 $h\neq 0$ 时，截痕总是双曲线：若 $h>0$，双曲线的实轴平行于 y 轴；若 $h<0$，双曲线的实轴平行于 x 轴（图 7-10）.

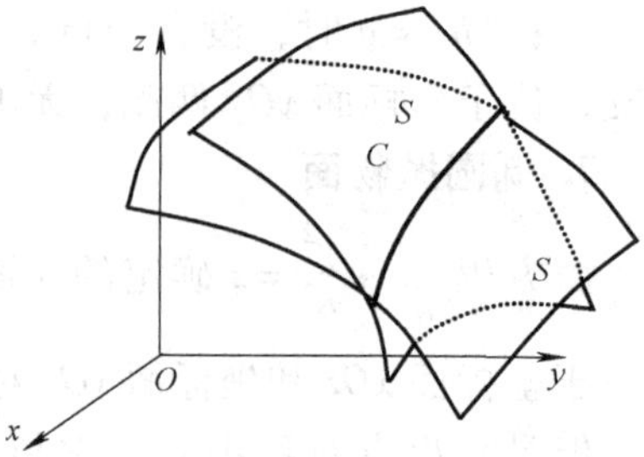

图 7-10

三、平面区域的概念

仅限于在 xOy 坐标面上讨论.

1. 邻域

定义 7.3 设 $P_0(x, y)$ 是平面上任一点，则平面上以点 P_0 为中心，以 r 为半径的圆的内部所有点的集合称为 P_0 的 r（圆形）邻域，记作 $U(P_0, r)$，即

$$U(P_0,r)=\{P \mid |P-P_0|<r\}=\{(x,y) \mid x^2+y^2<r^2\}.$$

2. 区域

（1）点的分类：设 E 是平面的一个子集，P 是平面上一点，若存在 $U(P)$，使得 $U(P)\subset E$，则称点 P 是 E 的内点. 若点 P 的任何邻域内既有点属于 E，又有点不属于 E，则称 P 是 E 的边界点. E 的边界点的集合，称为 E 的边界.

（2）开集：若 D 的每一点都是内点，则称 D 是平面的一个开集.

（3）连通的：若 D 的任意两点都能用含于 D 的折线连接起来，则称 D 是连通的.

（4）开区域：若 D 既是连通的，又是开集，则称 D 为开区域.

（5）闭区域：开区域加上它的边界，称为闭区域.

若一区域中各点到坐标原点的距离都小于某个正数 M，则称区域是有界区域，否则称为无界区域. 例如 $\left\{(x,y)\middle| 1<\frac{x^2}{3}+\frac{y^2}{4}\leqslant 5\right\}$ 就是有界区域，而 $\{(x,y) \mid x+y>1\}$ 是无界区域.

习题 7.1

1. 在空间坐标系下，指出下列各点所在的卦限：

A.（1，-2,3） B.（2,3，-4） C.（2，-2，-3） D.（ -1，-2,3）

2. 坐标面和坐标轴上的点的坐标有何特征？指出下列各点的位置：

A.（1,2,0） B .(0,3，-4） C.（2,0,0） D.（0，-2,0）

3. 一动点到两定点（2，3，1）和（1，2，5）的距离相等，求动点的轨迹方程.

4. 求以点 $P(1, 3, -2)$ 为球心且通过坐标原点的球面方程.

5. 画出下列各方程所表示的曲面：

（1）$\left(x-\frac{a}{2}\right)^2+y^2=\left(\frac{a}{2}\right)^2$；（2）$z=2-x^2$；（3）$\frac{x^2}{9}+\frac{z^2}{4}=1$.

6. 指出下列各方程表示何种曲面？

（1）$\left(x-\frac{a}{2}\right)^2+y^2+z^2=\left(\frac{a}{2}\right)^2$；（2）$z=x^2+y^2$；（3）$x^2-\frac{z^2}{4}=1$；

(4) $x^2=4y$;(5) $z=\frac{x^2}{4}+\frac{y^2}{9}$;(6) $\frac{x}{2}+\frac{y}{3}+\frac{z}{4}=1$.

7. 判定下列平面点集中哪些是开集、闭集、区域、有界集、无界集?

(1) $\{(x,y)\mid x\neq 0,y\neq 0\}$;(2) $\{(x,y)\mid 1<x^2+y^2\leqslant 4\}$;(3) $\{(x,y)\mid y>x^2\}$.

第二节　多元函数的概念

一、二元函数的定义

定义 7.4　设 D 是一平面点集，如果按照某个对应法则 f，对于 D 中的每个点 (x,y)，都能得到惟一的实数 z 与之对应，则称对应 f 为定义在 D 上的二元函数，记作 $z=f(x,\ y)$，$(x,\ y)\in D$. 其中 D 称为函数 $z=f(x,\ y)$ 的定义域；函数值的集合称为值域，记作 $R(f)$，即 $R(f)=\{f(x,\ y)\mid(x,\ y)\in D\}$；$z=f(x,\ y)$ 的图形一般为一空间曲面.

例 1　$z=\frac{1}{\sqrt{R^2-x^2-y^2}}$，其定义域为 $R^2-x^2-y^2>0$，即 $x^2+y^2<R^2$. 所以函数定义域为平面上以坐标原点为中心、半径为 R 的圆的内部，即

$$D=\{(x,y)\mid x^2+y^2<R^2\}.$$

函数的值域是 $\left[\frac{1}{R},+\infty\right)$.

二、二元函数的极限和连续

1. 二元函数的极限

定义 7.5　设二元函数 $z=f(x,\ y)$ 在 D 有定义，点 $P_0(x_0,\ y_0)$ 是 D 的内点或边界点，A 是一个常数，如果对任意的正数 ε，都存在一个正数 δ，使得对于 $\forall P\ (x,\ y)\in U(P_0,\ \delta)\cap D$，都有 $|f\ (x,\ y)-A|<\varepsilon$，则称 P 趋向 P_0 时 $f(P)$ 以 A 为极限，记作 $\lim\limits_{P\to P_0}f(P)=A$，或 $\lim\limits_{\substack{x\to x_0\\ y\to y_0}}f(x,\ y)=A$，或 $\lim\limits_{(x,y)\to(x_0,y_0)}f(x,\ y)=A$.

二元函数的另一极限描述形式为

$\forall\varepsilon>0$，$\exists\delta>0$，$\forall P(x,\ y)\in D$，当 $0<\sqrt{(x-x_0)^2+(y-y_0)^2}<\delta$ 时，有 $|f(x,\ y)-A|<\varepsilon$，则称 P 趋向 P_0 时 $f(P)$ 以 A 为极限，记作 $\lim\limits_{\substack{x\to x_0\\ y\to y_0}}f(x,\ y)=A$

注　P 在区域 D 内趋于定点 P_0 可以沿 D 内的任意路径，P 趋向 P_0 时，$f(P)$ 以 A 为极限是指 P 在区域内沿任意不同的路径趋于定点 P_0 时，$f(P)$ 都以 A 为极限. 因此，当 P 在区域内沿不同的路径趋于定点 P_0 时，$f(P)$ 的极限不同，则称

P 趋向 P_0 时 $f(P)$ 极限不存在，或称不收敛，即发散.

例 2 设 $f(x, y)=(x^2+y^2)\sin\dfrac{1}{x^2+y^2}$，$((x, y)\neq(0, 0))$，

求证 $\lim\limits_{\substack{x\to0\\y\to0}}f(x, y)=0$.

证明 因为 $\left|(x^2+y^2)\sin\dfrac{1}{x^2+y^2}-0\right|=|x^2+y^2|\cdot\left|\sin\dfrac{1}{x^2+y^2}\right|\leqslant x^2+y^2$. 可见，对任意给定的 $\varepsilon>0$，取 $\delta=\sqrt{\varepsilon}$，则当 $0<\sqrt{(x-0)^2+(y-0)^2}<\delta$ 时，有 $\left|(x^2+y^2)\sin\dfrac{1}{x^2+y^2}-0\right|<\varepsilon$ 成立，所以 $\lim\limits_{\substack{x\to0\\y\to0}}f(x, y)=0$.

例 3 验证函数 $f(x, y)=\dfrac{xy}{x^2+y^2}$ 当 $(x, y)\to(0, 0)$ 时极限不存在（图 7-11）.

这是因为，当点 (x, y) 沿直线 $y=x$ 上趋向于 $(0, 0)$ 时，

$$f(x, y)=\frac{x^2}{2x^2}\to\frac{1}{2};$$

而当点 (x, y) 沿直线 $y=2x$ 趋向于 $(0, 0)$ 时，$f(x, y)=\dfrac{2x^2}{5x^2}\to\dfrac{2}{5}$，可见，$\lim\limits_{\substack{x\to0\\y\to0}}f(x, y)$ 极限不存在.

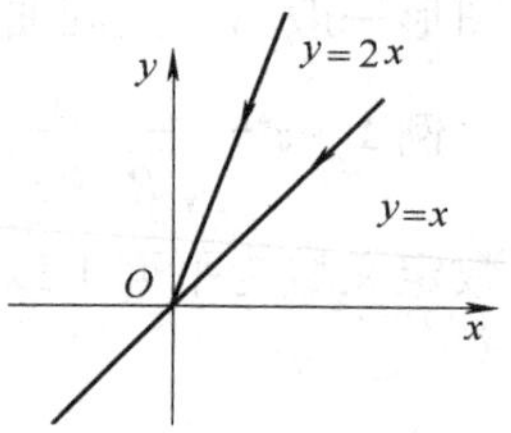

图 7-11

2. 二元函数的连续性

定义 7.6 设 $f(x, y)$ 在 $P(x_0, y_0)$ 的某邻域内有定义，如果 $\lim\limits_{\substack{x\to x_0\\y\to y_0}}f(x, y)=f(x_0, y_0)$，则称 $f(x, y)$ 在点 (x_0, y_0) 连续，否则称点 (x_0, y_0) 是 $f(x, y)$ 的间断点.

如果 $Z=f(x, y)$ 在区域 D 内每一点都连续，则称 $Z=f(x, y)$ 在区域 D 内连续；若 $Z=f(x, y)$ 在区域 D 内及 D 的边界上都连续，则称 $Z=f(x, y)$ 在区域 D 上连续.

闭区域上连续二元函数有如下性质：

性质 7.1 有界闭区域 D 上的二元连续函数是有界的.

性质 7.2 有界闭区域 D 上的二元连续函数能取得最大值与最小值.

性质 7.3 有界闭区域 D 上的二元连续函数具有介值性，即可以取到介于最小值与最大值之间的任一个值.

定义 7.7 由一元基本初等函数经过有限次四则运算及有限次复合运算所形成的可用一个式子表达的函数都是初等函数. 例如 $f(x, y)=\dfrac{\sin(x^2+y^2)}{1+x^2}+\sqrt{y}$，$f(x, y)=e^{x+\cos y}$ 等都是二元初等函数. 二元初等函数在其定义域内都是连续的.

由上面性质，若 $z=f(x, y)$ 是初等函数，而 (x_0, y_0) 是其定义域内的一

个点，则 $\lim\limits_{\substack{x\to x_0\\ y\to y_0}} f(x,\ y)=f(x_0,\ y_0)$

例 4　求 $\lim\limits_{\substack{x\to 2\\ y\to 4}}(xy-4x-2y+10)$.

解　函数 $f(x,\ y)=xy-4x-2y+10$ 是初等函数，它的定义域为 $\mathbf{R}^2$. 因此，$f(x,\ y)$ 在 $\mathbf{R}^2$ 上每一点都连续，于是有 $\lim\limits_{\substack{x\to 2\\ y\to 4}}(xy-4x-2y+10)=f(2,\ 4)=2$.

例 5　求 $\lim\limits_{\substack{x\to 0\\ y\to 0}}\dfrac{\sqrt{xy+1}-1}{xy}$.

解

$$\lim_{\substack{x\to 0\\ y\to 0}}\frac{\sqrt{xy+1}-1}{xy}=\lim_{\substack{x\to 0\\ y\to 0}}\frac{xy}{xy(\sqrt{xy+1}+1)}=\lim_{\substack{x\to 0\\ y\to 0}}\frac{1}{\sqrt{xy+1}+1}=\frac{1}{\sqrt{0\times 0+1}+1}=\frac{1}{2}.$$

习题 7.2

1. 求下列函数的定义域：

(1) $z=\sqrt{x}+y$；(2) $z=\sqrt{1-x^2}+\sqrt{y^2-1}$；(3) $z=\dfrac{1}{\sqrt{x^2+y^2}}$；(4) $z=\sqrt{x-\sqrt{y}}$；

(5) $z=\ln(y-x^2)+\sqrt{1-x^2-y^2}$；(6) $z=\dfrac{1}{\sqrt{x+y}}+\dfrac{1}{\sqrt{x-y}}$.

2. (1) 已知 $f\left(x+y,\ \dfrac{y}{x}\right)=x^2-y^2$，求 $f(x,\ y)$；

(2) 已知 $f\left(\dfrac{1}{x},\ \dfrac{1}{y}\right)=\dfrac{y^2-x^2}{2x+y}$，求 $f(x,\ y)$.

3. 设 $f(x+y,\ x-y)=e^{x^2+y^2}(x^2-y^2)$，求 $f(x,\ y)$ 和 $f(\sqrt{2},\ \sqrt{2})$ 的值.

4. 设 $z=x+y+f(x-y)$，且当 $y=0$ 时，$z=x^2$，求函数 z 的表达式.

5. 求下列极限：

(1) $\lim\limits_{(x,y)\to(1,0)}\dfrac{\ln(x+e^y)}{\sqrt{x^2+y^2}}$；(2) $\lim\limits_{(x,y)\to(0,0)}\dfrac{2-\sqrt{xy+4}}{xy}$；(3) $\lim\limits_{(x,y)\to(0,0)}\dfrac{xy}{\sqrt{2-e^{xy}}-1}$；

(4) $\lim\limits_{(x,y)\to(2,0)}\dfrac{\tan(xy)}{y}$.

第三节　偏导数与全微分

一、偏导数的概念

定义 7.8　设函数 $Z=f(x,\ y)$ 在 $P_0(x_0,\ y_0)$ 的某邻域内有定义，若固定 $y=y_0$，

一元函数 $Z=f(x, y_0)$ 在 $x=x_0$ 可导，即极限 $\lim\limits_{\Delta x\to 0}\dfrac{f(x_0+\Delta x, y_0)-f(x_0, y_0)}{\Delta x}$ 存在，则称此极限为函数 $f(x, y)$ 在点 $P_0(x_0, y_0)$ 关于 x 的偏导数，记作 $f'_x(x_0, y_0)$，$\dfrac{\partial f}{\partial x}(x_0, y_0)$ 或 $\dfrac{\partial Z}{\partial x}\Big|_{(x_0,y_0)}$，$z'_x(x_0, y_0)$.

类似地，若 $x=x_0$（常数），一元函数 $Z=f(x_0, y)$ 在 $y=y_0$ 可导，即极限 $\lim\limits_{\Delta y\to 0}\dfrac{f(x_0, y_0+\Delta y)-f(x_0, y_0)}{\Delta y}$ 存在，则称此极限为 $f(x, y)$ 在点 $P_0(x_0, y_0)$ 关于 y 的偏导数，记作 $f'_y(x_0, y_0)$，$\dfrac{\partial f}{\partial y}(x_0, y_0)$ 或 $\dfrac{\partial Z}{\partial y}\Big|_{(x_0,y_0)}$，$z'_y(x_0, y_0)$.

例 1 设 $f(x, y)=\sin xy+x^2y^3$，求 $f'_x(x, y)$ 及 $f'_y(x, y)$.

解

$$f'_x(x,y)=y\cdot\cos xy+2xy^3$$
$$f'_y(x,y)=x\cos xy+3x^2y^2$$

例 2 设 $f(x,y)=e^x\cdot\cos y^2+x^y$，求 f'_x 及 f'_y.

解

$$f'_x(x,y)=e^x\cdot\cos y^2+yx^{y-1}$$
$$f'_y(x,y)=-2ye^x\sin y^2+x^y\ln x$$

例 3 证明 $f(x, y)=\begin{cases}\dfrac{xy}{x^2+y^2}, & x^2+y^2\neq 0;\\ 0, & x^2+y^2=0.\end{cases}$ 在（0，0）处的偏导数均存在，但不连续.

证明 （1）在点(0，0)处对 x 的偏导数

$$f'_x(0,0)=\lim_{\Delta x\to 0}\frac{f(0+\Delta x,0)-f(0,0)}{\Delta x}=0;$$

同样有

$$f'_y(0,0)=\lim_{\Delta y\to 0}\frac{f(0,0+\Delta y)-f(0,0)}{\Delta y}=0.$$

即函数在点（0，0）的偏导数都存在.

（2）$\lim\limits_{y=kx\to 0}\dfrac{xy}{x^2+y^2}=\dfrac{k}{1+k^2}$.

显然 k 不同极限值不同，所以在点（0，0）函数的极限不存在，因而不连续.

二、二阶偏导数

一般地，若函数 $Z=f(x, y)$ 在区域 D 内的每一点 (x, y) 偏导函数 $\dfrac{\partial Z}{\partial x}$ 及 $\dfrac{\partial Z}{\partial y}$ 都

存在，则$\frac{\partial Z}{\partial x}$及$\frac{\partial Z}{\partial y}$还是 x，y 的二元函数，称之为函数 $Z=f(x, y)$ 的偏导函数．若它们的偏导数仍存在，则称这些偏导数为二元函数 $Z=f(x, y)$ 的二阶偏导数，记作

$$\frac{\partial^2 Z}{\partial x^2}=\frac{\partial}{\partial x}\left(\frac{\partial Z}{\partial x}\right),\ \frac{\partial^2 Z}{\partial x \partial y}=\frac{\partial}{\partial y}\left(\frac{\partial Z}{\partial x}\right)$$

$$\frac{\partial^2 Z}{\partial y \partial x}=\frac{\partial}{\partial x}\left(\frac{\partial Z}{\partial y}\right),\ \frac{\partial^2 Z}{\partial y^2}=\frac{\partial}{\partial y}\left(\frac{\partial Z}{\partial y}\right)$$

仿此可以定义更高阶的偏导数．

例 4 求函数 $f(x, y)=\sin xy+x^2y^3$ 的二阶偏导数．

解 $$\frac{\partial f}{\partial x}=y\cdot\cos xy+2xy^3,\ \frac{\partial f}{\partial y}=x\cdot\cos xy+3x^2y^2,$$

$$\frac{\partial^2 f}{\partial x^2}=\frac{\partial}{\partial x}\left(\frac{\partial f}{\partial x}\right)=-y^2\sin xy+2y^3,$$

$$\frac{\partial^2 f}{\partial x \partial y}=\frac{\partial}{\partial y}\left(\frac{\partial f}{\partial x}\right)=\cos xy-xy\sin xy+6xy^2,$$

$$\frac{\partial^2 f}{\partial y \partial x}=\frac{\partial}{\partial x}\left(\frac{\partial f}{\partial y}\right)=\cos xy-xy\sin xy+6xy^2,$$

$$\frac{\partial^2 f}{\partial y^2}=\frac{\partial}{\partial y}\left(\frac{\partial f}{\partial y}\right)=-x^2\sin xy+6x^2y.$$

在二阶偏导数中，$\frac{\partial^2 f}{\partial x \partial y}$与$\frac{\partial^2 f}{\partial y \partial x}$称为混合偏导数．在上面例子中，求混合偏导时，与变量的先后顺序没有关系，但是，并非任何函数的二阶混合偏导数都相等．一般地，有如下定理．

定理 7.1 若 $f(x, y)$ 的二阶偏导数$\frac{\partial^2 f}{\partial x \partial y}$与$\frac{\partial^2 f}{\partial y \partial x}$是关于 (x, y) 的连续函数，则

$$\frac{\partial^2 f}{\partial x \partial y}=\frac{\partial^2 f}{\partial y \partial x}.$$

三、全微分

定义 7.9 设二元函数 $Z=f(x, y)$ 在点 (x, y) 的某邻域内有定义，若对于定义域中的另一点 $(x+\Delta x, y+\Delta y)$，函数的全改变量 ΔZ 可以写成

$$\Delta Z=f(x+\Delta x, y+\Delta y)-f(x, y)=A\cdot\Delta x+B\cdot\Delta y+o(\rho)$$

其中，A，B 是与 Δx，Δy 无关的量，$\rho=\sqrt{(\Delta x)^2+(\Delta y)^2}$，则称 $Z=f(x, y)$ 在点 (x, y) 处可微．ΔZ 的线性主要部分 $A\cdot\Delta x+B\cdot\Delta y$ 称为 $f(x, y)$ 在点 (x, y) 的全微分，记作 dZ 或 df，即

$$dZ = A \cdot \Delta x + B \cdot \Delta y,$$

关于可微与可偏导的关系有下面两个定理.

定理 7.2（可微的必要条件） 若 $Z=f(x, y)$ 在点 (x, y) 可微分，则 $Z=f(x, y)$ 在点 (x, y) 偏导数存在.

证明 由可微定义，存在常数 A，B，使

$$f(x+\Delta x, y+\Delta y)-f(x, y)=A \cdot \Delta x+B \cdot \Delta y+o(\rho),$$

令 $\Delta y=0$，便有

$$f(x+\Delta x, y)-f(x, y)=A \cdot \Delta x+o(\Delta x).$$

用 Δx 除上式等号两端，再取极限（$\Delta x \to 0$）有

$$\frac{\partial z}{\partial x}=\lim_{\Delta x \to 0} \frac{f(x+\Delta x, y)-f(x, y)}{\Delta x}=A,$$

同样也可以证明 $\frac{\partial z}{\partial y}=B$，因此定理得证.

由定理 7.2 知道，若函数 $Z=f(x, y)$ 在点 (x, y) 可微，则

$$dZ=\frac{\partial z}{\partial x} \Delta x+\frac{\partial z}{\partial y} \Delta y,$$

由于 $dx=\Delta x$，$dy=\Delta y$，因此，在以后的全微分表达式中，写成

$$dZ=f_x'(x, y) dx+f_y'(x, y) dy.$$

但函数 $Z=f(x, y)$ 在点 (x, y) 偏导数均存在，函数也不一定可微.

例 5 已知 $f(x, y)=\sqrt{|xy|}$，研究函数 $f(x, y)$ 在点 $(0, 0)$ 的 (1) 连续性；(2) 偏导数存在性；(3) 可微性.

解 (1) $f(x, y)=\sqrt{|xy|}=(x^2 y^2)^{\frac{1}{4}}$ 是初等函数，在点 $(0, 0)$ 有定义，因此，在点 $(0, 0)$ 连续.

(2) $\lim_{\Delta x \to 0} \frac{f(\Delta x, 0)-f(0, 0)}{\Delta x}=\lim_{\Delta x \to 0} \frac{0}{\Delta x}=0.$

因而，$f(x, y)$ 在点 $(0, 0)$ 关于 x 的偏导数存在并且 $f_x'(0, 0)=0$. 同理可以知道 $f(x, y)$ 在点 $(0, 0)$ 关于 y 的偏导数也存在并且 $f_y'(0, 0)=0$.

(3) 若 $f(x, y)$ 在点 $(0, 0)$ 可微，必有

$$\Delta f=f(\Delta x, \Delta y)-f(0, 0)=f_x' \cdot \Delta x+f_y' \cdot \Delta y+o(\rho),$$

即

$$\sqrt{|\Delta x \cdot \Delta y|}=o\left(\sqrt{(\Delta x)^2+(\Delta y)^2}\right).$$

但 $(\Delta x, \Delta y)$ 沿 $\Delta x=\Delta y$ 趋向于 $(0, 0)$ 时，极限 $\lim\limits_{\substack{\Delta x \to 0 \\ \Delta y \to 0}} \frac{\sqrt{|\Delta x \cdot \Delta y|}}{\sqrt{(\Delta x)^2+(\Delta y)^2}}=\frac{1}{\sqrt{2}} \neq 0$，矛盾，因此，函数在点 $(0, 0)$ 不可微.

什么样的函数在点 (x, y) 偏导数存在时一定可微呢？我们只给出如下

结论.

定理 7.3（可微的充分条件）　若函数 $Z=f(x,y)$ 在点 (x, y) 的某邻域有连续的偏导数，则 $Z=f(x,y)$ 在点 (x, y) 可微.

例 6　求 $Z=\mathrm{e}^{\sqrt{x^2+y^2}}$ 的全微分以及在点（1，1）的全微分.

解　$\dfrac{\partial Z}{\partial x}=\dfrac{x}{\sqrt{x^2+y^2}}\mathrm{e}^{\sqrt{x^2+y^2}}$，$\dfrac{\partial Z}{\partial y}=\dfrac{y}{\sqrt{x^2+y^2}}\mathrm{e}^{\sqrt{x^2+y^2}}$

$$\left.\frac{\partial Z}{\partial x}\right|_{\substack{x=1\\y=1}}=\frac{1}{\sqrt{2}}\mathrm{e}^{\sqrt{2}},\quad \left.\frac{\partial Z}{\partial y}\right|_{\substack{x=1\\y=1}}=\frac{1}{\sqrt{2}}\mathrm{e}^{\sqrt{2}}$$

所以函数在任意点的全微分为

$$\mathrm{d}Z=\frac{\mathrm{e}^{\sqrt{x^2+y^2}}}{\sqrt{x^2+y^2}}(x\mathrm{d}x+y\mathrm{d}y).$$

在点（1，1）的全微分为

$$\mathrm{d}Z=\frac{1}{\sqrt{2}}\mathrm{e}^{\sqrt{2}}\mathrm{d}x+\frac{1}{\sqrt{2}}\mathrm{e}^{\sqrt{2}}\mathrm{d}y.$$

多元函数的全微分在近似计算中有一定的应用．对于可微的二元函数 $z=f(x, y)$，当 $\Delta z-\mathrm{d}z=o(\rho)$ 是比 ρ 高阶无穷小量时，有近似公式

$$\Delta z\approx \mathrm{d}z,$$

即

$$f(x+\Delta x,y+\Delta y)\approx f(x,y)+f'_x(x,y)\Delta x+f'_y(x,y)\Delta y.$$

例 7　要造一个无盖的圆柱形水槽，其内半径为 2m，高为 4m，厚度均为 0.01m，求需用材料多少立方米?

解　圆柱体的体积 $V=\pi r^2h$，所以

$$\Delta V\approx 2\pi rh\Delta r+\pi r^2\Delta h.$$

由于 $r=2$，$h=4$，$\Delta r=\Delta h=0.01$，所以

$$\Delta V\approx 2\pi\times 2\times 4\times 0.01+\pi\times 2^2\times 0.01=0.2\pi.$$

所以需用材料约为 $0.2\pi\mathrm{m}^3$，与直接计算 ΔV 的值 $0.200801\pi\mathrm{m}^3$ 相当接近.

习题 7.3

1. 求下列函数的偏导数：

(1) $z=x^3y-y^3x$；(2) $z=\sqrt{\ln(xy)}$；(3) $z=\sin(xy)+\cos^2(xy)$；(4) $z=\ln\tan\dfrac{x}{y}$；(5) $z=(1+xy)^y$；(6) $u=x^{\frac{y}{z}}$.

2. 设 $f(x,y)=x+(y-1)\arcsin\sqrt{\dfrac{x}{y}}$，求 $f'_x(x,1)$.

3. 设 $f(x,y)=\mathrm{e}^{x^2+y^2}$，求 $f'_x(1,1)$，$f'_y(1,0)$.

4. 设 $z=x\ln(xy)$，求$\frac{\partial^2 z}{\partial x\partial y}$.

5. 验证函数 $z=\ln\sqrt{x^2+y^2}$满足方程$\frac{\partial^2 z}{\partial x^2}+\frac{\partial^2 z}{\partial y^2}=0$.

6. 证明函数$f(x,y)=\sqrt{x^2+y^2}$在点（0，0）处的偏导数不存在，但在该点连续.

7. 考虑二元函数$f(x,y)$的下面四条性质，说出它们之间的关系：

（1）$f(x,y)$在点(x_0,y_0)连续；（2）$f'_x(x,y)$、$f'_y(x,y)$在点(x_0,y_0)连续；
（3）$f(x,y)$在点(x_0,y_0)可微；（4）$f'_x(x,y)$、$f'_y(x,y)$在点(x_0,y_0)存在.

8. 求下列函数的全微分：

（1）$z=\sqrt{\frac{x}{y}}$；（2）$u=x^{yz}$.

9. 求函数$z=\ln(1+x^2+y^2)$当$x=1$，$y=2$，$\Delta x=0.1$，$\Delta y=-0.1$时的全微分.

10. 已知边长 $x=6\text{m}$ 与 $y=8\text{m}$ 的矩形，求当 x 边增加 5cm，y 边减少 10cm 时，此矩形对角线变化的近似值.

第四节　多元复合函数和隐函数的微分法

一、多元复合函数微分法

定理 7.4　如果函数 $Z=f(u,v)$ 在点 (u,v) 可微，而 $u=\varphi(x)$ 及 $v=\psi(x)$在 x 可导，则复合函数 $Z=f[\varphi(x),\psi(x)]$在 x 也可导，且$\frac{\mathrm{d}Z}{\mathrm{d}x}=\frac{\partial Z}{\partial u}\frac{\mathrm{d}u}{\mathrm{d}x}+\frac{\partial Z}{\partial v}\frac{\mathrm{d}v}{\mathrm{d}x}$.

证明从略.

推论 7.1　如果函数$u=\varphi(x,y)$及$v=\psi(x,y)$偏导数存在，而$Z=f(u,v)$关于 u，v 可微分，则复合函数 $Z=f[\varphi(x,y),\psi(x,y)]$偏导数存在，且

$$\frac{\partial Z}{\partial x}=\frac{\partial Z}{\partial u}\frac{\partial u}{\partial x}+\frac{\partial Z}{\partial v}\frac{\partial v}{\partial x}$$

$$\frac{\partial Z}{\partial y}=\frac{\partial Z}{\partial u}\frac{\partial u}{\partial y}+\frac{\partial Z}{\partial v}\frac{\partial v}{\partial y}$$

推论 7.2　设 $w=f(u,v,s)$，而 u，v，s 都是 x，y 与 z 的函数，

$$u=u(x,y,z),\ v=v(x,y,z),\ s=s(x,y,z),$$

则复合函数

$$w=f[u(x,y,z),\ v(x,y,z),\ s(x,y,z)]$$

对三个自变量 x，y，z 的偏导数为

$$\frac{\partial w}{\partial x}=\frac{\partial w}{\partial u}\frac{\partial u}{\partial x}+\frac{\partial w}{\partial v}\frac{\partial v}{\partial x}+\frac{\partial w}{\partial s}\frac{\partial s}{\partial x},$$

$$\frac{\partial w}{\partial y}=\frac{\partial w}{\partial u}\frac{\partial u}{\partial y}+\frac{\partial w}{\partial v}\frac{\partial v}{\partial y}+\frac{\partial w}{\partial s}\frac{\partial s}{\partial y},$$

$$\frac{\partial w}{\partial z}=\frac{\partial w}{\partial u}\frac{\partial u}{\partial z}+\frac{\partial w}{\partial v}\frac{\partial v}{\partial z}+\frac{\partial w}{\partial s}\frac{\partial s}{\partial z}.$$

例 1　设 $z=uv+\sin t$，而 $u=\mathrm{e}^t$，$v=\cos t$，求全导数$\frac{\mathrm{d}z}{\mathrm{d}t}$.

解　$\frac{\mathrm{d}z}{\mathrm{d}t}=\frac{\partial z}{\partial u}\frac{\mathrm{d}u}{\mathrm{d}t}+\frac{\partial z}{\partial v}\frac{\mathrm{d}v}{\mathrm{d}t}+\frac{\partial z}{\partial t}=v\mathrm{e}^t-u\sin t+\cos t$

$$=\mathrm{e}^t\cos t-\mathrm{e}^t\sin t+\cos t=\mathrm{e}^t(\cos t-\sin t)+\cos t.$$

例 2　$Z=u^2\ln v$，$u=\frac{x}{y}$，$v=3x-2y$，求$\frac{\partial Z}{\partial x}$，$\frac{\partial Z}{\partial y}$.

解　$\frac{\partial Z}{\partial x}=\frac{\partial Z}{\partial u}\frac{\partial u}{\partial x}+\frac{\partial Z}{\partial v}\frac{\partial v}{\partial x}=2u\ln v\cdot\frac{1}{y}+\frac{u^2}{v}\cdot 3=\frac{2x}{y^2}\ln(3x-2y)+\frac{3x^2}{y^2(3x-2y)}$;

$$\frac{\partial Z}{\partial y}=\frac{\partial Z}{\partial u}\frac{\partial u}{\partial y}+\frac{\partial Z}{\partial v}\frac{\partial v}{\partial y}=2u\ln v\cdot\left(-\frac{x}{y^2}\right)+\frac{u^2}{v}\cdot(-2)$$

$$=-\frac{2x^2}{y^3}\ln(3x-2y)-\frac{2x^2}{y^2(3x-2y)}.$$

例 3　设 $F=f(x,\ xy,\ xyz)$，求$\frac{\partial F}{\partial x}$，$\frac{\partial F}{\partial y}$，$\frac{\partial F}{\partial z}$.

解　设 $u=x$，$v=xy$，$w=xyz$，有 $F=f(u,\ v,\ w)$，并且用f_1'，f_2'，f_3'分别代替$\frac{\partial f}{\partial u}$，$\frac{\partial f}{\partial v}$，$\frac{\partial f}{\partial w}$. 于是

$$\frac{\partial F}{\partial x}=\frac{\partial f}{\partial u}\frac{\partial u}{\partial x}+\frac{\partial f}{\partial v}\frac{\partial v}{\partial x}+\frac{\partial f}{\partial w}\frac{\partial w}{\partial x}=f_1'+f_2'\cdot y+f_3'\cdot yz;$$

$$\frac{\partial F}{\partial y}=\frac{\partial f}{\partial v}\frac{\partial v}{\partial y}+\frac{\partial f}{\partial w}\frac{\partial w}{\partial y}=f_2'\cdot x+f_3'\cdot xz;$$

$$\frac{\partial F}{\partial z}=\frac{\partial f}{\partial w}\frac{\partial w}{\partial z}=f_3'\cdot xy.$$

例 4　设 $F=f(u,\ x,\ y)$，$u=x\mathrm{e}^y$，求$\frac{\partial^2 F}{\partial x\partial y}$.

解　$\frac{\partial F}{\partial x}=\frac{\partial f}{\partial u}\frac{\partial u}{\partial x}+\frac{\partial f}{\partial x}=f_u'\mathrm{e}^y+f_x'$.

注意到f_u'和f_x'仍是 u，x，y 的函数，且 $u=x\mathrm{e}^y$，

所以

$$\frac{\partial^2 F}{\partial x\partial y}=\mathrm{e}^y f_u'+\mathrm{e}^y\left(f_{uu}''\cdot\frac{\partial u}{\partial y}+f_{uy}''\right)+f_{xu}''\cdot\frac{\partial u}{\partial y}+f_{xy}''$$

$$=\mathrm{e}^y f_u'+x\mathrm{e}^{2y}f_{uu}''+\mathrm{e}^y f_{uy}''+x\mathrm{e}^y f_{xu}''+f_{xy}''.$$

二、多元隐函数微分法

(1) 若因变量 y 和自变量 x 之间的函数关系由 $F(x, y)=0$ 确定，则称函数 $y=y(x)$ 为由 $F(x, y)=0$ 确定的隐函数. 显然，隐函数 $y(x)$ 满足恒等式

$$F(x,y(x))\equiv 0.$$

上式两边对 x 求导数，得

$$\frac{\partial F}{\partial x}+\frac{\partial F}{\partial y}\frac{\mathrm{d}y}{\mathrm{d}x}=0.$$

当$\frac{\partial F}{\partial y}\neq 0$ 时，有

$$\frac{\mathrm{d}y}{\mathrm{d}x}=-\frac{\frac{\partial F}{\partial x}}{\frac{\partial F}{\partial y}}.$$

(2) 若因变量 z 和自变量 x，y 之间的函数关系由 $F(x,y,z)=0$ 确定，则称函数 $z=z(x, y)$ 为由 $F(x,y,z)=0$ 确定的隐函数. 显然，隐函数 $z(x, y)$ 满足恒等式

$$F(x,y,z(x,y))\equiv 0.$$

上式两边对 x，y 分别求偏导数，得

$$\frac{\partial F}{\partial x}+\frac{\partial F}{\partial z}\frac{\partial z}{\partial x}=0;$$

$$\frac{\partial F}{\partial y}+\frac{\partial F}{\partial z}\frac{\partial z}{\partial y}=0.$$

当$\frac{\partial F}{\partial z}\neq 0$ 时，得到隐函数求导公式

$$\frac{\partial z}{\partial x}=-\frac{\frac{\partial F}{\partial x}}{\frac{\partial F}{\partial z}},\quad \frac{\partial z}{\partial y}=-\frac{\frac{\partial F}{\partial y}}{\frac{\partial F}{\partial z}}.$$

例 5 求由$\frac{x^2}{a^2}+\frac{y^2}{b^2}+\frac{z^2}{c^2}=1$ 确定函数 z 的偏导数.

解法 1 两边先对 x 求偏导数，记住 z 是 x 的函数，得

$$\frac{2x}{a^2}+\frac{2z}{c^2}\cdot\frac{\partial z}{\partial x}=0,$$

解得

$$\frac{\partial z}{\partial x}=-\frac{c^2x}{a^2z}.$$

两边对 y 求偏导数，有

$$\frac{2y}{b^2}+\frac{2z}{c^2}\cdot\frac{\partial z}{\partial y}=0,$$

解得

$$\frac{\partial z}{\partial y}=-\frac{c^2y}{b^2z}.$$

解法 2　设 $F(x,y,z)=\frac{x^2}{a^2}+\frac{y^2}{b^2}+\frac{z^2}{c^2}-1$，则

$$\frac{\partial F}{\partial x}=\frac{2x}{a^2},\quad \frac{\partial F}{\partial y}=\frac{2y}{b^2},\quad \frac{\partial F}{\partial z}=\frac{2z}{c^2},$$

由隐函数求导公式，有

$$\frac{\partial z}{\partial x}=-\frac{c^2x}{a^2z},\quad \frac{\partial z}{\partial y}=-\frac{c^2y}{b^2z}.$$

习题 7.4

1. 求下列函数的偏导数：

(1) 设 $z=e^u\sin v$，而 $u=xy$，$v=x+y$，求$\frac{\partial z}{\partial x}$和$\frac{\partial z}{\partial y}$；

(2) 设 $u=f(x,y,z)=e^{x^2+y^2+z^2}$，而 $z=x^2\sin y$，$\frac{\partial u}{\partial x}$和$\frac{\partial u}{\partial y}$；

(3) 设 $z=u^v$，而 $u=x+2y$，$v=x-y$，$\frac{\partial z}{\partial x}$和$\frac{\partial z}{\partial y}$；

(4) 设 $u=f(x^2-y^2,\ e^{xy})$，$\frac{\partial u}{\partial x}$和$\frac{\partial u}{\partial y}$；

(5) 设 $u=f\left(\frac{x}{y},\ \frac{y}{z}\right)$，$\frac{\partial u}{\partial x}$，$\frac{\partial u}{\partial y}$和$\frac{\partial u}{\partial z}$.

2. 设 $z=f(xy,\ x^2+y^2)$，其中 f 具有二阶连续偏导数，求$\frac{\partial^2 z}{\partial x^2}$，$\frac{\partial^2 z}{\partial x\partial y}$.

3. 设 $z=xy+F(u)$，而 $u=\frac{y}{x}$，$F(u)$ 为可导函数，证明

$$x\frac{\partial z}{\partial x}+y\frac{\partial z}{\partial y}=2xy.$$

4. 设 $z=f[e^{xy},\ \cos(xy)]$，f 为可导函数，证明

$$x\frac{\partial z}{\partial x}-y\frac{\partial z}{\partial y}=0.$$

5. 设 $F(x,y)=f[x+g(y)]$，其中 f 具有二阶导数，g 具有一阶导数，证明

$$\frac{\partial F}{\partial x}\cdot\frac{\partial^2 F}{\partial x\partial y}=\frac{\partial F}{\partial y}\cdot\frac{\partial^2 F}{\partial x^2}.$$

6. 求下列方程所确定的隐函数的导数或偏导数：

（1）设 $\ln\sqrt{x^2+y^2}=\arctan\dfrac{y}{x}$，求$\dfrac{dy}{dx}$；

（2）设 $e^z-xyz=0$，求$\dfrac{\partial z}{\partial x}$，$\dfrac{\partial z}{\partial y}$；

（3）设 $x+y-z=xe^{z-y-x}$，求$\dfrac{\partial z}{\partial x}$，$\dfrac{\partial z}{\partial y}$；

（4）设$\dfrac{x}{z}=\ln\dfrac{z}{y}$，求$\dfrac{\partial z}{\partial x}$，$\dfrac{\partial z}{\partial y}$.

7. 设 $u=f(x, y, z)$ 有连续的偏导数，$y=y(x)$ 和 $z=z(x)$ 分别由 $e^{xy}-y=0$ 和 $e^z-xz=0$ 所确定，求$\dfrac{du}{dx}$.

8. 设 $F(u, v)$ 有连续的偏导数，$F(cx-az,cy-bz)=0$ 确定函数 $z=f(x, y)$，证明：$a\dfrac{\partial z}{\partial x}+b\dfrac{\partial z}{\partial y}=c$.

第五节　二元函数的极值

一、二元函数的极值

定义 7.10　设二元函数 $z=f(x, y)$ 在 (x_0, y_0) 的某邻域 U 内有定义，若对 $\forall (x,y)\in U$，有 $f(x,y)\leqslant f(x_0,y_0)$ $(f(x,y)\geqslant f(x_0,y_0))$，则称函数 $z=f(x, y)$ 在点 (x_0, y_0) 处取得极大值（极小值）$f(x_0, y_0)$，点 (x_0, y_0) 称为函数 $z=f(x, y)$ 的极大值点（极小值点）. 极大值和极小值统称为极值，极大值点和极小值点统称为极值点.

例如，旋转抛物面 $z=x^2+y^2$ 在点（0，0）处有极小值 0，而半球面 $z=\sqrt{1-x^2-y^2}$ 在点（0，0）处有极大值 1.

定理 7.5（二元函数极值的必要条件）如果函数 $z=f(x, y)$ 在点 (x_0, y_0) 处有极值，且存在偏导数，则有 $f'_x(x_0, y_0)=f'_y(x_0, y_0)=0$.

证明　固定 y 使 $y=y_0$，则 $z=f(x, y_0)$ 是关于 x 的一元函数，显然此函数在 x_0 处取得极值并且可导，因此 z 关于 x 的导数是 0，即 $f'_x(x_0,y_0)=0$. 同样的，也有 $f'_y(x_0,y_0)=0$.

我们把使两个偏导数都是 0 的点 (x_0, y_0) 称为函数的驻点.

定理 7.5 说明对于可导函数来说，极值点一定是驻点，但驻点不一定是极值点. 另外，偏导不存在的点也可能是极值点. 例如，函数 $z=\sqrt{x^2+y^2}$ 在点（0，0）有极小值 0，但是，在点（0，0）函数的两个偏导数却都不存在.

定理 7.6（二元函数极值的充分条件）设 $z=f(x,y)$ 在 (x_0, y_0) 的邻域内有连续的二阶偏导数，且点 (x_0, y_0) 是函数的驻点，设 $A=f''_{xx}(x_0, y_0)$，$B=$

$f''_{xy}(x_0,y_0)=f''_{yx}(x_0, y_0)$，$C=f''_{yy}(x_0, y_0)$，则

（1）若 $B^2-AC<0$，$f(x, y)$ 在点 (x_0, y_0) 取得极值，并且 A（或 C）为正号，(x_0, y_0) 是极小点；A（或 C）为负号，(x_0, y_0) 是极大点.

（2）若 $B^2-AC>0$，(x_0, y_0) 不是极值点.

（3）若 $B^2-AC=0$，(x_0, y_0) 可能是极值点，也可能不是极值点.

例 1 求函数 $Z=x^2-xy+y^2+9x-6y$ 的极值.

解 $f'_x=2x-y+9$，$f'_y=-x+2y-6$

令 $f'_x=f'_y=0$，解得 $x=-4$，$y=1$，所以点 $(-4, 1)$ 是驻点.

又由在点 $(-4, 1)$ 处，$f''_{xx}=2$，$f''_{xy}=-1$，$f''_{yy}=2$，可知

$B^2-AC=-3<0$，于是 $(-4, 1)$ 是极小点，且极小值为 $f(-4,1)=-21$.

如果 $f(x, y)$ 在有界闭区域 D 上连续，则函数 $f(x, y)$ 在 D 上必有最大（小）值. 如果最大（小）值在 D 的内部取得，则该最大（小）值也是函数的极大（小）值. 求最大（小）值的一般方法是：将函数在 D 内部的所有驻点处的函数值及在 D 的边界上（转化为一元函数）的可能极值相比较，最大（小）的是最大（小）值. 但在实际问题中，如果知道函数的最值在 D 的内部取得，而且函数在 D 的内只有一个驻点，则该驻点就是函数在 D 上的最值点.

例 2 求函数 $f(x, y)=x^2-y^2$ 在闭区域 $D=\{(x,y)\mid 2x^2+y^2\leqslant 1\}$ 上的最大值与最小值.

解 在区域的内部，函数有惟一的驻点 $(0, 0)$，$f(0,0)=0$.

在边界曲线 $2x^2+y^2=1$ 上，$f(x, y)=3x^2-1$，$-\frac{1}{\sqrt{2}}\leqslant x\leqslant\frac{1}{\sqrt{2}}$，函数 $f(x, y)$ 在边界上的最大值为 $f\left(\frac{1}{\sqrt{2}}, 0\right)=\frac{1}{2}$，最小值为 $f(0,1)=-1$. 所以函数 $f(x, y)$ 在 D 上的最大值为 $\frac{1}{2}$，最小值为 -1.

例 3 设 q_1 为商品 A 的需求量，q_2 为商品 B 的需求量，其需求函数分别为

$$q_1=16-2p_1+4p_2,\ q_2=20+4p_1-10p_2.$$

总成本函数为 $C=3q_1+2q_2$，p_1，p_2 为商品 A 和 B 的价格，试问价格取何值时可使利润最大?

解 总收益函数为

$$R=p_1q_1+p_2q_2=p_1(16-2p_1+4p_2)+p_2(20+4p_1-10p_2),$$

总利润函数（目标函数）为

$$\begin{aligned}L&=R-C=(p_1-3)q_1+(p_2-2)q_2\\&=(p_1-3)(16-2p_1+4p_2)+(p_2-2)(20+4p_1-10p_2).\end{aligned}$$

于是，问题归结为求总利润函数的最大值点. 解方程组

$$\begin{cases}\dfrac{\partial L}{\partial p_1}=14-4p_1+8p_2=0\\ \dfrac{\partial L}{\partial p_2}=28+8p_1-20p_2=0\end{cases}$$

得惟一驻点：$p_1=\dfrac{63}{2}$，$p_2=14$，该驻点即为所求的最大值点. 所以当价格取 $p_1=\dfrac{63}{2}$，$p_2=14$ 时可使利润最大.

二、条件极值与拉格朗日乘数法

从上面所给例题求极值的方法中不难发现，自变量是相互独立，不受其他条件的限制，这样的极值常称为无条件极值. 而在求极值中，经常会出现自变量满足一定条件的约束，这类问题称为条件极值. 下面介绍求条件极值的方法——拉格朗日乘数方法.

以两个条件 $g_1(x,y,z)=0$ 和 $g_2(x,y,z)=0$ 求三元函数 $u=f(x,y,z)$ 的极值问题为例，假定函数 $g_1(x,y,z)$，$g_2(x,y,z)$，$f(x,y,z)$ 在所考虑的区域内有连续的偏导数.

第一步，引入辅助函数. $F(x,y,z,\lambda_1,\lambda_2)=f(x,y,z)+\lambda_1 g_1(x,y,z)+\lambda_2 g_2(x,y,z)$，视 λ_1 与 λ_2 为变量（称为拉格朗日乘数）.

第二步，令 F 关于五个变量的偏导数都是 0，求出相应的驻点.

第三步，根据实际问题判断驻点是否是极值点.

例 4 求点（x_0，y_0，z_0）到平面 $Ax+By+Cz+D=0$ 的距离.

解 设点（x_0，y_0，z_0）到任一点（x，y，z）的距离为 d，则

$$d^2=(x-x_0)^2+(y-y_0)^2+(z-z_0)^2.$$

问题等价于求 d^2 在条件 $Ax+By+Cz+D=0$ 下的最小值.

作辅助函数

$$F(x,y,z,\lambda)=(x-x_0)^2+(y-y_0)^2+(z-z_0)^2+\lambda(Ax+By+Cz+D),$$

解方程组 $\begin{cases}2(x-x_0)+\lambda\cdot A=0\\ 2(y-y_0)+\lambda\cdot B=0\\ 2(z-z_0)+\lambda\cdot C=0\\ Ax+By+Cz+D=0\end{cases}$，得

$$\lambda=\frac{2(Ax_0+By_0+Cz_0+D)}{A^2+B^2+C^2};$$

$$x=x_0-\frac{\lambda A}{2},\ y=y_0-\frac{\lambda B}{2},\ z=z_0-\frac{\lambda C}{2}.$$

于是，方程组只有惟一一组解

$$x = x_0 - \frac{A(Ax_0 + By_0 + Cz_0 + D)}{A^2 + B^2 + C^2};$$

$$y = y_0 - \frac{B(Ax_0 + By_0 + Cz_0 + D)}{A^2 + B^2 + C^2};$$

$$z = z_0 - \frac{C(Ax_0 + By_0 + Cz_0 + D)}{A^2 + B^2 + C^2};$$

$$d^2 = \frac{\lambda^2}{4}(A^2 + B^2 + C^2).$$

显然，这个问题存在最小值. 因此求得 d^2 的最小值为

$$\frac{(Ax_0 + By_0 + Cz_0 + D)^2}{A^2 + B^2 + C^2}.$$

即点（x_0，y_0，z_0）到平面 $Ax + By + Cz + D = 0$ 的距离公式为

$$d = \frac{|Ax_0 + By_0 + Cz_0 + D|}{\sqrt{A^2 + B^2 + C^2}}.$$

习题 7.5

1. 求下列函数的极值：

（1）$z = x^2 - xy + y^2 + 9x - 6y + 20$；

（2）$z = x^2 + y^2 - 2\ln x - 2\ln y$；

（3）$z = xy(a - x - y)\ (a \neq 0)$.

2. 某工厂收入是以下两种可控决策量的函数：设 x_1 代表以千元为单位的用于存储的投资，x_2 代表以千元为单位的用于广告的开支，则以千元为单位的收入为

$$R(x_1, x_2) = -3x_1^2 + 2x_1x_2 - 6x_2^2 + 30x_1 + 24x_2 - 86.$$

试问当存储投资和广告开支各为多少时收入额最大？最大收入额是多少？

3. 某公司在生产中使用甲、乙两种原料，已知甲乙两种原料分别使用 x 单位和 y 单位可生产 Q 单位的产品，且

$$Q = Q(x, y) = 10xy + 20.2x + 30.3y - 10x^2 - 5y^2.$$

已知甲原料单价为 20 元/单位，乙原料单价为 30 元/单位，产品每单位售价 100 元，产品固定成本 1000 元，求该公司的最大利润.

4. 求 $u = xyz$ 在条件 $\frac{1}{x} + \frac{1}{y} + \frac{1}{z} = \frac{1}{a}$（$x$，$y$，$z$，$a$ 为正数）下的极值.

5. 旋转抛物面 $z = x^2 + y^2$ 被平面 $x + y + z = 1$ 截成一椭圆，求这椭圆上的点到原点的距离的最大和最小值.

6. 求表面积为 a^2 而体积最大的长方体的体积.

7. 生产某种产品的产量 Q 与所用两种原料甲、乙的数量 x，y 之间的关系式为

$$Q = 0.005x^2y,$$

已知甲、乙两种原料单价分别为 1 万元和 2 万元，现有资金 150 万，如何购料可使产量最大？

8. 某公司可通过电台和报纸两种方式做销售某种产品的广告，据资料统计，销售收益与电台广告费 x 及报纸广告费 y 之间有经验公式

$$R=3(15+14x+32y-8xy-2x^2-10y^2).$$

利润额相当于三分之一的销售收益，并要扣除广告费用，试问在下列条件下，如何分配两种广告费用使得利润最大？（单位为万元）

（1）广告费用不限；

（2）提供的广告费用仅为 1.5 万元.

第六节 二重积分

一、二重积分的概念和性质

1. 曲顶柱体的体积

设有一立体，它的底是 xoy 平面上的闭区域 D，侧面是以 D 的边界为准线、母线平行于 z 轴的柱面，它的顶是曲面 $z=f(x, y)$. 这里，$f(x,y)\geqslant 0$，且在 D 上连续. 这种立体叫曲顶柱体（图 7-12）.

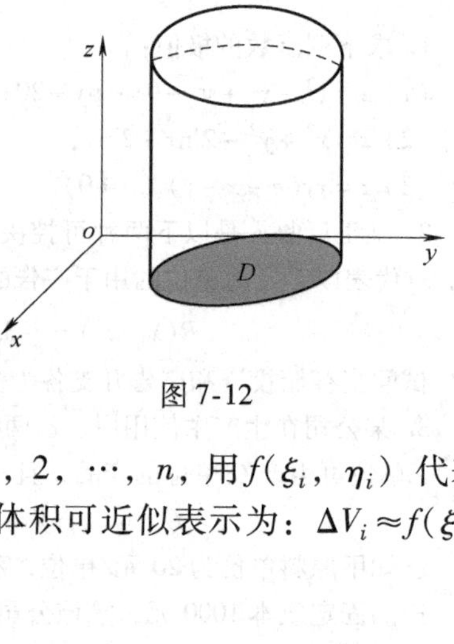

图 7-12

仿照定积分中曲边梯形面积的求法来计算曲顶柱体的体积

第一步，分割.

用一组曲线网把区域 D 分成 n 个小闭区域 σ_1，σ_2，…，σ_n，它们的面积记作 $\Delta\sigma_1$，$\Delta\sigma_2$，…，$\Delta\sigma_n$，相应地曲顶柱被分成了 n 个小曲顶柱体 ΔV_1，ΔV_2，…，ΔV_n.

第二步，取近似.

在每个小区域上任取一点 $(\xi_i,\eta_i)\in\sigma_i$，$i=1, 2, \cdots, n$，用 $f(\xi_i, \eta_i)$ 代表第 i 个小曲顶柱体的高，则第 i 个小曲顶柱体的体积可近似表示为：$\Delta V_i\approx f(\xi_i, \eta_i)\Delta\sigma_i$, $i=1, 2, \cdots, n$;

第三步，作和.

把所有小曲顶柱体体积的近似值加起来，得到整个曲顶柱体体积的近似值，即

$$V\approx\sum_{i=1}^{n}f(\xi_i,\eta_i)\cdot\Delta\sigma_i.$$

显然，把 D 分得越来越细，求出的和越来越接近真实的体积值.

第四步，求极限.

设 n 个小闭区域的直径最大者是 d，即

$$d = \underset{1\leqslant i\leqslant n}{\mathrm{Max}}\{\sigma_i\},$$

当 $d\to 0$ 时，$\sum_{i=1}^{n} f(\xi_i,\eta_i)\Delta\sigma_i$ 的极限便是要求的曲顶柱体的体积 V，即

$$V = \lim_{d\to 0}\sum_{i=1}^{n} f(\xi_i,\eta_i)\cdot\Delta\sigma_i .$$

2. 二重积分的定义

在实际应用中，许多问题都归结为求同一和式的极限问题，为一般性的研究这种和式结构的极限，抽象出二重积分的定义.

定义 7.11 设 $z=f(x, y)$ 在有界闭区域 D 上有定义，把区域 D 任意分成 n 个小区域 σ_1，σ_2，…，σ_n，第 i 个小区域的面积记作 $\Delta\sigma_i$（$i=1, 2, \cdots n$），在每个小区域内任取一点（ξ_i，η_i）$\in\sigma_i$，$i=1$，2，…，n，作和 $\sum_{i=1}^{n} f(\xi_i,\eta_i)\cdot\Delta\sigma_i$. 设 $d=\underset{1\leqslant i\leqslant n}{\mathrm{Max}}\{\sigma_i\}$，若无论区域 D 如何划分，也无论$(\xi_i,\eta_i)\in\sigma_i$如何选取，极限 $\lim_{d\to 0}\sum_{i=1}^{n} f(\xi_i,\eta_i)\Delta\sigma_i$ 都存在，则称$f(x, y)$ 在区域 D 上可积，把极限值称为函数 $z=f(x, y)$ 在闭区域 D 上的二重积分，记作 $\iint_D f(x,y)\,\mathrm{d}\sigma$，即

$$\iint_D f(x,y)\,\mathrm{d}\sigma = \lim_{d\to 0}\sum_{i=1}^{n} f(\xi_i,\eta_i)\Delta\sigma_i .$$

其中，f（x，y）称为被积函数，$\mathrm{d}\sigma$ 称为面积元素，x 和 y 称为积分变量，D 称为积分区域，$f(x,y)\,\mathrm{d}\sigma$ 称为被积表达式.

注 （1）如果用一些平行于坐标轴的直线分割区域 D，除了少数边缘上的小区域外，其余的小区域都是矩形，设它的边长是 Δx_j 和 Δy_k，则 $\Delta\sigma_i=\Delta x_j\Delta y_k$，因此，面积元素 $\mathrm{d}\sigma$ 有时也用 $\mathrm{d}x\mathrm{d}y$ 表示. 于是，二重积分可写作 $\iint_D f(x,y)\,\mathrm{d}x\mathrm{d}y$，其中 $\mathrm{d}x\mathrm{d}y$ 称为直角坐标系中的面积元素.

（2）二重积分 $\iint_D f(x,y)\,\mathrm{d}\sigma$ 的值只与积分区域 D 和被积函数 $f(x, y)$ 有关，而与积分变量的写法无关，即

$$\iint_D f(x,y)\,\mathrm{d}x\mathrm{d}y = \iint_D f(u,v)\,\mathrm{d}u\mathrm{d}v.$$

（3）当$f(x, y)\geqslant 0$ 且连续时，$\iint_D f(x,y)\,\mathrm{d}\sigma$ 表示以积分区域 D 为底，以曲面 $z=f(x, y)$ 为顶的曲顶柱体的体积，这便是二重积分的几何意义. 有时可用几

何意义得出二重积分的值，如

$$\iint\limits_{x^2+y^2\leqslant R^2} \sqrt{R^2-x^2-y^2}\mathrm{d}x\mathrm{d}y = \frac{2}{3}\pi R^3.$$

3. 可积函数类

（1）若函数$f(x, y)$在有界闭区域D上连续，则$f(x, y)$在D上二重积分存在，即可积.

（2）若函数$f(x, y)$在有界闭区域D上有界且分块连续，则$f(x, y)$在D上可积.

4. 二重积分的性质

与一元函数定积分类似，二重积分有如下基本性质：

性质 7.4（线性性质）

$$\iint\limits_D [af(x,y)+bg(x,y)]\mathrm{d}\sigma = a\iint\limits_D f(x,y)\mathrm{d}\sigma + b\iint\limits_D g(x,y)\mathrm{d}\sigma\ (a,\ b\ 是常数).$$

性质 7.5 （区域可加性）若$D=D_1\cup D_2$，且D_1与D_2公共部分面积是0，则有

$$\iint\limits_D f(x,y)\mathrm{d}\sigma = \iint\limits_{D_1} f(x,y)\mathrm{d}\sigma + \iint\limits_{D_2} f(x,y)\mathrm{d}\sigma.$$

性质 7.6 若$f(x,y)=1$，则$\iint\limits_D f(x,y)\mathrm{d}\sigma=\sigma$，$\sigma$是区域$D$的面积.

性质 7.7 若$f(x, y)\geqslant 0$，$(x, y)\in D$，则$\iint\limits_D f(x,y)\mathrm{d}\sigma\geqslant 0$.

性质 7.8 （中值定理）设函数$f(x, y)$在有界闭区域D上连续，σ是D的面积，则在D上至少存在一点(ξ, η)使

$$\iint\limits_D f(x,y)\mathrm{d}\sigma = f(\xi,\eta)\cdot\sigma.$$

二、二重积分的计算

1. 直角坐标系下二重积分的计算

一般方法就是把二重积分化成两次定积分的计算，称之为累次积分法.

（1）积分区域是矩形区域.

设D是矩形区域：即$a\leqslant x\leqslant b$，$c\leqslant y\leqslant d$，$z=f(x, y)$在D上连续，则

$$\iint\limits_D f(x,y)\mathrm{d}x\mathrm{d}y = \int_a^b\left[\int_c^d f(x,y)\mathrm{d}y\right]\mathrm{d}x.$$

这样，二重积分可以化为先对y后对x的两次定积分来计算. 同样，也可以采用先对x后对y的次序$\iint\limits_D f(x,y)\mathrm{d}x\mathrm{d}y = \int_c^d\left[\int_a^b f(x,y)\mathrm{d}x\right]\mathrm{d}y$. 为了书写方便，可以把

$$\int_a^b\left[\int_c^d f(x,y)\,\mathrm{d}y\right]\mathrm{d}x \quad \text{记作} \quad \int_a^b \mathrm{d}x\int_c^d f(x,y)\,\mathrm{d}y.$$

$$\int_c^d\left[\int_a^b f(x,y)\,\mathrm{d}x\right]\mathrm{d}y \quad \text{记作} \quad \int_c^d \mathrm{d}y\int_a^b f(x,y)\,\mathrm{d}x.$$

则有 $\iint\limits_D f(x,y)\,\mathrm{d}x\mathrm{d}y = \int_a^b \mathrm{d}x\int_c^d f(x,y)\,\mathrm{d}y = \int_c^d \mathrm{d}y\int_a^b f(x,y)\,\mathrm{d}x$.

（2）积分区域 D 是 X 型区域（图 7-13）.

所谓 X 型区域，即任何穿过 D 的内部且平行于 y 轴的直线与 D 的边界最多交于两点，这时 D 可表示为 $y_1(x) \leqslant y \leqslant y_2(x)$，$a \leqslant x \leqslant b$，$y_1(x)$、$y_2(x)$ 连续，则

$$\iint\limits_D f(x,y)\,\mathrm{d}x\mathrm{d}y = \int_a^b \mathrm{d}x\int_{y_1(x)}^{y_2(x)} f(x,y)\,\mathrm{d}y .$$

（3）积分区域 D 是 Y 型区域（图 7-14）.

所谓 Y 型区域，即任何穿过 D 的内部且平行于 x 轴的直线与 D 的边界最多交于两点，这时 D 可表示为 $x_1(y) \leqslant x \leqslant x_2(y)$，$c \leqslant y \leqslant d$，$x_1(y)$、$x_2(y)$ 连续，则

$$\iint\limits_D f(x,y)\,\mathrm{d}x\mathrm{d}y = \int_c^d \mathrm{d}y\int_{x_1(y)}^{x_2(y)} f(x,y)\,\mathrm{d}x .$$

（4）如果 D 既不是 X 型区域，也不是 Y 型区域，则可以把区域 D 分割成有限个子区域，使每个子区域是 X 型或 Y 型，然后利用积分区域可加性计算（图 7-15）.

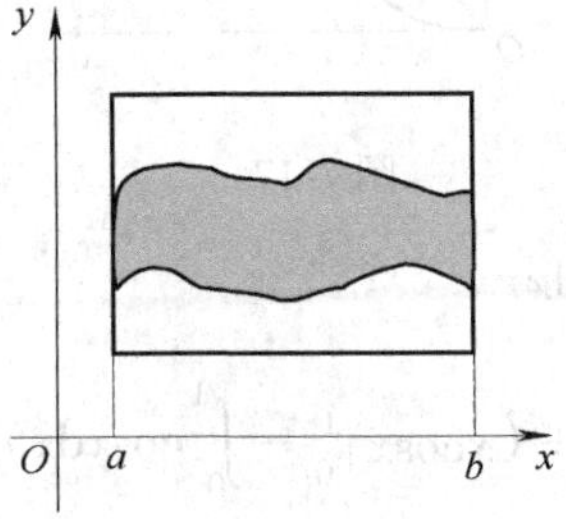

图 7-13

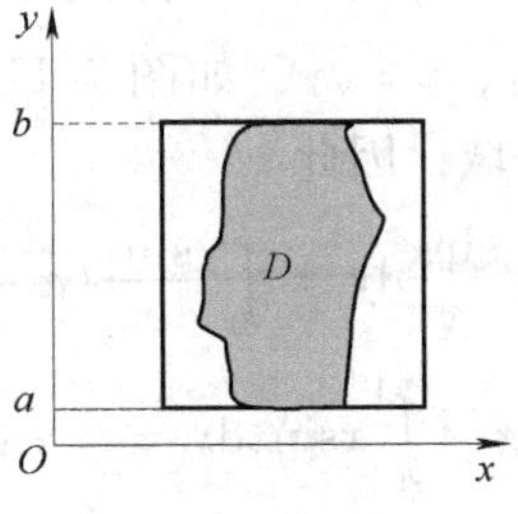

图 7-14

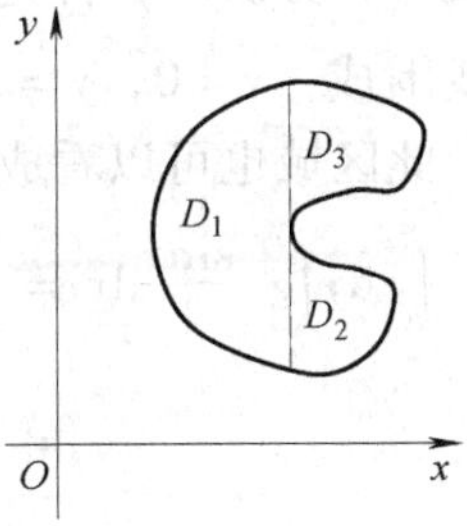

图 7-15

例 1　求 $\iint\limits_D x^2 y\,\mathrm{d}x\mathrm{d}y$，其中 D 为 $0 \leqslant x \leqslant 1$，$1 \leqslant y \leqslant 2$.

解　区域是矩形区域，有 $\iint\limits_D x^2 y\,\mathrm{d}x\mathrm{d}y = \int_0^1 \mathrm{d}x\int_1^2 x^2 y\,\mathrm{d}y$.

对于第一次积分，y 是积分变量，x 可以认为是常量，于是

$$\int_1^2 x^2 y\,\mathrm{d}y = x^2\int_1^2 y\,\mathrm{d}y = x^2 \cdot \frac{3}{2},$$

因此

$$\int_0^1 dx\int_1^2 x^2 y dy = \int_0^1 \frac{3}{2}x^2 dx = \frac{1}{2}.$$

例 2 求 $\iint_D e^{\frac{x}{y}}dxdy$，其中 D 是由 $y^2=x$ 和 $y=1$ 及 y 轴所围成的区域.

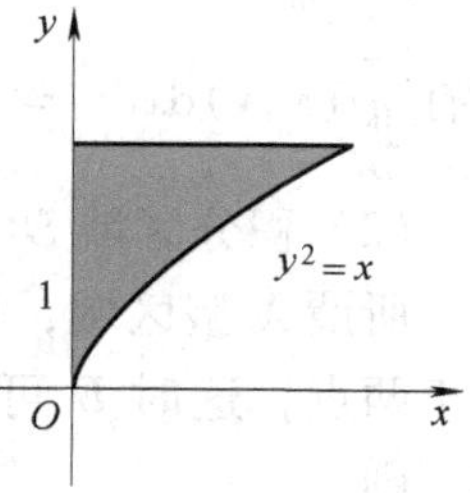

图 7-16

解 区域 D 既是 X 型区域，又是 Y 型区域（图 7-16），因此

$$\iint_D e^{\frac{x}{y}}dxdy = \int_0^1 dx\int_{\sqrt{x}}^1 e^{\frac{x}{y}}dy$$

与

$$\iint_D e^{\frac{x}{y}}dxdy = \int_0^1 dy\int_0^{y^2} e^{\frac{x}{y}}dx.$$

从形式上都对，但由于 $\int e^{\frac{x}{y}}dy$ 难以求出，因此选用先对 x 再对 y 积分

$$\iint_D e^{\frac{x}{y}}dxdy = \int_0^1 dy\int_0^{y^2} e^{\frac{x}{y}}dx = \int_0^1 y(e^y-1)dy = \frac{1}{2}.$$

例 3 计算积分 $\int_0^1 dy\int_y^{\sqrt{y}} \frac{\sin x}{x}dx$.

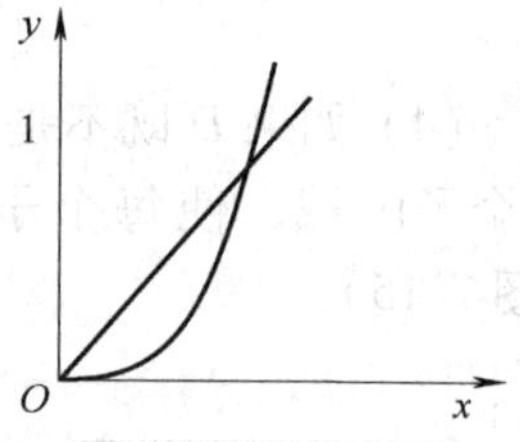

图 7-17

解 若直接计算，$\int \frac{\sin x}{x}dx$ 不是初等函数，因此考虑交换积分次序，首先确定积分区域 D. D 是由下面四条线围成：$y=0$，$y=1$，$x=y$，$x=\sqrt{y}$，如图 7-17 所示，此区域也可以看成 X 型区域，因此

$$\begin{aligned}\int_0^1 dy\int_y^{\sqrt{y}} \frac{\sin x}{x}dx &= \int_0^1 dx\int_{x^2}^{x} \frac{\sin x}{x}dy = \int_0^1 \frac{\sin x}{x}(x-x^2)dx \\ &= \int_0^1 \sin x dx - \int_0^1 x\sin x dx = -\cos x\big|_0^1 + \left(x\cos x\big|_0^1 - \int_0^1 \cos x dx\right) \\ &= 1-\sin 1.\end{aligned}$$

例 4 求两个底圆半径相等的直交圆柱面：$x^2+y^2=R^2$ 及 $x^2+z^2=R^2$ 所围成的立体的体积.

解 利用立体关于坐标平面的对称性，只需算出它在第一卦限部分的体积即可. 所求第一卦限部分可以看成是一个曲顶柱体，它的底是半径为 R 的圆的四分之一部分，它的顶是曲面 $z=\sqrt{R^2-x^2}$（图 7-18），于是

$V_1 = \iint_D \sqrt{R^2-x^2}d\sigma$，化为累次积分，得

$$V_1 = \iint_D \sqrt{R^2 - x^2}\mathrm{d}\sigma$$

$$= \int_0^R \mathrm{d}x \int_0^{\sqrt{R^2-x^2}} \sqrt{R^2 - x^2}\mathrm{d}y = \int_0^R (R^2 - x^2)\mathrm{d}x = \frac{2}{3}R^3.$$

从而所求立体体积为

$$V = 8V_1 = \frac{16}{3}R^3.$$

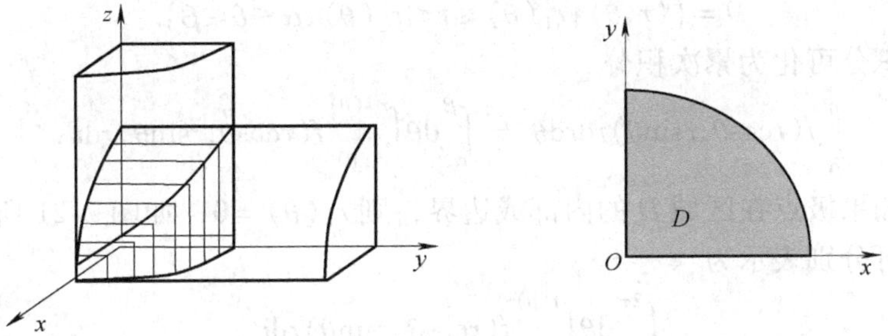

图 7-18

2. 利用极坐标计算二重积分

在直角坐标系中，用两组平行于坐标轴的直线把区域 D 分成若干方形小块，因而求得 $\Delta\sigma = \Delta x_i \Delta y_i$. 在极坐标系中，假设过原点的射线与区域 D 的边界线的交点不多于两个，用同心圆（r = 常数）和一组通过极点的射线（θ = 常数）将区域 D 分割成很多小区域，如图 7-19 所示，在阴影部分所对应的扇环形区域，圆心角是 $\Delta\theta$，外弧半径是 $r + \Delta r$，内弧半径是 r，因此，阴影部分的面积为

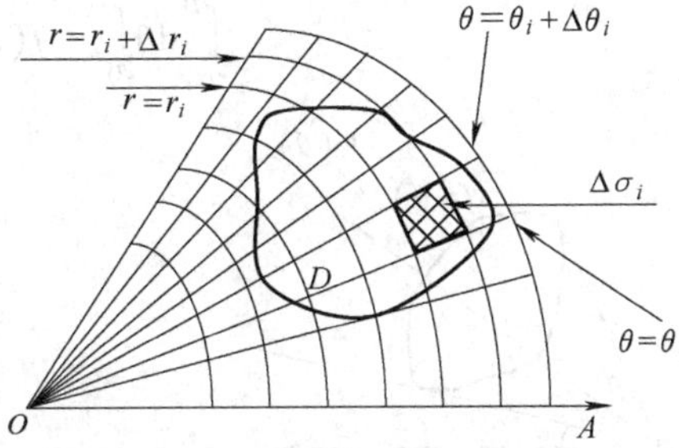

图 7-19

$$\Delta\sigma = \frac{1}{2}(r + \Delta r)^2\Delta\theta - \frac{1}{2}r^2\Delta\theta = r \cdot \Delta r \cdot \Delta\theta + \frac{1}{2}(\Delta r)^2\Delta\theta$$

略去高阶无穷小，便有

$$\Delta\sigma \approx r \cdot \Delta r \cdot \Delta\theta$$

所以面积元素是

$$\mathrm{d}\sigma = r \cdot \mathrm{d}r \cdot \mathrm{d}\theta$$

被积函数变为

$$f(x,y) = f(r\cos, r\sin\theta)$$

于是在直角坐标系中的二重积分变为在极坐标系中的二重积分

$$\iint_D f(x,y)\,\mathrm{d}\sigma = \iint_D f(r\cos\theta, r\sin\theta)\,r\mathrm{d}r\mathrm{d}\theta$$

计算极坐标系下的二重积分，也要将它化为累次积分，关于积分限的确定，我们分两种情况加以说明：

（1）极点 O 在区域 D 之外（图 7-20），区域 D 在 $\theta=\alpha$ 与 $\theta=\beta$ 两条射线之间，如果对每条过极点的射线 $\theta=\theta_0$ 与区域的边界有两个交点 $r_1(\theta_0)$ 及 $r_2(\theta_0)$，$r_1(\theta_0)\leqslant r_2(\theta_0)$，则区域 D 可表示为

$$D=\{(r,\theta)\mid r_1(\theta)\leqslant r\leqslant r_2(\theta),\alpha\leqslant\theta\leqslant\beta\}.$$

因此二重积分可化为累次积分

$$\iint_D f(r\cos\theta, r\sin\theta)\,r\mathrm{d}r\mathrm{d}\theta = \int_\alpha^\beta \mathrm{d}\theta\int_{r_1(\theta)}^{r_2(\theta)} f(r\cos\theta, r\sin\theta)\,r\mathrm{d}r.$$

（2）如果极点在区域 D 的内部或边界，则 $r_1(\theta)=0$，如图 7-21 所示，此时二重积分可分别表示为

$$\int_0^{2\pi}\mathrm{d}\theta\int_0^{r(\theta)} f(r\cos\theta, r\sin\theta)\,r\mathrm{d}r,$$

或

$$\int_\alpha^\beta\mathrm{d}\theta\int_0^{r(\theta)} f(r\cos\theta, r\sin\theta)\,r\mathrm{d}r.$$

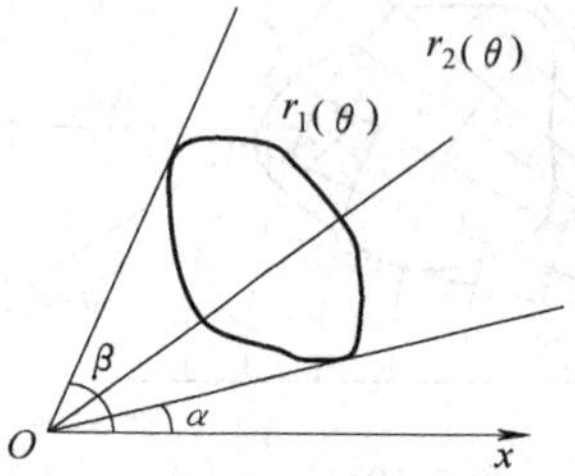

图 7-20

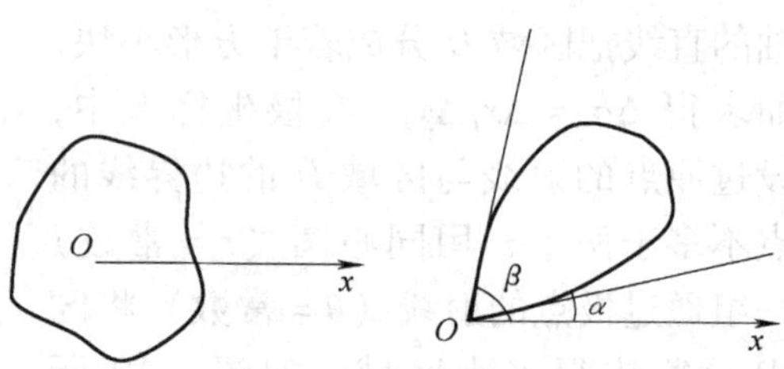

图 7-21

例 5 求 $\iint_D \mathrm{e}^{x^2+y^2-\pi}\mathrm{d}x\mathrm{d}y$，其中 D 为

（1）$x^2+y^2\leqslant a^2$，$(a>0)$，

（2）$x^2+y^2\leqslant a^2$，$(a>0)$，$x\geqslant 0$，$y\geqslant 0$.

解 （1）$\iint_D \mathrm{e}^{x^2+y^2-\pi}\mathrm{d}x\mathrm{d}y = \int_0^{2\pi}\mathrm{d}\theta\int_0^a r\mathrm{e}^{r^2-\pi}\mathrm{d}r = e^{-\pi}\cdot 2\pi\cdot\frac{1}{2}\int_0^a \mathrm{e}^{r^2}\mathrm{d}r^2$

$=\pi\mathrm{e}^{-\pi}\ (\mathrm{e}^{a^2}-1).$

（2）$\iint_D \mathrm{e}^{x^2+y^2-\pi}\mathrm{d}x\mathrm{d}y = \int_0^{\frac{\pi}{2}}\mathrm{d}\theta\int_0^a r\mathrm{e}^{r^2-\pi}\mathrm{d}r = \mathrm{e}^{-\pi}\cdot\frac{\pi}{2}\cdot\frac{1}{2}\int_0^a \mathrm{e}^{r^2}\mathrm{d}r^2$

$=\frac{\pi}{4}\mathrm{e}^{-\pi}(\mathrm{e}^{a^2}-1).$

例 6　求球体 $x^2+y^2+z^2\leqslant 4a^2$ 被圆柱面 $x^2+y^2=2ax$（$a>0$）所截得的立体的体积（图 7-22）.

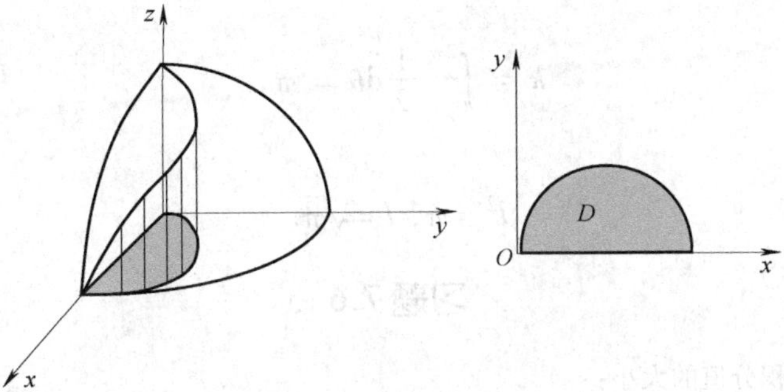

图 7-22

解　由对称性，所截的部分是以 D 为底的曲顶柱体体积的 4 倍，而曲顶柱体顶面的方程为

$$z=\sqrt{4a^2-x^2-y^2}.$$

因此 $V=4\iint\limits_D\sqrt{4a^2-x^2-y^2}\,\mathrm{d}x\mathrm{d}y$，利用极坐标，得

$$\begin{aligned}V&=4\iint\limits_D\sqrt{4a^2-r^2}\,r\mathrm{d}r\mathrm{d}\theta\\&=4\int_0^{\frac{\pi}{2}}\mathrm{d}\theta\int_0^{2a\cos\theta}\sqrt{4a^2-r^2}\,r\mathrm{d}r\\&=\frac{32}{3}a^3\int_0^{\frac{\pi}{2}}(1-\sin^3\theta)\,\mathrm{d}\theta=\frac{32}{3}a^3\left(\frac{\pi}{2}-\frac{2}{3}\right).\end{aligned}$$

如果二元函数的积分域是无界的，则类似于一元函数，可以定义二元函数的广义积分. 下面以在概率统计中常用的例题加以说明.

例 7　计算泊松（Possion）积分 $I=\int_{-\infty}^{+\infty}\mathrm{e}^{-x^2}\mathrm{d}x$.

解　$\int\mathrm{e}^{-x^2}\mathrm{d}x$ 不是初等函数，所以不能直接用牛顿—莱布尼兹公式求其值. 我们先求 $k=\iint\limits_D\mathrm{e}^{-(x^2+y^2)}\mathrm{d}x\mathrm{d}y$，其中 D 是整个平面，显然，这类似于一元函数的广义积分，因此，k 可用累次积分表示为 $k=\int_{-\infty}^{+\infty}\mathrm{d}x\int_{-\infty}^{+\infty}\mathrm{e}^{-(x^2+y^2)}\mathrm{d}y=\int_{-\infty}^{+\infty}\mathrm{e}^{-x^2}\mathrm{d}x\int_{-\infty}^{+\infty}\mathrm{e}^{-y^2}\mathrm{d}y=I^2$，而把上述积分用极坐标表示，便有 $k=\int_0^{2\pi}\mathrm{d}\theta\int_0^{+\infty}\mathrm{e}^{-r^2}r\mathrm{d}r$，

又因为

$$\int_0^{+\infty} \mathrm{e}^{-r^2} r\mathrm{d}r = \left(-\frac{\mathrm{e}^{-r^2}}{2}\right)\Bigg|_0^{+\infty} = \frac{1}{2},$$

所以

$$k = \int_0^{2\pi} \frac{1}{2}\mathrm{d}\theta = \pi,$$

于是

$$I^2 = \pi,\ I = \sqrt{\pi}.$$

习题7.6

1. 比较下列积分值的大小：

(1) $\iint\limits_D (x+y)^2\mathrm{d}\sigma$ 与 $\iint\limits_D (x+y)^3\mathrm{d}\sigma$，其中 D 是由直线 $y=1-x$、x 轴和 y 轴所围的闭区域；

(2) $\iint\limits_D (x+y)^2\mathrm{d}\sigma$ 与 $\iint\limits_D (x+y)^3\mathrm{d}\sigma$，其中 D 是由 $(x-2)^2+(y-1)^2=2$ 所围的闭区域；

(3) $\iint\limits_D \ln(x+y)\mathrm{d}\sigma$ 与 $\iint\limits_D [\ln(x+y)]^2\mathrm{d}\sigma$，其中 $D=\{(x,y)\mid 3\leqslant x\leqslant 5, 0\leqslant y\leqslant 1\}$.

2. 估计下列积分的值：

(1) $I=\iint\limits_D xy(x+y)\mathrm{d}\sigma$，其中 $D=\{(x,y)\mid 0\leqslant x\leqslant 1,\ 0\leqslant y\leqslant 1\}$；

(2) $I=\iint\limits_D (x^2+4y^2+9)\mathrm{d}\sigma$，其中 $D=\{(x,y)\mid x^2+y^2\leqslant 4\}$.

3. 利用积分中值定理证明：$\lim\limits_{r\to 0}\frac{1}{\pi r^2}\iint\limits_D \mathrm{e}^{x^2+y^2}\cos(x+y)\mathrm{d}x\mathrm{d}y=1$，其中 $D=\{(x,y)\mid x^2+y^2\leqslant r^2\}$.

4. 计算 $\iint\limits_D xy\mathrm{d}\sigma$，其中 D 是由抛物线 $y^2=x$ 及直线 $y=x-2$ 所围的闭区域.

5. 计算 $\iint\limits_D y\sqrt{1+x^2-y^2}\mathrm{d}\sigma$，其中 D 是由直线 $y=x$、$x=-1$ 及 $y=1$ 所围的闭区域.

6. 应用二重积分，求在 xy 平面上由 $y=x^2$ 与 $y=4x-x^2$ 所围成区域的面积.

7. 计算 $\iint\limits_D x\mathrm{d}\sigma$，其中 D 是由直线 $y=2x$，$y=\frac{1}{2}x$ 及 $y=12-x$ 所围的闭区域.

8. 计算 $\iint\limits_D \mathrm{e}^{y^2}\mathrm{d}\sigma$，其中 D 是由直线 $y=x$，$y=1$ 及 y 轴所围的闭区域.

9. 计算 $\iint\limits_D |y-x^2|\mathrm{d}\sigma$，其中 D 是由直线 $y=0$，$y=1$ 及 $x=-1$，$x=1$ 所围的闭区域.

10. 计算 $\iint\limits_D x^2y^2\mathrm{d}\sigma$，其中 D 为 $|x|+|y|\leqslant 1$.

11. 计算 $\iint\limits_D y[1+xf(x^2+y^2)]\mathrm{d}\sigma$，其中 D 是由抛物线 $y=x^2$ 及直线 $y=1$ 所围的闭区域，f 在 D 上连续.

12. $\iint\limits_{x^2+y^2\leqslant 4}(xy+y^3\cos x)\mathrm{d}\sigma$.

13. 改变下列二次积分的积分次序：

(1) $\int_0^1 \mathrm{d}y\int_0^y f(x,y)\mathrm{d}x$；(2) $\int_0^2 \mathrm{d}y\int_{y^2}^{2y} f(x,y)\mathrm{d}x$；(3) $\int_0^1 \mathrm{d}y\int_{-\sqrt{1-y^2}}^{\sqrt{1-y^2}} f(x,y)\mathrm{d}x$；

(4) $\int_1^2 \mathrm{d}x\int_{2-x}^{\sqrt{2x-x^2}} f(x,y)\mathrm{d}y$；(5) $\int_1^{\mathrm{e}} \mathrm{d}x\int_0^{\ln x} f(x,y)\mathrm{d}y$.

14. 用二重积分表示由曲面 $z=0$，$x+y+z=1$，$x^2+y^2=1$ 所围立体的体积.

15. 求由曲面 $z=0$，$z=x^2+y^2$，$x^2=y$，$y=1$ 所围立体的体积.

16. 求由曲面 $z=x^2+2y^2$ 及 $z=6-2x^2-y^2$ 所围立体的体积.

17. 计算 $\iint\limits_D \frac{\mathrm{d}x\mathrm{d}y}{1+x^2+y^2}$, 其中 D 是由 $x^2+y^2\leqslant 1$ 所确定的闭区域.

18. 计算 $\iint\limits_D \sqrt{x^2+y^2}\mathrm{d}x\mathrm{d}y$, 其中 D 是由 $x^2+y^2=2y$ 所围的闭区域.

19. 计算 $\iint\limits_D \sqrt{x^2+y^2}\mathrm{d}x\mathrm{d}y$, 其中 D 是由 $x^2+y^2=4$ 和 $(x+1)^2+y^2=1$ 所围的闭区域.

20. 计算 $\iint\limits_D \frac{y}{x}\mathrm{d}x\mathrm{d}y$, 其中 D 是由 $x^2+y^2=4$，$x^2+y^2=1$ 及 $y=x$，$y=0$ 所围的第一象限部分区域.

21. 计算 $\iint\limits_D \sin\sqrt{x^2+y^2}\mathrm{d}x\mathrm{d}y$, 其中 $D=\{(x,\ y)\,|\,\pi^2\leqslant x^2+y^2\leqslant 4\pi^2\}$.

第八章　无穷级数

无穷级数是微积分的一个重要组成部分，是表示函数、研究函数性质以及进行数值计算的工具．本章先讨论常数项级数，介绍无穷级数的一些基本内容，然后重点讨论函数项级数中的幂级数及其性质．

第一节　级数的概念与性质

一、级数的概念

定义 8.1　已知数列$\{u_n\}$，即u_1，u_2，…，u_n，…，

式$u_1+u_2+u_3+\cdots+u_n+\cdots$称为无穷级数（简称级数），记作$\sum\limits_{n=1}^{\infty}u_n$，其中$u_n$称为级数的第$n$项或通项.

级数的前n项的和用S_n来表示，即$S_n=u_1+u_2+\cdots+u_n$或$S_n=\sum\limits_{k=1}^{n}u_k$称为级数的前$n$项部分和；部分和$S_n$构成的数列$S_1$，$S_2$，…，$S_n$，…称为部分和数列.

定义 8.2　若级数的部分和数列$\{s_n\}$的极限存在，即$\lim\limits_{n\to\infty}S_n=S$（$S$是一个常数）则称级数$\sum\limits_{n=1}^{\infty}u_n$收敛，$S$是级数的和，并记作

$$S=\sum_{n=1}^{\infty}u_n=u_1+u_2+\cdots+u_n+\cdots,$$

并称$R_n=u_{n+1}+u_{n+2}+\cdots=\sum\limits_{k=n+1}^{\infty}u_k=S-S_n$为级数的余项.

若数列$\{s_n\}$发散，则称级数发散，发散级数没有和.

例 1　判断几何级数$\sum\limits_{n=1}^{\infty}aq^{n-1}$的收敛性（$a\neq0$）.

解　(1) 当$|q|\neq1$时，由于$S_n=a+aq+\cdots+aq^{n-1}=\dfrac{a(1-q^n)}{1-q}$，

若$|q|<1$，则$\lim\limits_{n\to\infty}S_n=\dfrac{a}{1-q}$，所以，$|q|<1$时，级数收敛.

若 $|q|>1$，则 $\lim\limits_{n\to\infty}S_n=\infty$，所以，$|q|>1$ 时，级数发散.

（2）当 $q=1$ 时，$S_n=na$，$\lim\limits_{n\to\infty}S_n=\infty$，所以级数发散.

（3）当 $q=-1$ 时，$S_n=\begin{cases}a, & n\text{ 为奇数}\\0, & n\text{ 为偶数}\end{cases}$，当时 $n\to\infty$，S_n 没有极限，所以级数发散.

综合以上可知，当 $|q|<1$ 时，级数 $\sum\limits_{n=1}^{\infty}aq^{n-1}$ 收敛；当 $|q|\geqslant 1$ 时，级数 $\sum\limits_{n=1}^{\infty}aq^{n-1}$ 发散.

例 2　判断调和级数 $\sum\limits_{n=1}^{\infty}\frac{1}{n}$ 的敛散性.

解　考虑它的前 n 项和 $S_n=1+\frac{1}{2}+\cdots+\frac{1}{n}$

由于对一切 n，总有

$$\left(1+\frac{1}{n}\right)^n<e,$$

所以

$$\frac{1}{n}>\ln\left(1+\frac{1}{n}\right)=\ln\frac{n+1}{n},$$

于是

$$S_n=1+\frac{1}{2}+\cdots+\frac{1}{n}>\ln\frac{2}{1}+\ln\frac{3}{2}+\cdots+\ln\frac{n+1}{n}=\ln(n+1).$$

而

$$\lim_{n\to\infty}\ln(n+1)=+\infty,$$

所以，当 $n\to\infty$ 时，S_n 无穷大，因此调和级数 $\sum\limits_{n=1}^{\infty}\frac{1}{n}$ 发散.

例 3　讨论级数 $\sum\limits_{n=1}^{\infty}\frac{1}{(n+1)^2}$ 的敛散性.

解　因为 $\frac{1}{(n+1)^2}<\frac{1}{n(n+1)}=\frac{1}{n}-\frac{1}{n+1}$，

所以

$$S_n=1+\frac{1}{2^2}+\frac{1}{3^2}+\cdots+\frac{1}{n^2}<1+\frac{1}{1\cdot 2}+\frac{1}{2\cdot 3}+\cdots+\frac{1}{n(n-1)}$$

$$=1+\left(1-\frac{1}{2}\right)+\left(\frac{1}{2}-\frac{1}{3}\right)+\cdots+\left(\frac{1}{n-1}-\frac{1}{n}\right)=2-\frac{1}{n}.$$

因此 $S_n<2$，又易知$\{S_n\}$是单调增加的，所以 $\lim\limits_{n\to\infty}S_n$存在，即级数 $\sum\limits_{n=1}^{\infty}\frac{1}{(n+1)^2}$ 收敛.

二、级数的性质

性质8.1 如果级数 $\sum\limits_{n=1}^{\infty}u_n$ 与级数 $\sum\limits_{n=1}^{\infty}v_n$ 都收敛，它们的和分别是 U 与 V，则对任意常数 a 与 b，级数 $\sum\limits_{n=1}^{\infty}(au_n+bv_n)$ 也收敛，且其和为 $aU+bV$.

证 设$U_n=u_1+u_2+\cdots+u_n$则 $\lim\limits_{n\to\infty}U_n=U$;

$V_n=v_1+v_2+\cdots+v_n$则 $\lim\limits_{n\to\infty}V_n=V$.

又设 $\sum\limits_{n=1}^{\infty}(au_n+bv_n)$ 的前 n 项和是 S_n，则有 $S_n=aU_n+bV_n$，

因此

$$\lim_{n\to\infty}S_n=aU+bV,$$

所以

$$\sum_{n=1}^{\infty}(au_n+bv_n)=aU+bV.$$

注 如果级数 $\sum\limits_{n=1}^{\infty}u_n$ 收敛，而级数 $\sum\limits_{n=1}^{\infty}v_n$ 发散，则对任意常数 a 与 b，$(b\neq0)$，级数 $\sum\limits_{n=1}^{\infty}(au_n+bv_n)$ 必发散.

例如，级数 $\sum\limits_{n=1}^{\infty}\left(\frac{1}{3^n}+\frac{2}{5^n}\right)$ 是收敛的，而 $\sum\limits_{n=1}^{\infty}\left(\frac{1}{3^n}+\frac{2}{n}\right)$ 是发散的.

性质8.2 在级数中改变、增加或去掉前面有限项，级数的敛散性不变.

证明 我们仅对改变有限项的情形加以证明，其他情形类似.

设级数 $\sum\limits_{n=1}^{\infty}u_n=u_1+u_2+\cdots+u_m+u_{m+1}+\cdots$ 改变有限项以后，从第 $m+1$ 项开始都没有改变，设新级数为

$$\sum_{n=1}^{\infty}v_n=v_1+v_2+\cdots+v_m+v_{m+1}+\cdots,\ (\text{当 } n>m \text{ 时}, v_n=u_n),$$

又设

$$u_1+u_2+\cdots+u_m=a,\ v_1+v_2+\cdots+v_m=b,$$

记级数 $\sum\limits_{n=1}^{\infty}u_n$ 前 n 项和为 U_n，$\sum\limits_{n=1}^{\infty}v_n$ 前 n 项和是 V_n，则当 $n>m$ 时，有

$$U_n = V_n + a - b,$$

因此$\{U_n\}$与$\{V_n\}$具有相同的敛散性，即级数 $\sum_{n=1}^{\infty} u_n$ 和 $\sum_{n=1}^{\infty} v_n$ 敛散性相同.

由例3的结果并结合性质8.2知道，级数 $\sum_{n=1}^{\infty} \frac{1}{n^2}$ 以及 $\sum_{n=3}^{\infty} \frac{1}{(n+1)^2}$ 都是收敛的.

性质8.3　如果一个级数收敛，则加括号后所形成的新级数也收敛，且和不变.

证　设级数 $\sum_{n=1}^{\infty} u_n$ 收敛，且和是S. 不失一般性，不妨设加括号后的新级数为

$$(u_1+u_2)+(u_3+u_4+u_5)+(u_6+u_7)+\cdots,$$

用W_m表示新级数的前m项部分和，用S_n表示原级数的前n项相应部分和，因此有

$$W_1=S_2, W_2=S_5, W_3=S_7, \cdots, W_m=S_n, \cdots,$$

显然，$m<n$，则$m\to\infty$时，必有$n\to\infty$，于是 $\lim\limits_{m\to\infty} W_n = \lim\limits_{n\to\infty} S_n = S$.

例如，若级数 $\sum_{n=1}^{\infty} u_n$ 收敛，则级数 $\sum_{n=1}^{\infty} (u_{2n-1}+u_{2n})$ 也收敛.

注　性质8.3的逆命题不一定成立，即级数加括号后收敛，原级数未必收敛. 例如，级数 $(1-1)+(1-1)+\cdots+(1-1)+\cdots$收敛于0，而 $1-1+1-1+\cdots+(-1)^{n-1}+\cdots$却不收敛. 但是，如果加括号后所成级数发散的话，则原级数一定发散.

性质8.4　如果级数 $\sum_{n=1}^{\infty} u_n$ 收敛，则$\lim\limits_{n\to\infty} u_n=0$.

证明　由于级数收敛，可设$\lim\limits_{n\to\infty} S_n=S$.

由于

$$u_n = S_n - S_{n-1},$$

所以

$$\lim_{n\to\infty} u_n = \lim_{n\to\infty} S_n - \lim_{n\to\infty} S_{n-1} = S - S = 0.$$

注　性质8.4的逆命题不一定成立. 如例2中讨论的调和级数，显然有$\lim\limits_{n\to\infty} u_n = \lim\limits_{n\to\infty} \frac{1}{n} = 0$，但级数却是发散的.

如果级数的通项不趋于0，则级数必发散. 因此常用$\lim\limits_{n\to\infty} u_n \neq 0$判别级数

$\sum_{n=1}^{\infty} u_n$ 发散.

如，当$p \leqslant 0$，级数 $\sum_{n=1}^{\infty} \frac{1}{n^p}$ 是发散的.

因为，当$p<0$时，$\lim_{n\to\infty} \frac{1}{n^p} = +\infty \neq 0$，

当$p=0$时，$\lim_{n\to\infty} \frac{1}{n^p} = 1 \neq 0$.

从而可知级数发散.

习题 8.1

1. 写出下列级数的一般项：

(1) $1+\frac{1}{3}+\frac{1}{5}+\frac{1}{7}\cdots$;

(2) $\frac{2}{1}-\frac{3}{2}+\frac{4}{3}-\frac{5}{4}+\frac{6}{5}-\cdots$;

(3) $\frac{\sqrt{x}}{2}+\frac{x}{2\cdot 4}+\frac{x\sqrt{x}}{2\cdot 4\cdot 6}+\frac{x^2}{2\cdot 4\cdot 6\cdot 8}+\cdots$;

(4) $\sin\frac{1}{2}+2\sin\frac{1}{4}+3\sin\frac{1}{8}+4\sin\frac{1}{16}+\cdots$;

(5) $\frac{1}{2}+\frac{2x}{5}+\frac{3x^2}{10}+\frac{4x^3}{17}+\cdots$.

2. 利用下列级数 $\sum_{n=1}^{\infty} u_n$ 的部分和 s_n，求 u_n.

(1) $s_n=\frac{2n}{n+1}$;　　(2) $s_n=\frac{1}{2}-\frac{1}{2(2n+1)}$.

3. 根据级数收敛与发散定义判定下列级数的收敛性：

(1) $\sum_{n=1}^{\infty}(\sqrt{n+1}-\sqrt{n})$;

(2) $\sum_{n=1}^{\infty}\frac{1}{(2n-1)(2n+1)}$;

(3) $\sum_{n=1}^{\infty}\sin\frac{n\pi}{6}$;

4. 判定下列级数的收敛性：

(1) $-\frac{7}{8}+\frac{7^2}{8^2}-\frac{7^3}{8^3}+\cdots+(-1)\frac{7^n}{8^n}+\cdots$;

(2) $\frac{1}{3}+\frac{1}{6}+\frac{1}{9}+\cdots+\frac{1}{3n}+\cdots$;

(3) $\frac{1}{3}+\frac{1}{\sqrt{3}}+\frac{1}{\sqrt[3]{3}}+\cdots+\frac{1}{\sqrt[n]{3}}+\cdots$;

(4) $\left(\frac{1}{2}+\frac{1}{3}\right)+\left(\frac{1}{2^2}+\frac{1}{3^2}\right)+\left(\frac{1}{2^3}+\frac{1}{3^3}\right)+\cdots+\left(\frac{1}{2^n}+\frac{1}{3^n}\right)+\cdots$;

(5) $\sum\limits_{n=1}^{\infty}\frac{2^n+(-3)^n}{6^n}$;

(6) $\sum\limits_{n=1}^{\infty}\frac{n^2+2^{n-1}}{n^2 2^n}$.

5. 求级数 $\sum\limits_{n=1}^{\infty}\frac{1}{n(n+1)(n+2)}$ 的和.

6. 求级数 $\sum\limits_{n=1}^{\infty}\frac{n}{3^n}$ 的和.

第二节 正 项 级 数

定义 8.3 如果级数 $\sum\limits_{n=1}^{\infty}u_n$ 的各项都非负，即 $u_n \geqslant 0$，$(n=1, 2, \cdots)$，则称为正项级数，显然正项级数的部分和数列 $\{s_n\}$ 是单调递增数列，即

$$s_1 \leqslant s_2 \leqslant s_3 \leqslant \cdots \leqslant s_{n-1} \leqslant s_n \leqslant \cdots.$$

由数列极限的存在准则，我们得到：

定理 8.1 正项级数收敛的充要条件是它的部分和数列有界.

利用定理 8.1 可以建立正项级数敛散性的比较判别法.

定理 8.2 （比较判别法）

若两正项级数 $\sum\limits_{n=1}^{\infty}u_n$ 及 $\sum\limits_{n=1}^{\infty}v_n$ 满足 $u_n \leqslant v_n$，$n=1, 2, \cdots$，则有

(1) 若 $\sum\limits_{n=1}^{\infty}v_n$ 收敛，则 $\sum\limits_{n=1}^{\infty}u_n$ 收敛；

(2) 若 $\sum\limits_{n=1}^{\infty}u_n$ 发散，则 $\sum\limits_{n=1}^{\infty}v_n$ 发散.

证明 考虑 $\sum\limits_{n=1}^{\infty}u_n$ 及 $\sum\limits_{n=1}^{\infty}v_n$ 的部分和数列 U_n 和 V_n，

(1) 设 $\lim\limits_{n\to\infty}V_n=V$，所以数列 V_n 有界，由于 $u_n \leqslant v_n$，从而 $U_n \leqslant V_n$，所以数列 U_n 有界，因此级数 $\sum\limits_{n=1}^{\infty}u_n$ 收敛；

(2) 用反证法根据 (1) 的结论便知 (2) 成立.

注 定理 8.2 的条件可放宽，即存在正整数 N，当 $n>N$ 时有 $u_n \leqslant v_n$ 即可.

例 1 判断 $\sum\limits_{n=1}^{\infty}\dfrac{1}{\sqrt{3n^2+n}}$ 的收敛性.

解 因为 $\dfrac{1}{\sqrt{3n^2+n}}\geqslant\dfrac{1}{\sqrt{3n^2+n^2}}=\dfrac{1}{2n}$，$(n=1,\ 2,\ \cdots)$，而 $\sum\limits_{n=1}^{\infty}\dfrac{1}{n}$ 发散，

所以，$\sum\limits_{n=1}^{\infty}\dfrac{1}{\sqrt{3n^2+n}}$ 发散.

例 2 判断 p - 级数 $\sum\limits_{n=1}^{\infty}\dfrac{1}{n^p}=1+\dfrac{1}{2^p}+\cdots+\dfrac{1}{n^p}+\cdots$ 的敛散性.

解 当 $p\leqslant 1$ 时，$\dfrac{1}{n^p}\geqslant\dfrac{1}{n}$，因为 $\sum\limits_{n=1}^{\infty}\dfrac{1}{n}$ 发散，所以 $\sum\limits_{n=1}^{\infty}\dfrac{1}{n^p}$ 也发散.

当 $p>1$ 时，

$$\sum_{n=1}^{\infty}\frac{1}{n^p}=1+\left(\frac{1}{2^p}+\frac{1}{3^p}\right)+\left(\frac{1}{4^p}+\frac{1}{5^p}+\frac{1}{6^p}+\frac{1}{7^p}\right)+\left(\frac{1}{8^p}+\frac{1}{9^p}+\cdots+\frac{1}{15^p}\right)+\cdots$$

$$<1+\left(\frac{1}{2^p}+\frac{1}{2^p}\right)+\left(\frac{1}{4^p}+\frac{1}{4^p}+\frac{1}{4^p}+\frac{1}{4^p}\right)+\left(\frac{1}{8^p}+\frac{1}{8^p}+\cdots+\frac{1}{8^p}\right)+\cdots,$$

而级数

$$1+\left(\frac{1}{2^p}+\frac{1}{2^p}\right)+\left(\frac{1}{4^p}+\frac{1}{4^p}+\frac{1}{4^p}+\frac{1}{4^p}\right)+\left(\frac{1}{8^p}+\frac{1}{8^p}+\cdots+\frac{1}{8^p}\right)+\cdots$$

是以公比 $q=\dfrac{1}{2^{p-1}}<1$ 的几何级数，所以收敛，因此其部分和数列有界，所以级数 $\sum\limits_{n=1}^{\infty}\dfrac{1}{n^p}$ 的部分和也有界，因此 $\sum\limits_{n=1}^{\infty}\dfrac{1}{n^p}$ 收敛.

综上所述，p - 级数 $\sum\limits_{n=1}^{\infty}\dfrac{1}{n^p}$ 在 $p>1$ 时收敛，在 $p\leqslant 1$ 时发散.

例 3 判断 $\sum\limits_{n=0}^{\infty}\dfrac{1}{n!}$ 的收敛性.

解 $n\geqslant 2$ 时，$n!=n\times(n-1)\times\cdots\times 3\times 2\times 1>2^{n-1}$，

所以有 $\dfrac{1}{n!}<\dfrac{1}{2^{n-1}}$.

因为 $\sum\limits_{n=1}^{\infty}\dfrac{1}{2^{n-1}}$ 收敛，所以级数 $\sum\limits_{n=0}^{\infty}\dfrac{1}{n!}$ 收敛.

从以上例子看出，在使用比较判别法时常常需要将级数的通项进行放大或缩小，以得到适当的不等式．而建立这种不等式关系有时是比较困难的，实际应用时，往往采取下述的极限形式.

推论 8.1 （比较判别法的极限形式）

设有两正项级数 $\sum_{n=1}^{\infty} u_n$ 及 $\sum_{n=1}^{\infty} v_n(v_n \neq 0)$，且 $\lim_{n\to\infty}\frac{u_n}{v_n}=k$ （$0\leqslant k<+\infty$），

（1）若 $0<k<+\infty$，则 $\sum_{n=1}^{\infty} u_n$ 与 $\sum_{n=1}^{\infty} v_n$ 具有相同的收敛性；

（2）若 $\sum_{n=1}^{\infty} v_n$ 收敛，且 $0\leqslant k<+\infty$，则 $\sum_{n=1}^{\infty} u_n$ 收敛；

（3）若 $\sum_{n=1}^{\infty} v_n$ 发散，且 $0<k<+\infty$，则 $\sum_{n=1}^{\infty} u_n$ 发散.

例 4 判定下列正项级数的敛散性：

（1）$\sum_{n=1}^{\infty}\frac{1}{\sqrt{4n^3-3}}$；　　　（2）$\sum_{n=1}^{\infty}\ln\left(1+\frac{1}{n}\right)$.

解 （1）取 $v_n=\frac{1}{\sqrt{n^3}}$，有 $\lim_{n\to\infty}\frac{\frac{1}{\sqrt{4n^3-3}}}{\frac{1}{\sqrt{n^3}}}=\lim_{n\to\infty}\frac{1}{\sqrt{4-\frac{3}{n^3}}}=\frac{1}{2}$，

而级数 $\sum_{n=1}^{\infty}\frac{1}{\sqrt{n^3}}$ 收敛，所以级数 $\sum_{n=1}^{\infty}\frac{1}{\sqrt{4n^3-3}}$ 收敛.

（2）取 $v_n=\frac{1}{n}$，有 $\lim_{n\to\infty}\frac{\ln\left(1+\frac{1}{n}\right)}{\frac{1}{n}}=\lim_{n\to\infty}\ln\left(1+\frac{1}{n}\right)^n=1$，

而级数 $\sum_{n=1}^{\infty}\frac{1}{n}$ 发散，所以级数 $\sum_{n=1}^{\infty}\ln\left(1+\frac{1}{n}\right)$ 发散.

定理 8.3 （比值判别法，或称达朗贝尔判别法）设 $\sum_{n=1}^{\infty} u_n$ 为正项级数，满足 $\lim_{n\to\infty}\frac{u_{n+1}}{u_n}=l$，

则

（1）$l<1$ 时，级数收敛；

（2）$l>1$ 时，级数发散；

（3）$l=1$ 时，级数可能收敛，也可能发散.

证明 （1）取 q：$l<q<1$，由数列极限的保序性，存在正整数 N，$\forall n>N$，有 $\frac{u_{n+1}}{u_n}<q$.

于是 $$\frac{u_{N+2}}{u_{N+1}}<q,\frac{u_{N+3}}{u_{N+2}}<q,\cdots,$$
从而 $u_{N+m}<q\cdot u_{N+m-1}<q^2\cdot u_{N+m-2}<\cdots<q^{m-1}\cdot u_{N+1}$，

由于无穷级数 $\sum_{m=1}^{\infty}u_{N+1}\cdot q^{m-1}=u_{N+1}\sum_{m=1}^{\infty}q^{m-1}$ 收敛，由比较判别法知 $\sum_{m=1}^{\infty}u_{N+m}$ 收敛，从而 $\sum_{n=1}^{\infty}u_n$ 收敛.

（2）取 q：$1<q<l$，由数列极限的保序性，存在正整数 N，$\forall n>N$，有 $\frac{u_{n+1}}{u_n}>q>1$，也就是 $u_{n+1}>u_n$，即当 $n>N$ 时，一般项 u_n 是逐渐增大的，从而 $\lim\limits_{n\to\infty}u_n\neq0$，从而 $\sum_{n=1}^{\infty}u_n$ 发散.

（3）$l=1$ 时，级数可能收敛，也可能发散．这个结论从 p 一级数 $\sum_{n=1}^{\infty}\frac{1}{n^p}$ 可以看出．事实上，无论 p 取何值，都有 $\lim\limits_{n\to\infty}\frac{u_{n+1}}{u_n}=\lim\limits_{n\to\infty}\frac{\frac{1}{(n+1)^p}}{\frac{1}{n^p}}=\lim\limits_{n\to\infty}\left(\frac{n}{n+1}\right)^p=1$，但我们知道，当 $p>1$ 时收敛，在 $p\leqslant1$ 时发散.

例 5 判断下列级数的收敛性：

（1）$\sum_{n=1}^{\infty}\frac{x^n}{n}\ (x>0)$；　（2）$\sum_{n=1}^{\infty}\frac{(n+1)!}{n^{n+1}}$；　（3）$\sum_{n=1}^{\infty}\frac{1}{(2n-1)2n}$.

解 （1）由于 $\lim\limits_{n\to\infty}\frac{u_{n+1}}{u_n}=\lim\limits_{n\to\infty}\frac{\frac{x^{n+1}}{n+1}}{\frac{x^n}{n}}=x$，

所以当 $0<x<1$ 时级数收敛，$x>1$ 时级数发散．而 $x=1$ 时，级数为调和级数，所以发散.

（2）由于

$$\lim_{n\to\infty}\frac{u_{n+1}}{u_n}=\lim_{n\to\infty}\frac{(n+2)!}{(n+1)^{n+2}}\cdot\frac{n^{n+1}}{(n+1)!}=\lim_{n\to\infty}\frac{1+\frac{2}{n}}{1+\frac{1}{n}}\cdot\frac{1}{(1+\frac{1}{n})^{n+1}}=\frac{1}{\mathrm{e}}<1,$$

所以级数 $\sum_{n=1}^{\infty}\frac{(n+1)!}{n^{n+1}}$ 收敛.

（3）由于

$$\lim_{n\to\infty}\frac{u_{n+1}}{u_n}=\lim_{n\to\infty}\frac{(2n-1)2n}{(2n+1)(2n+2)}=1,$$

所以用比值判别法失效.

由于$\frac{1}{(2n-1)2n}<\frac{1}{n^2}$，而$\sum_{n=1}^{\infty}\frac{1}{n^2}$收敛，由比较判别法知级数$\sum_{n=1}^{\infty}\frac{1}{(2n-1)2n}$收敛.

定理 8.4　（根值判别法或称柯西判别法）设正项级数$\sum_{n=1}^{\infty}u_n$，满足$\lim_{n\to\infty}\sqrt[n]{u_n}=l$，

则

(1) $l<1$ 时，级数收敛；

(2) $l>1$ 时，级数发散；

(3) $l=1$ 时，级数可能收敛，也可能发散.

该定理的证明与定理 8.3 的证明完全类似，这里不再赘述.

例 6　判断下列级数的敛散性：

(1) $\sum_{n=1}^{\infty}\frac{1}{[\ln(1+n)]^n}$；　　(2) $\sum_{n=1}^{\infty}\left(1-\frac{1}{n}\right)^{n^2}$.

解　(1) 因为$\lim_{n\to\infty}\sqrt[n]{u_n}=\lim_{n\to\infty}\sqrt[n]{\frac{1}{[\ln(1+n)]^n}}=\lim_{n\to\infty}\frac{1}{\ln(1+n)}=0<1$，

所以级数$\sum_{n=1}^{\infty}\frac{1}{[\ln(1+n)]^n}$收敛.

(2) 因为$\lim_{n\to\infty}\sqrt[n]{u_n}=\lim_{n\to\infty}\sqrt[n]{\left(1-\frac{1}{n}\right)^{n^2}}=\lim_{n\to\infty}\left(1-\frac{1}{n}\right)^n=\frac{1}{\mathrm{e}}<1$，

所以级数$\sum_{n=1}^{\infty}\left(1-\frac{1}{n}\right)^{n^2}$收敛.

习题 8.2

1. 用比较判别法判断下列级数的敛散性：

(1) $\sum_{n=1}^{\infty}\frac{1}{2n-1}$；　(2) $\sum_{n=0}^{\infty}\frac{1+n}{1+n^2}$；　(3) $\sum_{n=1}^{\infty}\frac{1}{(n+1)(n+4)}$；　(4) $\sum_{n=1}^{\infty}\sin\frac{\pi}{2^n}$；

(5) $\sum_{n=1}^{\infty}\frac{1}{1+a^n}(a>0)$；　(6) $\sum_{n=1}^{\infty}\frac{1}{n\sqrt{n+1}}$；　(7) $\sum_{n=1}^{\infty}\ln\left(1+\frac{1}{n^p}\right)(p>0)$；

(8) $\sum_{n=1}^{\infty}\frac{1}{\sqrt{n}}\arctan\frac{\pi}{n}$.

2. 用比值判别法判断下列级数的敛散性：

(1) $\sum_{n=1}^{\infty}\frac{3^n}{n\cdot 2^n}$；　(2) $\sum_{n=1}^{\infty}\frac{n^2}{3^n}$；　(3) $\sum_{n=1}^{\infty}\frac{2^n\cdot n!}{n^n}$；　(4) $\sum_{n=1}^{\infty}n\tan\frac{\pi}{2^{n+1}}$；

(5) $\sum_{n=1}^{\infty}\frac{n^2 2^n}{(n+1)!}$；　(6) $\sum_{n=1}^{\infty}\frac{(n!)^2}{[(2n)!]^2}$；　(7) $\sum_{n=1}^{\infty}\frac{n!2^n}{n^n}$；

(8) $\sum_{n=1}^{\infty}\frac{1\cdot 3\cdot 5\cdot\cdots\cdot(2n-1)}{3^n n!}$.

3. 用根值判别法判断下列级数的敛散性：

(1) $\sum_{n=1}^{\infty}\left(\frac{n}{2n+1}\right)^n$；　(2) $\sum_{n=1}^{\infty}\left(\frac{3n-2}{2n+1}\right)^n$；　(3) $\sum_{n=1}^{\infty}\frac{1}{2^n(\arctan n)^n}$；　(4) $\sum_{n=1}^{\infty}\frac{n^2}{\left(1+\frac{1}{n}\right)^{n^2}}$；

(5) $\sum_{n=1}^{\infty}\left(\frac{n}{3n-1}\right)^{2n-1}$；　(6) $\sum_{n=1}^{\infty}\left(\frac{b}{a_n}\right)^n$，其中 $a_n\to a(n\to\infty)$，a_n，b，a 均为正数.

4. 设 $a_n\leqslant c_n\leqslant b_n$，$(n=1, 2, \cdots)$ 且 $\sum_{n=1}^{\infty}a_n$ 及 $\sum_{n=1}^{\infty}b_n$ 都收敛，证明级数 $\sum_{n=1}^{\infty}c_n$ 收敛.

5. 若 $\sum_{n=1}^{\infty}a_n^2$ 及 $\sum_{n=1}^{\infty}b_n^2$ 都收敛，证明下列级数都收敛：

(1) $\sum_{n=1}^{\infty}|a_n b_n|$；　(2) $\sum_{n=1}^{\infty}(a_n+b_n)^2$；　(3) $\sum_{n=1}^{\infty}\frac{|a_n|}{n}$.

第三节　任意项级数

上一节讨论了正向级数敛散性的判别方法．本节进一步讨论一般常数项级数敛散性的判别方法. 下面先讨论一种特殊的级数，即交错级数.

定义 8.4　形如下面形式的级数：

$$\sum_{n=1}^{\infty}(-1)^{n-1}u_n=u_1-u_2+u_3-u_4+\cdots+u_{2k-1}-u_{2k}+\cdots,$$

其中，$u_n>0(n=1, 2, \cdots)$，称为交错级数.

定理 8.5　(莱布尼兹判别法)　若交错级数 $\sum_{n=1}^{\infty}(-1)^{n-1}u_n$ 满足条件：

(1) $u_n\geqslant u_{n+1}$，$\forall n\in\mathbf{N}$；

(2) $\lim_{n\to\infty}u_n=0$，则级数 $\sum_{n=1}^{\infty}(-1)^{n-1}u_n$ 收敛，且其和 $s\leqslant u_1$.

证明　设级数的前 n 项部分和为 S_n. 当 n 是偶数时，一方面有

$$S_{2k+2}=S_{2k}+(u_{2k+1}-u_{2k+2}),$$

由条件 (1) 知，$u_{2k+1}-u_{2k+2}\geqslant 0$，所以 $S_{2k+2}>S_{2k}$，即$\{S_{2k}\}$单调增加.

另一方面有

$$S_{2k}=u_1-u_2+u_3-u_4+\cdots+u_{2n-1}-u_{2n}$$
$$=u_1-(u_2-u_3)-(u_4-u_5)-\cdots-(u_{2n-2}-u_{2n-1})-u_{2n}<u_1,$$

根据单调有界原理知$\{S_{2k}\}$收敛，设$\lim\limits_{k\to\infty}S_{2k}=A$，

则

$$\lim_{k\to\infty}S_{2k+1}=\lim_{n\to\infty}(s_{2k}+u_{2k+1})=\lim_{n\to\infty}S_{2k}+\lim_{n\to\infty}u_{2k+1}=A+0=A,$$

所以有

$$\lim_{n\to\infty}S_n=A,\text{且 } s\leqslant u_1.$$

例 1　判定交错级数 $\sum\limits_{n=1}^{\infty}\frac{(-1)^{n-1}}{n}$ 的敛散性.

解　这里 $u_n=\frac{1}{n}$，显然有 $u_n>u_{n+1}$且 $\lim\limits_{n\to\infty}u_n=0$，所以级数收敛.

定义 8.5　如果级数 $\sum\limits_{n=1}^{\infty}|u_n|$ 收敛，则级数 $\sum\limits_{n=1}^{\infty}u_n$ 绝对收敛；如果级数 $\sum\limits_{n=1}^{\infty}u_n$ 收敛，但级数 $\sum\limits_{n=1}^{\infty}|u_n|$ 发散，则称级数 $\sum\limits_{n=1}^{\infty}u_n$ 条件收敛.

定理 8.6　如果级数 $\sum\limits_{n=1}^{\infty}|u_n|$ 收敛，则级数 $\sum\limits_{n=1}^{\infty}u_n$ 也收敛.

证明　因为 $0\leqslant u_n+|u_n|\leqslant 2|u_n|$，$(n=1，2，\cdots)$，而级数 $\sum\limits_{n=1}^{\infty}|u_n|$ 收敛，所以正向级数 $\sum\limits_{n=1}^{\infty}(|u_n|+u_n)$ 收敛，又因为

$$\sum_{n=1}^{\infty}u_n=\sum_{n=1}^{\infty}[(|u_n|+u_n)-|u_n|],$$

所以 $\sum\limits_{n=1}^{\infty}u_n$ 收敛.

注　定理 8.6 的逆命题不一定成立. 比如级数 $\sum\limits_{n=1}^{\infty}\frac{(-1)^{n-1}}{n}$ 是收敛的，而由它各项的绝对值组成的调和级数 $\sum\limits_{n=1}^{\infty}\frac{1}{n}$ 却是发散的，因此级数 $\sum\limits_{n=1}^{\infty}\frac{(-1)^{n-1}}{n}$ 是条件收敛.

例 2　判断下面级数的敛散性.

(1) $\sum\limits_{n=1}^{\infty}\frac{(-1)^n n!}{n^n}$；　(2) $\sum\limits_{n=1}^{\infty}\frac{x^n}{n}$；　(3) $\sum\limits_{n=1}^{\infty}\frac{(-1)^n\ln n}{n}$.

解 (1) 因为 $\sum_{n=1}^{\infty}\left|\frac{(-1)^n n!}{n^n}\right| = \sum_{n=1}^{\infty}\frac{n!}{n^n}$,

$$\lim_{n\to\infty}\frac{u_{n+1}}{u_n} = \lim_{n\to\infty}\frac{\frac{(n+1)!}{(n+1)^{n+1}}}{\frac{n!}{n^n}} = \lim_{n\to\infty}\left(\frac{n}{n+1}\right)^n = \frac{1}{\mathrm{e}} < 1,$$

所以级数 $\sum_{n=1}^{\infty}\frac{n!}{n^n}$ 收敛，因此原级数绝对收敛.

(2) 对于级数 $\sum_{n=1}^{\infty}\frac{x^n}{n}$，当 $x=0$ 时，级数显然收敛．当 $x\neq 0$ 时有

$$\lim_{n\to\infty}\frac{\left|\frac{x^{n+1}}{n+1}\right|}{\left|\frac{x^n}{n}\right|} = \lim_{n\to\infty}\frac{n}{n+1}|x| = |x|,$$

所以 $|x|<1$ 时，级数绝对收敛.

若 $|x|>1$，当 n 充分大时，有 $\left|\frac{x^{n+1}}{n+1}\right| > \left|\frac{x^n}{n}\right|$，所以 $\lim\limits_{n\to\infty} u_n \neq 0$，因而级数发散．当 $|x|=1$ 时，由前面的讨论知道，在 $x=1$ 时，级数发散；在 $x=-1$ 时，级数条件收敛.

(3) $\sum_{n=1}^{\infty}\frac{(-1)^n \ln n}{n}$ 为交错级数.

令 $f(x)=\frac{\ln x}{x}$，$(x>3)$，则 $f'(x)=\frac{1-\ln x}{x^2}<0$，$(x>3)$，即当 $n>3$ 时有

$$u_n \geqslant u_{n+1};$$

又因为

$$\lim_{n\to\infty}\frac{\ln n}{n} = \lim_{x\to+\infty}\frac{\ln x}{x} = \lim_{x\to+\infty}\frac{1}{x} = 0,$$

所以

$$\sum_{n=1}^{\infty}\frac{(-1)^n \ln n}{n} \text{ 收敛.}$$

因为 $\sum_{n=1}^{\infty}\left|\frac{(-1)^n \ln n}{n}\right| = \sum_{n=1}^{\infty}\frac{\ln n}{n}$；$\frac{\ln n}{n} > \frac{1}{n}$，$(n>3)$，而 $\sum_{n=1}^{\infty}\frac{1}{n}$ 发散，所以 $\sum_{n=1}^{\infty}\left|\frac{(-1)^n \ln n}{n}\right|$ 发散，因而级数 $\sum_{n=1}^{\infty}\frac{(-1)^n \ln n}{n}$ 条件收敛.

例 3　设级数 $\sum\limits_{n=1}^{\infty}u_n$ 条件收敛，证明级数 $\sum\limits_{n=1}^{\infty}\frac{(|u_n|+u_n)}{2}$ 和 $\sum\limits_{n=1}^{\infty}\frac{(|u_n|-u_n)}{2}$ 均发散.

证明　因为 $\sum\limits_{n=1}^{\infty}u_n$ 条件收敛，所以级数 $\sum\limits_{n=1}^{\infty}|u_n|$ 发散，因而 $\sum\limits_{n=1}^{\infty}\frac{(|u_n|+u_n)}{2}$ 和 $\sum\limits_{n=1}^{\infty}\frac{(|u_n|-u_n)}{2}$ 均发散.

习题 8.3

1. 判定下列级数是否收敛？如果收敛，是绝对收敛还是条件收敛？

(1) $\sum\limits_{n=1}^{\infty}(-1)^{n-1}\frac{1}{\sqrt{n}}$；　(2) $\sum\limits_{n=1}^{\infty}(-1)^{n-1}\frac{n}{3^{n-1}}$；　(3) $\sum\limits_{n=1}^{\infty}(-1)^{n-1}\frac{1}{3\cdot 2^n}$；

(4) $\sum\limits_{n=1}^{\infty}(-1)^{n-1}\frac{1}{\ln(1+n)}$；　(5) $\sum\limits_{n=1}^{\infty}(-1)^{n+1}\frac{2^{n^2}}{n!}$；　(6) $\sum\limits_{n=1}^{\infty}(-1)^{n-1}\frac{n^3}{2^n-1}$；

(7) $\sum\limits_{n=1}^{\infty}\frac{(-1)^{n-1}}{n^p}(p>0)$；　(8) $\sum\limits_{n=1}^{\infty}(-1)^n\frac{n^n}{(n+1)!}$；　(9) $\sum\limits_{n=1}^{\infty}\frac{\sin n}{n^2}$.

2. 级数 $\sum\limits_{n=2}^{\infty}\sin\left(n\pi+\frac{1}{\ln n}\right)$是绝对收敛、条件收敛，还是发散？

3. 证明级数 $\sum\limits_{n=1}^{\infty}(-1)^n(\sqrt[n]{2}-1)$ 条件收敛.

4. 讨论级数 $\sum\limits_{n=1}^{\infty}\frac{(a+1)^n}{n2^n}$ 的敛散性.

5. 判断下列结论是否正确：

(1) 若 $\sum\limits_{n=1}^{\infty}u_n$ 收敛，则 $\sum\limits_{n=1}^{\infty}(-1)^n u_n$ 条件收敛；

(2) 若交错级数 $\sum\limits_{n=1}^{\infty}(-1)^n u_n$ 收敛，则必为条件收敛；

(3) 若 $\sum\limits_{n=1}^{\infty}u_n^2$ 发散，则 $\sum\limits_{n=1}^{\infty}u_n$ 也发散；

(4) 若 $\lim\limits_{n\to\infty}\left|\frac{u_{n+1}}{u_n}\right|>1$，则 $\sum\limits_{n=1}^{\infty}u_n$ 必然发散；

(5) 若 $\sum\limits_{n=1}^{\infty}u_n$ 收敛，$\sum\limits_{n=1}^{\infty}v_n$ 绝对收敛，则 $\sum\limits_{n=1}^{\infty}u_n v_n$ 绝对收敛.

6. 设$f(x)$ 在 $x=0$ 的某一邻域是具有二阶连续导数的偶函数，且 $f(0)=1$，试证明级数 $\sum\limits_{n=1}^{\infty}\left[f\left(\frac{1}{n}\right)-1\right]$ 绝对收敛.

第四节 幂 级 数

一、函数项级数的一般概念

定义 8.6 设 $f_1(x), f_2(x), \cdots, f_n(x), \cdots$ 是定义在同一区间 I 上的函数序列，则表达式

$$\sum_{n=1}^{\infty} f_n(x) = f_1(x) + f_2(x) + \cdots + f_n(x) + \cdots,$$

称为区间 I 上的函数项级数.

当 $x = x_0 \in I$ 时，上式就成为常数项级数

$$\sum_{n=1}^{\infty} f_n(x_0) = f_1(x_0) + f_2(x_0) + \cdots + f_n(x_0) + \cdots,$$

若级数 $\sum\limits_{n=1}^{\infty} f_n(x_0)$ 收敛，则称 x_0 是函数项级数 $\sum\limits_{n=1}^{\infty} f_n(x)$ 的收敛点.

函数项级数 $\sum\limits_{n=1}^{\infty} f_n(x)$ 的所有收敛点的集合称为它的收敛域，记作 D.

函数项级数 $\sum\limits_{n=1}^{\infty} f_n(x)$ 在收敛域 D 内每个点都有和. 于是，函数项级数 $\sum\limits_{n=1}^{\infty} f_n(x)$ 的和是定义在收敛域上的函数，称为级数 $\sum\limits_{n=1}^{\infty} f_n(x)$ 的和函数，记作 $s(x)$，即

$$s(x) = \sum_{n=1}^{\infty} f_n(x), (x \in D).$$

例 1 级数 $\sum\limits_{n=1}^{\infty} x^{n-1}$ 是公比等于 x 的等比级数，当 $|x| < 1$ 时级数收敛；当 $|x| \geqslant 1$ 时级数发散. 所以级数的收敛域是区间 $(-1, 1)$，其和为 $\frac{1}{1-x}$.

例 2 级数 $\sum\limits_{n=1}^{\infty} \frac{\sin^n x}{n^2}$ 对任意 $x \in (-\infty, +\infty)$ 都收敛，所以它的收敛域为 $(-\infty, +\infty)$.

二、幂级数及其收敛性

定义 8.7 形如

$$\sum_{n=0}^{\infty} a_n x^n = a_0 + a_1 x + a_2 x^2 + \cdots + a_n x^n + \cdots \tag{8-1}$$

和

$$\sum_{n=0}^{\infty} a_n (x - x_0)^n = a_0 + a_1 (x - x_0) + a_2 (x - x_0)^2 + \cdots + a_n (x - x_0)^n + \cdots \tag{8-2}$$

的级数都称为幂级数．其中 a_n 是与 x 无关的实数，称为幂级数的系数．式（8-1）称为在 $x=0$ 点处的幂级数或关于 x 的幂级数．式（8-2）称为在 $x=x_0$ 点处的幂级数或关于 $x-x_0$ 的幂级数．

用变量代换 $x-x_0=y$ 可将级数式（8-2）化为式（8-1）的形式．因此我们主要讨论式（8-1）形式下的幂级数．

关于幂级数的收敛域问题，有下面的定理：

定理 8.7 （阿贝尔定理）

（1）如果幂级数 $\sum\limits_{n=0}^{\infty} a_n x^n$ 当 $x=x_0 \neq 0$ 时收敛，那么对于所有满足不等式

$|x| < |x_0|$ 的 x 值，幂级数 $\sum\limits_{n=0}^{\infty} a_n x^n$ 绝对收敛．

（2）如果级数 $\sum\limits_{n=0}^{\infty} a_n x^n$ 当 $x=x_0'$ 时发散，那么对于所有满足不等式

$|x| > |x_0'|$ 的 x 值，幂级数 $\sum\limits_{n=0}^{\infty} a_n x^n$ 发散．

证 （1）因为级数 $\sum\limits_{n=0}^{\infty} a_n x_0^n$ 是收敛的，所以 $\lim\limits_{n\to\infty} a_n x_0^n = 0$，因而存在 $M>0$，使 $|a_n x_0^n| \leqslant M$，$(n=1, 2, \cdots)$，

又因为

$$|a_n x^n| = |a_n x_0^n| \left| \frac{x}{x_0} \right|^n,$$

所以

$$|a_n x^n| = \left| a_n x_0^n \frac{x^n}{x_0^n} \right| \leqslant M \left| \frac{x}{x_0} \right|^n.$$

根据条件 $|x| < |x_0|$，$\left| \dfrac{x}{x_0} \right| < 1$，故等比级数 $\sum\limits_{n=0}^{\infty} M \left| \dfrac{x}{x_0} \right|^n$ 是收敛的．再根据比较判别法知级数 $\sum\limits_{n=0}^{\infty} |a_n x^n|$ 也是收敛的．所以 $|x| < |x_0|$ 时，级数 $\sum\limits_{n=0}^{\infty} a_n x^n$ 绝对收敛．

（2）假定级数 $\sum_{n=0}^{\infty} a_n x^n$ 对于满足 $|x| > |x'_0|$ 的某一个 x 值收敛，则由定理的第一部分知级数 $\sum_{n=0}^{\infty} a_n x^n$ 当 $x = x'_0$ 时将绝对收敛，这与假设矛盾．从而得证.

推论 8.2 若幂级数 $\sum_{n=0}^{\infty} a_n x^n$ 既非对所有 x 的值收敛，也不只在 $x=0$ 时收敛，则必存在一个确定的正数 R，使得级数当 $|x| < R$ 时，绝对收敛，当 $|x| > R$ 时发散．称正数 R 为幂级数 $\sum_{n=0}^{\infty} a_n x^n$ 的收敛半径．特别地规定：当级数只在 $x=0$ 时收敛时，$R=0$；当级数对所有 x 值收敛时，$R = +\infty$.

定理 8.8 如果幂级数 $\sum_{n=0}^{\infty} a_n x^n$ 的系数满足条件

$$\lim_{n\to\infty}\left|\frac{a_{n+1}}{a_n}\right| = l,$$

则 （1）当 $0 < l < +\infty$ 时，$R = \frac{1}{l}$；

（2）当 $l=0$ 时，$R = +\infty$；

（3）当 $l = +\infty$ 时，$R=0$.

证明 因为

$$\lim_{n\to\infty}\left|\frac{u_{n+1}}{u_n}\right| = \lim_{n\to\infty}\left|\frac{a_{n+1}}{a_n}x\right| = l|x|,$$

由比较判别法可知：

当 $l|x| < 1(l \neq 0)$，即 $|x| < \frac{1}{l} = R$，则幂级数绝对收敛；

当 $l|x| > 1$，即 $|x| > \frac{1}{l} = R$，则幂级数发散；

当 $l|x| = 1$，即 $|x| = \frac{1}{l} = R$，幂级数可能收敛，也可能发散.

对于 $l = +\infty$ 和 $l=0$ 也有类似的讨论.

例 3 求级数 $\sum_{n=0}^{\infty} \frac{(-1)^n x^n}{n+1}$ 的收敛半径和收敛域.

解 由 $\lim_{n\to\infty}\left|\frac{a_{n+1}}{a_n}\right| = \lim_{n\to\infty}\frac{n+1}{n+2} = 1$，得收敛半径 $R=1$.

当 $x = -1$ 时，它成为调和级数 $\sum_{n=0}^{\infty} \frac{1}{n+1}$，该级数发散；

当 $x=1$ 时，它成为交错级数 $\sum_{n=0}^{\infty}\frac{(-1)^n}{n+1}$，该级数收敛；

综上所述，幂级数的收敛域为 $(-1, 1]$.

例 4　求级数 $\sum_{n=0}^{\infty}\frac{(x-1)^n}{(n+1)^2}$ 的收敛域.

解　设 $x-1=t$，则 $\sum_{n=0}^{\infty}\frac{(x-1)^n}{(n+1)^2}=\sum_{n=0}^{\infty}\frac{t^n}{(n+1)^2}$，

因为 $\lim_{n\to\infty}\left|\frac{a_{n+1}}{a_n}\right|=1$，所以，幂级数 $\sum_{n=0}^{\infty}\frac{t^n}{(n+1)^2}$ 收敛半径 $R=1$.

而当 $|t|=1$ 时，幂级数 $\sum_{n=0}^{\infty}\frac{t^n}{(n+1)^2}$ 收敛，所以幂级数 $\sum_{n=0}^{\infty}\frac{t^n}{(n+1)^2}$ 的收敛域是 $-1\leqslant t\leqslant 1$，即 $-1\leqslant x-1\leqslant 1$，所以 $0\leqslant x\leqslant 2$，因此原级数的收敛域是 $[0, 2]$.

例 5　求级数 $\sum_{n=1}^{\infty}(-1)^{n-1}\frac{3^n x^{2n}}{n}$ 的收敛半径和收敛区间.

解　原级数属于缺项级数，可直接用比值判别法.

$$\lim_{n\to\infty}\left|\frac{u_{n+1}}{u_n}\right|=\lim_{n\to\infty}\left|(-1)^n\frac{3^{n+1}x^{2(n+1)}}{n+1}\cdot\frac{n}{(-1)^{n-1}3^n x^{2n}}\right|=\lim_{n\to\infty}\frac{3n}{n+1}x^2=3x^2,$$

所以，当 $3x^2<1$ 时，即当 $|x|<\frac{1}{\sqrt{3}}$ 时，原级数绝对收敛；当 $3x^2>1$ 时，即当 $|x|>\frac{1}{\sqrt{3}}$ 时，原级数发散．因此，原级数的收敛半径 $R=\frac{1}{\sqrt{3}}$，收敛区间为 $\left(-\frac{1}{\sqrt{3}}, \frac{1}{\sqrt{3}}\right)$.

三、幂级数的求和

幂级数的性质：

(1) 如果幂级数 $\sum_{n=0}^{\infty}a_n x^n=f(x)$ 和 $\sum_{n=0}^{\infty}b_n x^n=g(x)$ 的收敛半径分别为 $R_1>0$ 和 $R_2>0$，则在 $(-R, R)$ $(R=\min\{R_1, R_2\})$ 内，有

$$\sum_{n=0}^{\infty}a_n x^n\pm\sum_{n=0}^{\infty}b_n x^n=\sum_{n=0}^{\infty}(a_n\pm b_n)x^n=f(x)\pm g(x),(x\in(-R,R)),$$

$$\left(\sum_{n=0}^{\infty}a_n x^n\right)\cdot\left(\sum_{n=0}^{\infty}b_n x^n\right)=\sum_{n=0}^{\infty}c_n x^n,$$

其中

$$c_0 = a_0 b_0;$$
$$c_1 = a_0 b_1 + a_1 b_0;$$
$$\vdots$$
$$c_n = a_0 b_n + a_1 b_{n-1} + \cdots + a_{n-1} b_1 + a_n b_0.$$

（2）幂级数 $\sum\limits_{n=0}^{\infty} a_n x^n$ 的和函数 $S(x)$ 在收敛区间 $(-R, R)$ 内任一点都连续.

（3）幂级数 $\sum\limits_{n=0}^{\infty} a_n x^n$ 的和函数 $S(x)$ 在收敛区间 $(-R, R)$ 内可微，且有

$$S'(x) = \sum_{n=1}^{\infty} n a_n x^{n-1}, (-R < x < R),$$

即幂级数在收敛区间内可以逐项求导数，且收敛半径不变.

（4）若幂级数 $f(x) = \sum\limits_{n=0}^{\infty} a_n x^n$ 的收敛半径是 R，则对于 $\forall x \in (-R, R)$，都有

$$\int_0^x f(t)\,\mathrm{d}t = \sum_{n=0}^{\infty} \int_0^x a_n t^n \mathrm{d}t = \sum_{n=0}^{\infty} \frac{a_n}{n+1} x^{n+1}, (-R < x < R).$$

注 若逐项微分或逐项积分后的幂级数在 $x = R$ 或 $x = -R$ 时收敛，则微分或积分的等式在 $x = R$ 或 $x = -R$ 时也成立.

例 6 求 $\sum\limits_{n=1}^{\infty} (-1)^{n-1} \frac{x^n}{n}$ 的和函数，并求级数 $\sum\limits_{n=1}^{\infty} \frac{(-1)^n}{2^2 n}$ 的和.

解 因为

$$\lim_{n\to\infty} \left| \frac{a_{n+1}}{a_n} \right| = \lim_{n\to\infty} \frac{n}{n+1} = 1,$$

则收敛半径 $R = 1$. 又因为幂级数在 $x = 1$ 处收敛，在 $x = -1$ 处发散，所以 $\sum\limits_{n=1}^{\infty} (-1)^{n-1} \frac{x^n}{n}$ 的收敛区间是 $(-1, 1]$.

令

$$s(x) = \sum_{n=1}^{\infty} (-1)^{n-1} \frac{x^n}{n}, x \in (-1, 1].$$

由于

$$s'(x) = \sum_{n=1}^{\infty} (-1)^{n-1} x^{n-1} = 1 - x + x^2 - x^3 + \cdots + (-1)^{n-1} x^n + \cdots = \frac{1}{1+x},$$

所以

$$\int_0^x s'(x)\mathrm{d}x = \int_0^x \frac{1}{1+x}\mathrm{d}x = \ln(1+x),$$

即

$$s(x)-s(0)=\ln(1+x),$$

因为 $s(0)=0$，所以 $s(x)=\ln(1+x)$. 因为级数在 $x=1$ 处收敛，所以

$$\sum_{n=1}^{\infty}(-1)^{n-1}\frac{x^n}{n}=\ln(1+x), x\in(-1,1].$$

令 $x=\dfrac{1}{2}$，得

$$\sum_{n=1}^{\infty}\frac{(-1)^n}{2^2 n}=\ln\left(1+\frac{1}{2}\right)=\ln\frac{3}{2}.$$

例 7　求 $\sum\limits_{n=1}^{\infty}\dfrac{x^n}{n+1}$ 在收敛区间$[-1, 1)$内的和函数.

解　令 $s(x)=\sum\limits_{n=1}^{\infty}\dfrac{x^n}{n+1}$, $x\in[-1,1)$，则当 $x\neq0$ 时，有

$$xs(x)=\sum_{n=1}^{\infty}\frac{x^{n+1}}{n+1},$$

所以

$$[xs(x)]'=\sum_{n=1}^{\infty}x^n=\frac{x}{1-x},$$

所以

$$\int_0^x[xs(x)]'\mathrm{d}x=\int_0^x\frac{x}{1-x}\mathrm{d}x=-x-\ln(1-x),$$

即

$$xs(x)=-x-\ln(1-x),$$

所以

$$s(x)=-1-\frac{1}{x}\ln(1-x),$$

因为 $s(x)$ 在$[-1, 1)$内连续，且 $s(0)=0$，所以

$$s(x)=\begin{cases}-1-\dfrac{1}{x}\ln(1-x), & x\in[-1,0)\cup(0,1)\\ 0, & x=0\end{cases}.$$

四、函数的幂级数展开

前面讨论了幂级数的收敛域及其和函数的性质. 但在许多应用中会遇到与其

相反的问题，即给定函数$f(x)$，是否能找到这样一个幂级数，它在某区间内收敛，且其和恰好就是给定的函数$f(x)$．如果能找到这样的幂级数，就说函数$f(x)$在该区间内能展开成幂级数，而这个幂级数在该区间内就表达了函数$f(x)$.

假设函数$f(x)$在x_0点某邻域$U(x_0)$内能展开成幂级数，即有

$$f(x)=a_0+a_1(x-x_0)+a_2(x-x_0)^2+\cdots+a_n(x-x_0)^n+\cdots,x\in U(x_0) \tag{8-3}$$

则根据和函数的性质，可知函数$f(x)$在$U(x_0)$内具有任意阶导数，且

$$f^{(n)}(x)=n!a_n+(n+1)!a_{n+1}(x-x_0)+\frac{(n+2)!}{2!}(x-x_0)^2+\cdots,$$

由此得

$$f^{(n)}(x_0)=n!a_n.$$

若规定$f^{(0)}(x)=f(x)$，则

$$a_n=\frac{f^{(n)}(x_0)}{n!}\quad(n=0,1,2,\cdots) \tag{8-4}$$

这表明，如果函数$f(x)$有幂级数展开式（8-3），那么该幂级数的系数a_n由式（8-4）确定，即该幂级数必为

$$f(x_0)+f'(x_0)(x-x_0)+\cdots+\frac{f^{(n)}(x_0)}{n!}(x-x_0)^n+\cdots=\sum_{n=0}^{\infty}\frac{1}{n!}f^{(n)}(x_0)(x-x_0)^n \tag{8-5}$$

而展开式必为

$$f(x)=\sum_{n=0}^{\infty}\frac{1}{n!}f^{(n)}(x_0)(x-x_0)^n,x\in U(x_0), \tag{8-6}$$

幂级数式（8-5）称为函数$f(x)$在x_0点处的泰勒级数．展开式（8-6）称为函数$f(x)$在x_0点处的泰勒展开式．称

$$P_n(x)=f(x_0)+\frac{f'(x_0)}{1!}x+\frac{f''(x_0)}{2!}x^2+\cdots+\frac{f^{(n)}(x_0)}{n!}x^n,$$

为函数$f(x)$的n次泰勒多项式.

特别的，若$x_0=0$，则式（8-5）变为

$$f(0)+\frac{f'(0)}{1!}x+\cdots+\frac{f^{(n)}(0)}{n!}x^n+\cdots=\sum_{n=0}^{\infty}\frac{f^{(n)}(0)}{n!}x^n, \tag{8-7}$$

称式（8-7）为函数$f(x)$的麦克劳林级.

定理8.9 （泰勒中值定理）设函数$f(x)$在含x_0点某开区间(a,b)内具有直到$n+1$阶导数，则对任一$x\in(a,b)$，有

$$f(x)=f(x_0)+f'(x_0)(x-x_0)+\cdots+\frac{f^{(n)}(x_0)}{n!}(x-x_0)^n+R_n(x) \tag{8-8}$$

其中

$$R_n(x)=\frac{f^{(n+1)}(\xi)}{(n+1)!}(x-x_0)^{n+1}.$$

这里 ξ 是 x_0 与 x 之间的某个值.

证 $R_n(x)=f(x)-P_n(x)$. 只需证明

$$R_n(x)=\frac{f^{(n+1)}(\xi)}{(n+1)!}(x-x_0)^{n+1},(\text{这里 }\xi\text{ 是 }x_0\text{ 与 }x\text{ 之间的某个值})$$

由题设可知，$R_n(x)$ 在内具有直到 $n+1$ 阶的导数，且

$$R_n(x_0)=R'_n(x_0)=R''_n(x_0)=\cdots=R_n^{(n)}(x_0)=0,$$

对两个函数 $R_n(x)$ 及 $(x-x_0)^{n+1}$ 在以 x_0 和 x 为端点的区间上用柯西中值定理，得

$$\frac{R_n(x)}{(x-x_0)^{n+1}}=\frac{R_n(x)-R_n(x_0)}{(x-x_0)^{n+1}-0}=\frac{R'_n(\xi_1)}{(n+1)(\xi_1-x_0)^n}\ (\text{这里 }\xi_1\text{ 在 }x_0\text{ 与 }x\text{ 之间}),$$

对两个函数 $R'_n(x)$ 及 $(n+1)(\xi_1-x_0)^n$ 在以 x_0 和 ξ_1 为端点的区间上用柯西中值定理，得

$$\frac{R'_n(\xi_1)}{(n+1)(\xi_1-x_0)^n}=\frac{R'_n(\xi_1)-R'_n(x_0)}{(n+1)(\xi_1-x_0)^n-0}=\frac{R''_n(\xi_2)}{n(n+1)(\xi_2-x_0)^n}$$

$$(\text{这里 }\xi_2\text{ 在 }x_0\text{ 与 }\xi_1\text{ 之间}),$$

如此继续下去，经过 $n+1$ 次后，得

$$\frac{R_n(x)}{(x-x_0)^{n+1}}=\frac{R_n^{(n+1)}(\xi)}{(n+1)!}(\text{这里 }\xi\text{ 在 }x_0\text{ 与 }\xi_n\text{ 之间,因而也在 }x_0\text{ 与 }x\text{ 之间}),$$

注意到 $R_n^{(n+1)}(x)=f^{(n+1)}(x)$，则由上式得

$$R_n(x)=\frac{f^{(n+1)}(\xi)}{(n+1)!}(x-x_0)^{n+1}(\text{这里 }\xi\text{ 在 }x_0\text{ 与 }x\text{ 之间}),$$

定理得证.

定理 8.10 设函数 $f(x)$ 在含点 x_0 的某邻域 $U(x_0)$ 内具有各阶导数，则函数 $f(x)$ 在该邻域内能展开成泰勒级数的充分必要条件是在该邻域内函数 $f(x)$ 的泰勒中值定理中的余项 $R_n(x)$ 当 $n\to\infty$ 时的极限为零，即

$$\lim_{n\to\infty}R_n(x)=0.$$

证 由于 n 次泰勒多项式 $P_n(x)$ 就是级数式 (8-5) 的前 $n+1$ 项部分和，据级数收敛的定义，有

$$\sum_{n=0}^{\infty}\frac{1}{n!}f^{(n)}(x_0)(x-x_0)^n=f(x),x\in U(x_0)$$

$$\Leftrightarrow\lim_{n\to\infty}P_n(x)=f(x),(x\in U(x_0))$$

$$\Leftrightarrow \lim_{n\to\infty}[f(x)-P_n(x)]=0,(x\in U(x_0))$$
$$\Leftrightarrow \lim_{n\to\infty}R_n(x)=0.\ (x\in U(x_0))$$

例 8 将函数 $f(x)=e^x$ 展开成 x 的幂级数.

解 由于 $f^{(n)}(x)=e^x$，所以 $f^{(n)}(0)=1$，$(n=1,2,\cdots)$，于是 e^x 的麦克劳林级数为

$$1+x+\frac{x^2}{2!}+\cdots+\frac{x^n}{n!}+\cdots,$$

收敛半径 $R=+\infty$，并且 $R_n(x)=\dfrac{e^{\xi}x^{n+1}}{(n+1)!}$，其中 ξ 在 0 和 x 之间.

由于 e^{ξ} 有界，$\lim\limits_{n\to\infty}\dfrac{x^{n+1}}{(n+1)!}=0$，所以

$$\lim_{n\to\infty}R_n(x)=0,$$

于是有

$$e^x=1+\frac{x}{1!}+\frac{x^2}{2!}+\cdots+\frac{x^n}{n!}+\cdots(-\infty<x<+\infty).$$

特别地，当 $x=1$ 时，有

$$e=1+\frac{1}{1!}+\frac{1}{2!}+\cdots+\frac{1}{n!}+\cdots.$$

作为上面展开式的一个应用，现在证明 e 是无理数.

事实上，假如 e 不是无理数，则存在正整数 p 和 q，使 $e=\dfrac{q}{p}$，即 $\dfrac{1}{e}=\dfrac{p}{q}$

再由 e^x 展开式，令 $x=-1$，得

$$\frac{1}{e}=\frac{1}{2!}-\frac{1}{3!}+\frac{1}{4!}-\frac{1}{5!}+\cdots+\frac{(-1)^q}{q!}+R_q,$$

由交错级数余项性质可知 $0<|R_q|<\dfrac{1}{(q+1)!}$,

即

$$0<\left|\frac{1}{e}-\left(\frac{1}{2!}-\frac{1}{3!}+\frac{1}{4!}-\frac{1}{5!}+\cdots+\frac{(-1)^q}{q!}\right)\right|<\frac{1}{(q+1)!},$$

也就是

$$0<\left|\frac{p}{q}-\left(\frac{1}{2!}-\frac{1}{3!}+\frac{1}{4!}-\frac{1}{5!}+\cdots+\frac{(-1)^q}{q!}\right)\right|<\frac{1}{(q+1)!}.$$

各项乘以 $q!$ 有

$$0<\left|\frac{p}{q}-\left(\frac{1}{2!}-\frac{1}{3!}+\frac{1}{4!}-\frac{1}{5!}+\cdots+\frac{(-1)^q}{q!}\right)\right|q!<\frac{1}{q+1},$$

而中间是一正整数，这是不可能的，可见 e 是无理数.

例 9 将函数 $f(x)=\sin x$ 展开成 x 的幂级数.

解 由于 $f^{(n)}(x)=\sin\left(x+\dfrac{n\pi}{2}\right)$，可见 $f^{(n)}(0)=\sin\dfrac{n\pi}{2}$，

于是 $\sin x$ 的马克劳林级数为

$$x-\frac{x^3}{3!}+\frac{x^5}{5!}-\cdots+\frac{(-1)^n x^{2n+1}}{(2n+1)!}+\cdots,$$

易知，它的收敛半径 $R=+\infty$.

由于 $f^{(n+1)}(x)$ 有界，可得 $\lim\limits_{n\to\infty}R_n(x)=0$，

于是有

$$\begin{aligned}\sin x &= x-\frac{x^3}{3!}+\frac{x^5}{5!}-\cdots+(-1)^n\frac{x^{2n+1}}{(2n+1)!}+\cdots\\ &=\sum_{n=0}^{\infty}\frac{(-1)^n x^{2n+1}}{(2n+1)!},\ (-\infty<x<+\infty).\end{aligned}$$

将 $\sin x=\sum\limits_{n=0}^{\infty}\dfrac{(-1)^n x^{2n+1}}{(2n+1)!}$ 两边对 x 求导，得

$$\cos x=\sum_{n=0}^{\infty}\frac{(-1)^n x^{2n}}{(2n)!},(-\infty<x<+\infty),$$

即

$$\cos x=1-\frac{x^2}{2!}+\frac{x^4}{4!}-\frac{x^6}{6!}+\cdots+\frac{(-1)^n x^{2n}}{(2n)!}+\cdots,(-\infty<x<+\infty).$$

例 10 将函数 $f(x)=\ln(1+x)$ 展开成 x 的幂级数.

解 $$f'(x)=\frac{1}{x+1}=1-x+\cdots+(-1)^n x^n+\cdots,(-1<x<1),$$

两边从 0 到 x 积分，得 $f(x)=x-\dfrac{x^2}{2}+\dfrac{x^3}{3}-\cdots+(-1)^n\dfrac{x^{n+1}}{n+1}+\cdots$,

$$\begin{aligned}\ln(1+x) &= x-\frac{x^2}{2}+\frac{x^3}{3}-\cdots+(-1)^n\frac{x^{n+1}}{n+1}+\cdots\\ &=\sum_{n=0}^{\infty}(-1)^n\frac{x^{n+1}}{n+1},(-1<x\leqslant 1).\end{aligned}$$

例 11 将函数 $f(x)=(1+x)^{\alpha}$ 展开成 x 的幂级数.

解 先求出 $(1+x)^{\alpha}$ 在 $x=0$ 处的各阶导数，易知

$$f^{(n)}(0)=\alpha(\alpha-1)\cdots(\alpha-n+1),$$

于是 $(1+x)^{\alpha}$ 的麦克劳林级数为

$$1+\alpha x+\frac{\alpha(\alpha-1)}{2!}x^2+\cdots+\frac{\alpha(\alpha-1)\cdots(\alpha-n+1)}{n!}x^n+\cdots,$$

易求出它的收敛半径 $R=1$，可以证明，上述幂级数在 $(-1,1)$ 内收敛于

$(1+x)^{\alpha}$，在区间端点处，展开式是否成立视 α 的数值而定（证明从略）.

即

$$(1+x)^{\alpha}=1+\alpha x+\frac{\alpha(\alpha-1)}{2!}x^2+\cdots+\frac{\alpha(\alpha-1)\cdots(\alpha-n+1)}{n!}x^n+\cdots, x\in(-1,1).$$

下面再举两个用间接法把函数展开成幂级数的例子.

例 12 将函数 $f(x)=\ln x$ 展开成关于 $x-1$ 的幂级数.

解 $f(x)=\ln[1+(x-1)]$

$$=(x-1)-\frac{(x-1)^2}{2}+\frac{(x-1)^3}{3}-\cdots+(-1)^n\frac{(x-1)^{n+1}}{n+1}+\cdots,$$

$(-1<x-1<1)$，即 $(0<x<2)$.

例 13 将函数 $f(x)=\dfrac{1}{x^2-2x-3}$ 展开成关于 $x+2$ 的幂级数.

解

$$f(x)=\frac{1}{x^2-2x-3}=\frac{1}{(x-3)(x+1)}=\frac{1}{4}\left(\frac{1}{x-3}-\frac{1}{x+1}\right)=\frac{1}{4}\left(\frac{1}{x-3}-\frac{1}{x+1}\right)$$

$$=\frac{1}{4}\left(\frac{1}{-5+x+2}-\frac{1}{-1+x+2}\right)=\frac{1}{4}\left[-\frac{1}{5}\frac{1}{1-\left(\frac{x+2}{5}\right)}+\frac{1}{1-(x+2)}\right]$$

$$=\frac{1}{4}\left[-\frac{1}{5}\frac{1}{1-\left(\frac{x+2}{5}\right)}+\frac{1}{1-(x+2)}\right]$$

$$=-\frac{1}{20}\sum_{n=0}^{\infty}\left(\frac{x+2}{5}\right)^n+\frac{1}{4}\sum_{n=0}^{\infty}(x+2)^n$$

$$=-\frac{1}{20}\sum_{n=0}^{\infty}\frac{(x+2)^n}{5^n}+\frac{1}{4}\sum_{n=0}^{\infty}(x+2)^n.$$

级数 $-\dfrac{1}{20}\sum\limits_{n=0}^{\infty}\left(\dfrac{x+2}{5}\right)^n$ 收敛域为 $-1<\dfrac{x+2}{5}<1$，即 $-7<x<3$.

级数 $\dfrac{1}{4}\sum\limits_{n=0}^{\infty}(x+2)^n$ 收敛域为 $-1<x+2<1$，即 $-3<x<-1$.

因此

$$f(x)=-\frac{1}{20}\sum_{n=0}^{\infty}\frac{(x+2)^n}{5^n}+\frac{1}{4}\sum_{n=0}^{\infty}(x+2)^n, x\in(-3,-1).$$

例 14 将函数 $f(x)=\arctan\dfrac{4+x^2}{4-x^2}$ 展开成 x 的幂级数.

解 $f'(x)=\dfrac{8x}{16+x^4}=\dfrac{x}{2}\cdot\dfrac{1}{1+\left(\dfrac{x}{2}\right)^4}=\sum\limits_{n=0}^{\infty}(-1)^n\left(\dfrac{x}{2}\right)^{4n+1}=\sum\limits_{n=0}^{\infty}(-1)^n\dfrac{x^{4n+1}}{2^{4n+1}}.$

因为$f(0)=\frac{\pi}{4}$，收敛域为$\left(\frac{x}{2}\right)^4<1$，即 $-2<x<2$，

所以

$$f(x)=\frac{\pi}{4}+\sum_{n=0}^{\infty}(-1)^n\frac{t^{4n+2}}{(2n+1)2^{4n+2}},x\in(-2,2).$$

五、幂级数在近似计算中的应用

例 15　求函数$\int_0^x\frac{\sin x}{x}\mathrm{d}x$的幂级数表达式，并计算积分$\int_0^1\frac{\sin x}{x}\mathrm{d}x$的近似值，精确到$10^{-4}$.

解　因$\sin x=x-\frac{x^3}{3!}+\frac{x^5}{5!}-\cdots+(-1)^n\frac{x^{2n+1}}{(2n+1)!}+\cdots$，

所以

$$\frac{\sin x}{x}=1-\frac{x^2}{3!}+\frac{x^4}{5!}-\cdots+(-1)^n\frac{x^{2n}}{(2n+1)!}+\cdots,$$

于是，有

$$\int_0^x\frac{\sin x}{x}\mathrm{d}x=x-\frac{x^3}{3\cdot3!}+\frac{x^5}{5\cdot5!}-\cdots+(-1)^n\frac{x^{2n+1}}{(2n+1)(2n+1)!}+\cdots,(-\infty<x<\infty).$$

$$\int_0^1\frac{\sin x}{x}\mathrm{d}x=1-\frac{1}{3\cdot3!}+\frac{1}{5\cdot5!}-\frac{1}{7\cdot7!}+\cdots.$$

右边是一交错级数，误差易于估计．因为$\frac{1}{7\cdot7!}\approx\frac{1}{35280}<10^{-4}$，所以只要计算3项．即

$$\int_0^1\frac{\sin x}{x}\mathrm{d}x\approx1-\frac{1}{3\cdot3!}+\frac{1}{5\cdot5!}\approx1-0.05556+0.00167\approx0.9461.$$

习题 8.4

1. 若级数$\sum_{n=1}^{\infty}a_n(x-1)^n$在$x=-1$处收敛，则在$x=\frac{3}{2}$处，必有（　　）.

A. 绝对收敛；B. 条件收敛；C. 发散；D. 敛散性不能确定.

2. 设级数$\sum_{n=1}^{\infty}a_n\left(x-\frac{1}{2}\right)^n$在$x=2$处发散，在$x=-1$处收敛，求级数$\sum_{n=1}^{\infty}a_n(x-1)^n$的收敛半径和收敛域.

3. 求下列幂级数的收敛区间：

(1) $\sum_{n=1}^{\infty}(-1)^n\frac{x^n}{n}$ ；　(2) $\sum_{n=1}^{\infty}\frac{x^n}{n!}$ ；　(3) $\sum_{n=1}^{\infty}n!x^n$ ；　(4) $\sum_{n=1}^{\infty}\frac{x^n}{n\cdot 3^n}$ ；

(5) $\sum_{n=1}^{\infty}\frac{2^n\cdot x^n}{n^2+1}$ ；　(6) $\sum_{n=1}^{\infty}\frac{2n-1}{2^n}x^{2n-2}$ ；　(7) $\sum_{n=1}^{\infty}\frac{(x-5)^n}{\sqrt{n}}$.

4. 求下列幂级数的收敛域：

(1) $\sum_{n=0}^{\infty}\frac{x^n}{\sqrt{n+1}}$ ；　(2) $\sum_{n=0}^{\infty}(-1)^n\frac{x^n}{(n+1)3^n}$ ；　(3) $\sum_{n=0}^{\infty}(-1)^n\frac{(2x-3)^n}{2n-1}$ ；

(4) $\sum_{n=1}^{\infty}(-1)^n\frac{2^n\cdot\left(x-\frac{1}{2}\right)^n}{\sqrt{n}}$.

5. 求幂级数 $\sum_{n=1}^{\infty}nx^{n-1}$ 的和函数，并求 $\sum_{n=1}^{\infty}\frac{n}{2^{n-1}}$ 的和.

6. 求幂级数 $\sum_{n=0}^{\infty}\frac{x^n}{2^n(n+1)!}$ 的收敛域，和函数，并求 $\sum_{n=0}^{\infty}\frac{2^n}{(n+1)!}$ 的和.

7. 求下列幂级数的和函数：

(1) $\sum_{n=1}^{\infty}\frac{x^{4n+1}}{4n+1}$ ；　(2) $\sum_{n=1}^{\infty}(n+1)^2x^n$ ；　(3) $\sum_{n=1}^{\infty}\frac{x^{n-1}}{n\cdot 2^n}$.

8. 利用已知展开式把下列函数展开为 x 的幂级数；并求收敛域：

(1) $f(x)=\cos^2x$ ；　(2) $f(x)=x^3e^{-x}$；

(3) $f(x)=\frac{x}{x^2-2x-3}$ ；　(4) $f(x)=\ln(1+x-2x^2)$ ；

(5) $f(x)=\frac{x^2}{\sqrt{1-x^2}}$ ；　(6) $f(x)=\frac{1}{4}\ln\frac{1+x}{1-x}+\frac{1}{2}\arctan x-x$.

9. 将函数 $f(x)=\frac{1}{x^2+4x+3}$ 展开成 $x-1$ 的幂级数.

10. 将函数 $f(x)=\frac{x-1}{4-x}$ 展开成 $x-1$ 的幂级数，并求 $f^{(n)}(1)$.

11. 将函数 $f(x)=\int_0^x\frac{\sin t}{t}dt$ 展开为 x 的幂级数，给出收敛域，并求级数 $\sum_{n=0}^{\infty}\frac{(-1)^n}{(2n+1)!}$ 的和.

12. 将函数 $f(x)=\frac{d}{dx}\left(\frac{e^x-1}{x}\right)$ 展开为 x 的幂级数，给出收敛域，并求级数 $\sum_{n=1}^{\infty}\frac{n}{(n+1)!}$ 的和.

13. 利用函数的幂级数展开式求下列各数的近似值：

(1) ln2，误差不超过 0.0001.

(2) $\int_0^{0.2}e^{-x^2}dx$ ，取幂级数展开式的前三项计算.

习 题 答 案

习题 1.1

1. (1) $-2<x<-1$ 或 $x>-1$；(2) $\{x: 3\leqslant x\leqslant \sqrt{10} \cup -\sqrt{10}\leqslant x\leqslant -3\}$.

2. $2k\pi\leqslant x\leqslant 2k\pi+\pi$，$k\notin \mathbf{Z}$.

3. (3)

4. $f(x)=\begin{cases} 20, & 0\leqslant x\leqslant 30 \\ 20+0.18(x-30), & x>30 \end{cases}$.

5. $f(1)=0, f(0)=-1, f(a)=3a^2-2a-1, f(-x)=3x^2+2x-1, f(x+1)=3x^2+4x, f(f(x))=27x^4-36x^3-12x^2+16x+4$.

6. $[-2, 3]$，$f(-1)=1, f(0)=2, f(2)=3$.

7. 定义域$[0, +\infty]$，值域$[0, +\infty]$，$f\left(\frac{1}{2}\right)=\sqrt{2}$，$f\left(\frac{1}{t}\right)=\begin{cases} 1+\frac{1}{t}, & 0<t<1 \\ \frac{2}{\sqrt{t}}, & t\geqslant 1 \end{cases}$.

8. 略.

9. 略.

10. (1) 偶；(2) 奇；(3) 非奇非偶.

11. $y=e^{x+3}-2$.

12. $f[f(x)]=\begin{cases} 9x+4, & x<0 \\ 3x+1, & 0\leqslant x<1 \\ x, & x\geqslant 1 \end{cases}$.

13. $y=\begin{cases} e^x, & x\in(-\infty, 0] \\ -\sqrt{x}, & x\in(0, 1] \\ 1+\ln\frac{x}{2}, & x\in(2, 2e] \end{cases}$.

14. (1) $y=a^u$，$u=\tan x$；(2) $y=\ln u$，$u=\arcsin v$，$v=x^2$.

15. $x=a$. 16. $0<x\leqslant 1$. 17. $0\leqslant x\leqslant \tan 1$.

18. $f(x)=\frac{x}{x^2+2}$.

19. (1) 奇函数；(2) 偶函数. 20. 略.

习题 1.2

1. (1) 1, (2) 0.
2. 略.
3. 略.
4. 略.
5. 略.
6. C. 7. $\frac{1}{2}$. 8. $k>2$.
9. 略. 10. 略. 11. 略. 12. 略.

习题 1.3

1. 1.
2. 无极限.
3. 略.
4. 略.
5. 略.
6. 不存在.
7. $\lim\limits_{x\to 0} f(x)=1$, $\lim\limits_{x\to 0^-} g(x)=-1$, $\lim\limits_{x\to 0^+} g(x)=1$
8. $a=-3$; 9. B; 10. D.
11. B. 12. $\frac{n}{3m}$. 13. D.

习题 1.4

1. 1. 2. $\frac{1}{2}$. 3. ∞. 4. $\frac{1}{3}$. 5. $\frac{1}{4}$. 6. $\frac{3}{2}$. 7. 0. 8. $-\frac{1}{4}$. 9. $\frac{1}{2}$.

10. $a=-1$. 11. $f(x)=\begin{cases} x, & x<0 \\ \frac{1}{2}, & x=0 \\ 1, & x>0 \end{cases}$. 12. $a=4$, $b=\frac{1}{4}$; 13. 201, $\frac{1}{201}$.

14. 1.
15. A, C, D 都对, B 只有当 $a\neq 0$ 时才对.
16. -2.
17. 1.
18. 不存在.

19. (1) $p=q=0$; (2) $p=0$, $q=1$; (3) $p=\frac{2}{5}$, $q=-3$

习题1.5

1. (1) 1; (2) 3; (3) $\frac{1}{2}$; (4) 1; (5) 1; (6) 1.

2. (1) e^{-k}; (2) 1; (3) e^2; (4) e^3

3. 略. 4. B. 5. e^{x+1}. 6. ln2. 7. 1; 8. $e^{\frac{1}{2}}$. 9. 略. 10. -1. 11. 1.
12. 1. 13. 不存在. 14. 略. 15. 1. 16. 不存在. 17. e^2. 18. 略.

习题1.6

1. (1) 当 $x\to 0$ 时是无穷小; 当 $x\to 1$ 时是无穷大;
   (2) 当 $x\to 0$ 时是无穷小; 当 $x\to +\infty$ 时是无穷大.
2. (1) 高阶; (2) 低阶; (3) 同阶; (4) 同阶.
3. 略.
4. (1) $\frac{1}{2}$; (2) $\frac{\sqrt{2}}{4}$; (3) $-\frac{2}{3}$; 5. D; 6. C; 7. C; 8. $\frac{7}{3}$; 9. 2.

10. $-\frac{1}{3}$. 11. D. 12. 12.

习题1.7

1. 略.
2. 连续.
3. (1) $x=2$, 无穷间断点; (2) $x=1$, 可去间断点; $x=2$, 无穷间断点;
   (3) $x=1$, 跳跃间断点; (4) $x=0$, 可去间断点.
4. $x=0$, 无穷间断点; $x=1$, 跳跃间断点.
5. $f(0)=0$.
6. 略; 7. 略; 8. 略; 9. 2.
10. A. 11. B. 12. D. 13. 略. 14. $a=1$, $b=e^2$.
15. $-2<m<0$. 16. $a=0$, $b=1$.

习题2.1

1. 2. 2. $f'(x_0)$. 3. -2. 4. 略. 5. 连续但不可导. 6. $x=0$. 7. $\frac{1}{e}$.

8. $f(x)$ 在点 $x=0$ 处连续. 当 $x=0$ 时, $f(x)$ 不可导.

9. e. 10. 0. 11. $x=0$, $x=1$. 12. A. 13. $\varphi(a)$. 14. $a=2$, $b=-1$. 15. $2x-y-12=0$. 16. 是

习题2.2

1. (1) $3x^2\ln x+x^2+2\cos x$; (2) $24x^3-12x^2+6x-2$;

(3) $x^2e^x\left[(3+x)\arctan x+\dfrac{x}{1+x^2}\right]$; (4) $-\dfrac{\ln x}{x^2}$; (5) $-\dfrac{x}{\sqrt{1-x^2}}$;

(6) $3x^2\cos x^3$; (7) $3e^{\sin^3 x}\sin^2 x\cos x$; (8) $\dfrac{2\arcsin x}{\sqrt{1-x^2}}$;

(9) $\dfrac{2e^{2x}}{1+e^{4x}}$; (10) $-\dfrac{2}{\sqrt{1-4x^2}\arccos 2x}$; (11) $\dfrac{5(1-x^2)}{(1+x^2)^2}$;

(12) $\dfrac{1}{\sin x}$; (13) $\dfrac{1}{x}\cdot\left(\dfrac{1+x}{1-x}\right)^2+4\cdot\dfrac{1+x}{(1-x)^3}\cdot\ln 2x$; (14) $-\dfrac{1}{\cos x}$.

2. $\alpha>0$ 时，连续；$\alpha>1$ 时，可导.

3. $\dfrac{x_0x}{a^2}-\dfrac{y_0y}{b^2}=1$.

4. $\left.\dfrac{dy}{dx}\right|_{x=0}=\dfrac{1}{2}$.

5. $\dfrac{dy}{dx}=\dfrac{2(x-1)}{3(y^2+1)}$, $\left.\dfrac{dy}{dx}\right|_{x=0}=-\dfrac{2}{3}$.

6. $\dfrac{dy}{dx}=\dfrac{y^2-e^x}{\cos y-2xy}$.

7. $x-y-4=0$.

8. (1) $\dfrac{\sqrt{x+5}}{\sqrt{(x+2)^3(4-x)^2}}\left(\dfrac{1}{2(x+5)}-\dfrac{3}{2(x+2)}+\dfrac{1}{4-x}\right)$; (2) $x^x(\ln x+1)$.

9. $\dfrac{dy}{dx}=\dfrac{t}{(t+1)(1-\varepsilon\cos y)}$.

10. 1. 11. $\dfrac{dy}{dx}=f'(e^x)\ e^xe^{f(x)}+f(e^x)\ e^{f(x)}f'(x)$,

$dy=[f'(e^x)\ e^xe^{f(x)}+f(e^x)\ e^{f(x)}f'(x)]dx$.

12. $x+2y-2=0$.

13. $y'=\dfrac{e^{f(y)}}{e^y-xf'(y)\ e^{f(y)}}$. 14. $(1+2t)e^{2t}$. 15. $-\dfrac{1}{2}ef'(e)=1$.

16. $\dfrac{dy}{dx}=\dfrac{(y^2-e^t)(1+t^2)}{2\ (1-ty)}$.

习题 2.3

1. $y'''=36$, $y^{(4)}=0$.
2. $f''(x)=2xe^{x^2}(3+2x^2)$.
3. (1) $y^{(n)}=a^n\sin(ax+n\cdot\frac{\pi}{2})$; (2) $y^{(n)}=b^n e^{bx}$;

   (3) $y^{(n)}=(-1)^{n-1}\frac{(n-1)!}{(1+x)^n}$.
4. $y'(0)=-\frac{1}{e}$, $y''(0)=\frac{1}{e^2}$.
5. $\frac{d^2y}{dx^2}=\frac{1}{f''(t)}$.
6. $f''(x)e^{f(x)}+[f'(x)]^2e^{f(x)}$; $2\ln x+3$.
7. 0.
8. $y''=\frac{-2f'(-x)}{f(-x)}+x\frac{f''(-x)\cdot f(-x)-[f'(-x)]^2}{f^2(-x)}$.
9. $f^{(n)}(x)=(-1)^{n-1}e^{-x}(n-x)$.
10. $f^{(n)}(x)=\frac{(-1)^n\cdot n!}{(x-a)^{n+1}}$.
11. $y^{(n)}=\frac{n!}{(1-x)^{n+1}}+2^{n-1}x\cos\left(2x+\frac{\pi}{2}\right)+n2^{n-2}\cos\left[2x+\frac{(n-1)\pi}{2}\right]$.
12. $\frac{d^2y}{dx^2}=-\frac{1+t^2}{t^3}$. 13. 略.

习题 2.4

1. $\Delta y=0.0201$, $dy=0.02$.
2. (1) $e^x(\sin x+\cos x)dx$; (2) $\frac{2x}{1+x^4}dx$;

   (3) $3\cos(3x+1)dx$; (4) $\frac{2xe^{x^2}}{1+e^{x^2}}dx$.
3. (1) $\left(e^x\ln x^2+\frac{2e^x}{x}+\cos x\right)dx$; (2) $(a+2bx)e^{ax+bx^2}dx$.
4. $dy=\frac{y\cos x+\sin(x-y)}{\sin(x-y)-\sin x}dx$.
5. (1) $\frac{1}{2}x^2+C$; (2) $\frac{1}{\omega}\sin\omega t+C$
6. 0.485. 7. 1.11784g. 8. $2\sqrt{x}$. 9. A.

习题 3.1

1. $\xi=1$. 2. $\xi=\sqrt{\frac{4}{\pi}-1}$. 3. 略. 4. 略.

5. D. 6. A. 7. 1. 8. 略. 9. $\frac{1}{2}$.

10. 略. 11. 略. 12. ak. 13. 略. 14. 略. 15. 略.

16. 略. 17. 略. 18. $c=\frac{1}{2}$.

习题 3.2

1. 1. 2. $\frac{1}{2}$. 3. ∞. 4. $+\infty$. 5. 0. 6. $\frac{1}{6}$.

7. 0. 8. 1. 9. $\frac{1}{2}$. 10. 1. 11. $-\frac{1}{2}$. 12. $\frac{3}{2}$. 13. $\frac{3}{2}$.

14 . $e^{-\frac{2}{\pi}}$. 15. 0. 16. 0. 17. 0. 18. $-\frac{1}{2}$. 19. e^{-1}.

20. $a=-3$, $b=\frac{9}{2}$. 21. e^2. 22. $e^{\frac{n+1}{2}}$. 23. $-\frac{1}{6}$.

习题 3.3

1. $(-\infty, -2)$, $(0, +\infty)$ 单调递增, $(-2, -1)$, $(-1, 0)$ 单调递减.
2. $(-\infty, 1)$ 单调递减, $(1, +\infty)$ 单调递增.
3. $(-\infty, -1)$, $(1, +\infty)$凸, $(-1, 1)$凹, 拐点$(\pm1, \ln2)$.
4. $(-\infty, -2)$ 凸, $(2, +\infty)$凹, 拐点$(2, 0)$; 5. B; 6. C;
7. $-\frac{3}{2}$, $\frac{9}{2}$;
8. $b^2-3ac=0$; 9. 略.
10. 略. 11. 略. 12. 略. 13. 略. 14. A. 15. 略. 16. 略.

习题 3.4

1. 极大值$f(1)=2$, 极小值$f(2)=1$.

2. 极大值$f(0)=0$, 极小值$f\left(\frac{2}{5}\right)=-\frac{3}{5}\sqrt[3]{\frac{4}{25}}$.

3. 无极大值, 极小值$f(\pm1)=1$.

4. 无极大值, 极小值$f\left(\frac{3}{2}\right)=-\frac{11}{16}$.

5. 最大值$f(3)=11$，最小值$f(2)=-14$.

6. 极大值$f(2)=1$，极小值$f(0)=1-\sqrt[3]{4}$.

7. 边长为$\frac{a}{6}$时，容积最大为$\frac{2a^3}{27}$.

8. 长与宽应分别为 4 米和 2 米时，最少长度为 8 米.

9. C. 10. $\theta=0$ 是极值点，$a>1$ 时是极大，$a<1$ 时是极小. 11. $\sqrt[5]{\frac{2}{5}}$.

12. 略. 13. 350 美元. 14. $-\frac{1}{3}\leqslant a\leqslant 0$.

15. $a=\frac{1}{\mathrm{e}}$时，原方程有唯一实根；当$0<a<\frac{1}{\mathrm{e}}$时，原方程有两个实根；$a>\frac{1}{\mathrm{e}}$时，原方程无根.

习题 3.5

1. 略. 2. 略. 3. 略；4. 略.

习题 3.6

1. (1) $Q^2-12Q+60+\frac{98}{Q}$, 39；(2) $3Q^2-24Q+60$, 39.

2. (1) $P=10-0.04Q$, $Q=250-25P$;
   (2) $10-0.08Q$, 2；(3) $10-0.04Q$, 6.

3. 3, 21, 3.

4. 600, 4.6, 360.

5. 5, 50.

6. 10, 11.64.

7. (1) 0；(2) $\frac{ax}{ax+b}$.

8. (1) $\frac{P}{25-P}$；(2) 0.25, 1.5, 1；(3) 0.75.

9. (1) $\frac{P}{P-1}$；(2) 1.25.

习题 4.1

1. (1) $2x-\frac{2}{3}x^{\frac{3}{2}}+C$；(2) $\frac{1}{2}x^4-\frac{1}{2}x^2+3x+C$；(3) $2\mathrm{e}^x+\frac{2^x}{\ln 2}+C$；

(4) $2(x-\arctan x)+C$；(5) $-\dfrac{1}{x}-\arctan x+C$；(6) $\tan x-x+C$；

(7) $\dfrac{1}{2}(x+\sin x)+C$；(8) $2x-\dfrac{1}{4}x^4-\dfrac{1}{x}-\tan x+C$.

2. $y=x^2+1$. 3. $y=1000+7x+50\sqrt{x}$. 4. B. 5. A. 6. C. 7. B.

8. $x-\dfrac{1}{4}\sin 2x+C$. 9. $-\ln x+C$.

10. $-\dfrac{1}{3}(1-x^2)^{\frac{3}{2}}+C$. 11. $F(x)=\begin{cases}\dfrac{1}{2}x^2+x-1+C, & x\leqslant 0\\ -\mathrm{e}^{-x}+C, & x>0\end{cases}$.

习题4.2

1. (1) $\ln|\sin x|+C$；(2) $\dfrac{1}{3}\mathrm{e}^{3x+2}+C$；(3) $-\mathrm{e}^{\frac{1}{x}}+C$；

(4) $\dfrac{1}{3}(u^2-3)^{\frac{3}{2}}+C$；(5) $-2\cos\sqrt{x}+C$；(6) $2\sqrt{\tan x}+C$；

(7) $\dfrac{2}{3}(\arctan x)^{\frac{3}{2}}+C$；(8) $\dfrac{1}{3}(\arcsin x)^3+C$；(9) $\dfrac{1}{4}\sin^4 x+C$；

(10) $\dfrac{1}{8}x-\dfrac{1}{32}\sin 4x+C$；(11) $\dfrac{1}{7}\ln\left|\dfrac{x-4}{x+3}\right|+C$；(12) $\sin(\mathrm{e}^x+1)+C$；

(13) $\arcsin\dfrac{2x-1}{\sqrt{5}}+C$；(14) $\arccos \mathrm{e}^{-x}+C$.

2. (1) $\dfrac{2}{3}(x+6)(x-3)^{\frac{1}{2}}+C$；(2) $2\left[\sqrt{x+1}-\ln\left(1+\sqrt{x^2+1}\right)\right]+C$；

(3) $\dfrac{1}{2}\left(\arcsin x+x\sqrt{1-x^2}\right)+C$；(4) $-\dfrac{1}{2}x\sqrt{1-x^2}+\dfrac{1}{2}\arcsin x+C$；

(5) $\dfrac{1}{2}\ln\left|2x+\sqrt{4x^2+9}\right|+C$；(6) $\arccos\dfrac{1}{x}+C$；

(7) $\dfrac{1}{\sqrt{2}}\arctan\dfrac{\sqrt{2}x}{\sqrt{1-x^2}}+C$；(8) $-\dfrac{\sqrt{x^2+a^2}}{a^2x}+C$；

(9) $\dfrac{\sqrt{x^2+2x}}{2(x+1)^2}-\dfrac{1}{2}\arcsin\dfrac{1}{x+1}+C$；(10) $-\dfrac{(a^2-x^2)^{\frac{3}{2}}}{3a^2x^3}+C$.

3. $-\dfrac{1}{3}\left(1-\dfrac{1}{x^2}\right)^{\frac{3}{2}}+\left(1-\dfrac{1}{x^2}\right)^{\frac{1}{2}}+C$.

4. $\dfrac{1}{\sqrt{AB}}\arctan\left(\sqrt{\dfrac{B}{A}}\tan x\right)+C$. 5. $\dfrac{1}{2}(x-\ln|\sin x+\cos x|)+C$.

6. $\frac{1}{2}\arctan(\sin^2 x)+C$. 7. $x-\ln(1+e^x)+C$.

8. $x-\ln(1+e^x)+\frac{1}{1+e^x}+C$. 9. $-\frac{1}{x\ln x}+C$. 10. $-\frac{1}{2}\left[\ln\frac{x+1}{x}\right]^2+C$.

11. $\frac{1}{8}\ln\left|\frac{x-5}{x+3}\right|+C$. 12. $\frac{3}{2}\ln(x^2-2x+5)+\frac{1}{2}\arctan\left(\frac{x-1}{2}\right)+C$.

13. $\frac{2}{3}(\ln(x+\sqrt{1+x^2})^{\frac{3}{2}})+C$.

习题4.3

1. (1) $\frac{1}{2}x^2\ln x-\frac{1}{4}x^2+C$; (2) $-\frac{\ln x}{x}-\frac{1}{x}+C$;

(3) $-x^2\cos x+2x\sin x+2\cos x+C$; (4) $x\arctan x-\frac{1}{2}\ln(1+x^2)+C$;

(5) $x\arcsin x+\sqrt{1-x^2}+C$; (6) $2e^{\sqrt{x}}(\sqrt{x}-1)+C$.

2. $I_n=x^n e^x-nI_{n-1}$.

3. $xf'(x)-f(x)+C$.

4. $\begin{cases}\frac{1}{2}x^2+x+C, & x\leqslant 1\\ x^2+\frac{1}{2}+C, & x>1\end{cases}$.

5. $e^x\arcsin x+C$.

6. $x\cdot\left(\cos x\ln x+\frac{1+\sin x}{x}\right)-(1+\sin x)\ln x+C$. 7. $-\frac{x}{1+e^x}+x-\ln(1+e^x)+C$.

8. $e^{2x}\tan x+C$. 9. $\frac{1}{4}x^2+\frac{1}{2}x\sin x+\frac{1}{2}\cos x+C$.

10. $\frac{x}{2}[\cos(\ln x)+\sin(\ln x)]+C$.

11. $x\tan\frac{x}{2}+C$. 12. $x-e^{-x}\arctan e^x-\frac{1}{2}\ln(1+e^{2x})+C$.

13. $\frac{1}{2}\arctan x[(1+x^2)\ln(1+x^2)-x^2-3]-\frac{1}{2}x\ln(1+x^2)+\frac{3}{2}x+C$.

习题4.4

1. (1) $-5\ln(x-2)+6\ln(x-3)+C$;

(2) $-\frac{1}{x-1}-\ln(x-1)+\ln x+C$;

(3) $\frac{2}{5}\ln|1+2x|-\frac{1}{5}\ln(1+x^2)+\frac{1}{5}\arctan x+C$;

(4) $\frac{1}{6}\ln\frac{(x+1)^2}{|x^2-x+1|}+\frac{\sqrt{3}}{3}\arctan\frac{2x-1}{\sqrt{3}}+C$;

(5) $\frac{1}{2}\ln|x^4+5x^2+4|+\frac{1}{2}\arctan\frac{x}{2}+\arctan x+C$;

(6) $\arctan(x+1)+\frac{1}{x^2+2x+2}+C$;

(7) $-\frac{x^2e^x}{2+x}+xe^x-e^x+C$;

(8) $\frac{1}{2}(\ln|\sin x+\cos x|+x)+C$;

(9) $\tan x-\sec x+C$.

习题 5.1

1. (1) 一阶; (2) 二阶; (3) 一阶; (4) 三阶.
2. 略.
3. (1) $y^2-x^2=25$; (2) $y=xe^{2x}$.
4. $y'=x^2$.
5. $u(x)=\frac{x^2}{2}+x+C$.
6. $f(x)=\cos x-x\sin x+C$.

习题 5.2

1. (1) $y=e^{Cx}$; (2) $y=Ce^{\sqrt{1-x^2}}$; (3) $\tan x\tan y=C$; (4) $\sin x\sin y=C$;
   (5) $(e^x+1)(e^y-1)=C$; (6) $(1+e^x)\sec y=2\sqrt{2}$; (7) $\ln y=\tan\frac{x}{2}$;
   (8) $y^2-1=-(x-1)^2$.
2. (1) $\ln|y|=\frac{y}{x}+C$; (2) $x+2ye^{\frac{x}{y}}=C$; (3) $y^2=2x^2(\ln x+2)$;
   (4) $\frac{x+y}{x^2+y^2}=1$; (5) $\sin\frac{y}{x}=\frac{1}{2}x$; (6) $x^2-y^2=Cy^3$.
3. $\frac{P_2}{P_1}e^{\frac{P_2}{P_1}}=CP_2^2$.
4. $x=e^{-P^3}$.
5. (1) $y=(x+C)e^{-\sin x}$; (2) $x\ln y=\frac{1}{2}(\ln y)^2+C$; (3) $y=x^2(e^x-e)$;

(4) $y\sin x+5e^{\cos x}=1$; (5) $x=\frac{1}{2}y^2(1+y)$.

6. $f(x)=x-\frac{1}{2}+\frac{1}{2}e^{-2x}$.

7. $y=2(e^x-x-1)$.

8. $C=\frac{x^2}{a}+a$.

9. (1) $yx\left[C-\frac{a}{2}(\ln x)^2\right]=1$; (2) $\frac{3}{2}x^2+\ln\left|1+\frac{3}{y}\right|=C$.

10. $\frac{1}{2}\ln(1+x^2)+x-\arctan x+C$. 11. $y=\arcsin x$. 12. $\cos x(\tan x+C)$.

13. $y=e^{-(e^x+x-2)}+e^{-x}$. 14. $y=e^{2x+1}-e^{x+1}$.

习题 5.3

1. (1) $y=(x-2)e^x+C_1x+C_2$; (2) $y=\frac{1}{8}e^{2x}+\sin x+C_1x^2+C_2x+C_3$.

2. (1) $y=x^3+3x+1$; (2) $y=(x-1)e^x+\frac{1}{2}C_1x^2+C_2$.

3. (1) $y=\tan\left(x+\frac{\pi}{4}\right)$; (2) $y^2=C_1x+C_2$.

4. $y=\frac{x^3}{6}+\frac{x}{2}+1$.

习题 5.4

1. $y=C_1\cos\omega x+C_2\sin\omega x$.

2. $y=(C_1+C_2x)e^{x^2}$.

3. $y=C_1e^x+C_2x^2+3$.

4. $y=C_1\cos x+C_2\sin x+x^2-2$.

5. (1) $y=C_1e^{-x}+C_2e^{3x}$; (2) $y=(C_1+C_2x)e^{-2x}$; (3) $y=e^{-x}(C_1\cos 2x+C_2\sin 2x)$; (4) $y=3e^{-x}-2e^{-2x}$; (5) $y=2\cos 5x+\sin 5x$; (6) $y=(2+x)e^{-\frac{x}{2}}$.

6. (1) $y=C_1e^{2x}+C_2e^{3x}-\frac{1}{2}(x^2+2x)e^{2x}$; (2) $y=C_1e^{-x}+C_2e^{3x}-x+\frac{1}{3}$;

(3) $y=C_1\cos x+C_2\sin x+2x+1$;

(4) $y=e^x(C_1\cos 2x+C_2\sin 2x)+\frac{1}{17}\cos 2x-\frac{4}{17}\sin 2x$;

(5) $y=C_1e^x+C_2e^{-2x}+\left(\frac{3}{10}\cos x-\frac{1}{10}\sin x\right)e^{-2x}$; (6) $y=C_1+C_2e^{2x}+\frac{1}{2}xe^{2x}$.

7. $y=(1-2x)e^x$.

8. $\varphi(x)=\frac{1}{2}(\cos x+\sin x+e^x)$.

9. $y''+4y=\cos 2x$. 10. 14. 11. $y=C_1e^x+C_2e^{-x}-\frac{1}{2}\sin x$.

习题 5.5

1. (1) 7 阶；(2) 4 阶.

2. (1) $y_x=\frac{2}{3}x^3-x^2+\frac{1}{3}x+C$；(2) $y_x=\frac{1}{2}x^2+\frac{5}{2}x+C$；

(3) $y_x=C2^x-2x^2-4x-5$；(4) $y_x=-4\left(\frac{1}{2}\right)^x+x^2-4x+8$.

3. $P_t=\frac{a+c}{b+d}\left(P_0-\frac{a+c}{b+d}\right)\left(-\frac{b}{d}\right)^t$.

4. 194.95 元.

5. $p(x)=-\frac{x+1}{x}$, $f(x)=2^x\cdot\frac{x-1}{x}$.

6. (1) $y_x=A_1(-1)^x+A_24^x$；(2) $y_x=(A_1+A_2x)(-2)^x$；

(3) $y_x=2^x\left(A_1\cos\frac{\pi}{3}x+A_2\sin\frac{\pi}{3}x\right)$；

(4) $y_x=\frac{1}{2}(-1)^{x+1}+8\left(\frac{1}{2}\right)^x+3x-\frac{15}{2}+\frac{2}{9}\cdot 2^x$.

7. $a=\frac{e-3e^2}{3}$.

习题 6.1

1. (1) $\frac{1}{2}(b^2-a^2)$；(2) $e-1$.

2. (1) 0；(2) $\frac{1}{2}$；(3) $\frac{\pi a^2}{2}$.

3. (1) $\int_0^1 x^2\,dx$ 大；(2) $\int_1^2 x^3 dx$ 大；

(3) $\int_1^2 \ln x dx$ 大；(4) $\int_0^1 e^x dx$ 大；

4. (1) $\pi\leqslant I\leqslant 2\pi$；(2) $\frac{\pi}{9}\leqslant I\leqslant\frac{2\pi}{3}$；(3) $-2e^2\leqslant I\leqslant -2e^{-\frac{1}{4}}$；

5. 0.

6. 略.

7. $f(b)(b-a) > \int_a^b f(x)\mathrm{d}x > \frac{f(a)+f(b)}{2}(b-a) > f(a)(b-a)$.

8. B. 9. A. 10. 略.

习题 6.2

1. (1) $2x\sqrt{1+x^4}$; (2) $\frac{3x^2}{\sqrt{1+x^{12}}}-\frac{2x}{\sqrt{1+x^8}}$;

   (3) $-\cos(\pi\cos^2 x)\cdot\sin x-\cos(\pi\sin^2 x)\cdot\cos x$; (4) $3x^2(\cos x-1)$.

2. $\frac{\mathrm{d}y}{\mathrm{d}x}=\frac{\cos x}{\sin x-1}$.

3. $\frac{\mathrm{d}y}{\mathrm{d}x}=\frac{\cos t}{\sin t}$.

4. (1) 1; (2) $\frac{1}{2}$; (3) $\frac{2}{5}$.

5. $x=0$.

6. $\sqrt[3]{36}$.

7. $f(x)=\frac{5}{3}x^{\frac{2}{3}}$, $a=-1$.

8. $f(x)=x+\frac{3}{4}x^2$.

9. (1) $\frac{\pi}{3}$; (2) $\frac{1}{2}(1+e^2)$; (3) $2\sqrt{2}$; (4) $\frac{11}{6}$; (5) $56\frac{3}{5}$; (6) $\frac{4\sqrt{2}-2}{\pi}$.

10. 略.

11. $f(x)=(x+1)e^x+C$. 12. $\frac{f'(a)}{2f^2(a)}$.

13. $e^{\frac{f'(a)}{2f(a)}}$. 14. $f(x)=x^2+\frac{4}{9}-\frac{10}{9}x$.

习题 6.3

1. (1) $\sqrt{3}-\frac{\pi}{3}$; (2) $\frac{\sqrt{2}}{2a^2}$; (3) $1-\frac{\pi}{4}$; (4) $\frac{a^4\pi}{16}$; (5) $\frac{1}{6}$; (6) $2(\sqrt{3}-1)$.

2. (1) $1-\frac{2}{e}$; (2) $\frac{1}{5}(e^{\pi}-2)$; (3) $4(2\ln 2-1)$; (4) $\frac{\pi}{4}-\frac{1}{2}$; (5) 4π.

3. (1) 0; (2) 0; (3) $\frac{\pi}{2}$; (4) $\frac{4}{3}$; (5) 0.

4. 2.

5. $\tan\frac{1}{2}-\frac{1}{2}e^{-4}+\frac{1}{2}$.

6. 1.

7. 略.

8. 略.

9. $f(0)=2$. 10. π^2-2. 11. 2. 12. $\frac{3}{4}$. 13. $\frac{1}{2}$.

习题 6.4

1. (1) $\frac{1}{6}$; (2) $\frac{3}{2}-\ln 2$; (3) 18; (4) $e+\frac{1}{e}-2$; (5) $\frac{9}{8}$; (6) $\frac{4}{3}$.

2. 4.

3. $c=\frac{1}{2}$.

4. $\frac{e}{2}$.

5. (1) $V_x=\frac{15\pi}{2}$, $V_y=\frac{124\pi}{5}$; (2) $V_x=\frac{\pi^2}{4}$, $V_y=2\pi$;

   (3) $V_x=\frac{19\pi}{48}$, $V_y=\frac{7\sqrt{3}\pi}{10}$.

6. $2\pi^2a^2b$.

7. 50, 100.

8. (1) 9987.5; (2) 19850.

9. 毛利润: 85; 纯利润: 75.

10. (1) $-\frac{5}{8}$; (2) $x=4$; (3) $C(x)=\frac{1}{8}x^2+4x+1$, $L(x)=5x-\frac{5}{8}x^2-1$.

11. (1) 略; (2) $\frac{8}{19}$. 12. $p=-\frac{4}{5}$, $q=3$. 13. 略. 14. 略.

15. (1) $V(\xi)=\frac{\pi}{2}-\frac{\pi}{2}e^{-2\xi}$, $a=\frac{1}{2}\ln 2$; (2) $(1, e^{-1})$, $S=2e^{-1}$.

习题 6.5

1. B; 2. A; 3. B.

4. (1) 收敛; (2) 发散; (3) 收敛; (4) 发散.

5. (1) 24; (2) $\frac{\sqrt{2\pi}}{16}$.

习题7.1

1. A 第四卦限；B 第五卦限；C 第八卦限；D 第三卦限.
2. A 在 xOy 面上；B 在 yOz 面上；C 在 x 轴上；D 在 y 轴上.
3. $x+y-4z+8=0$.
4. $x^2+y^2+z^2-2x-6y+4z=0$.
5. 略.
6. （1）球面；（2）旋转抛物面；（3）双曲柱面；（4）抛物柱面；
（5）椭圆抛物面；（6）平面.
7. （1）开集，无界集；（2）既非开集又非闭集，有界集；
（3）开集，无界集；区域.

习题7.2

1. （1）$D=\{(x,y)\,|\,x\geqslant 0,-\infty<y<+\infty\}$;(2) $D=\{(x,y)\,|\,|x|\leqslant 1,|y|\geqslant 1\}$;
（3）$D=\{(x,y)\,|\,x^2+y^2\neq 0\}$；（4）$D=\{(x,y)\,|\,x\geqslant\sqrt{y}\text{且}\ y\geqslant 0\}$;
（5）$D=\{(x,y)\,|\,y>x^2\text{且}\ x^2+y^2\leqslant 1\}$;(6) $D=\{(x,y)\,|\,x+y>0\text{且}\ x-y>0\}$.
2. （1）$f(x,y)=\dfrac{x^2(1-y)}{1+y}$；（2）$f(x,y)=\dfrac{x^2-y^2}{xy(x+2y)}$.
3. $f(x,y)=\mathrm{e}^{\frac{x^2+y^2}{2}}xy$; $f(\sqrt{2},\sqrt{2})=2\mathrm{e}^2$.
4. $z=x^2+y^2-2xy+2y$.
5. （1）ln2；（2）$-\dfrac{1}{4}$；（3）-2；（4）2.

习题7.3

1. （1）$\dfrac{\partial z}{\partial x}=3x^2y-y^3$，$\dfrac{\partial z}{\partial y}=x^3-3xy^2$；（2）$\dfrac{\partial z}{\partial x}=\dfrac{1}{2x\sqrt{\ln(xy)}}$，$\dfrac{\partial z}{\partial y}=\dfrac{1}{2y\sqrt{\ln(xy)}}$;
（3）$\dfrac{\partial z}{\partial x}=y[\cos(xy)-\sin(2xy)]$，$\dfrac{\partial z}{\partial y}=x[\cos(xy)-\sin(2xy)]$；
（4）$\dfrac{\partial z}{\partial x}=\dfrac{2}{y}\csc\dfrac{2x}{y}$，$\dfrac{\partial z}{\partial y}=-\dfrac{2x}{y^2}\csc\dfrac{2x}{y}$;
（5）$\dfrac{\partial z}{\partial x}=y^2(1+xy)^{y-1}$，$\dfrac{\partial z}{\partial y}=(1+xy)^y\left[\ln(1+xy)+\dfrac{xy}{1+xy}\right]$；
（6）$\dfrac{\partial u}{\partial x}=\dfrac{y}{z}x^{\frac{y}{z}-1}$，$\dfrac{\partial u}{\partial y}=\dfrac{1}{z}x^{\frac{y}{z}}\cdot\ln x$，$\dfrac{\partial u}{\partial z}=-\dfrac{y}{z^2}x^{\frac{y}{z}}\cdot\ln x$.
2. $f'_x(x,1)=1$.

3. $f'_x(1,1)=2e^2$, $f_y(1,0)=0$.

4. $\frac{\partial^2 z}{\partial x\partial y}=\frac{1}{y}$.

5. 略. 6. 略. 7. 略.

8. (1) $dz=\frac{\sqrt{xy}}{2xy^2}(ydx-xdy)$;(2) $du=yzx^{yz-1}dx+zx^{yz}\cdot\ln x dy+yx^{yz}\cdot\ln x dz$.

9. $-\frac{0.1}{3}$. 10. 减少约5cm.

习题7.4

1. (1) $\frac{\partial z}{\partial x}=e^{xy}[y\sin(x+y)+\cos(x+y)]$;$\frac{\partial z}{\partial y}=e^{xy}[x\sin(x+y)+\cos(x+y)]$.

(2) $\frac{\partial u}{\partial x}=2x(1+2x^2\sin^2 y)e^{x^2+y^2+x^4\sin^2 y}$;$\frac{\partial u}{\partial y}=2(y+x^4\sin y\cos y)e^{x^2+y^2+x^4\sin^2 y}$.

(3) $\frac{\partial z}{\partial x}=(x+2y)^{x-y}\left[\frac{x-y}{x+2y}+\ln(x+2y)\right]$;$\frac{\partial z}{\partial y}=(x+2y)^{x-y}\left[\frac{2(x-y)}{x+2y}-\ln(x+2y)\right]$.

(4) $\frac{\partial u}{\partial x}=2xf'_1+ye^{xy}f'_2$; $\frac{\partial u}{\partial y}=-2yf'_1+xe^{xy}f'_2$.

(5) $\frac{\partial u}{\partial x}=\frac{1}{y}f'_1$; $\frac{\partial u}{\partial y}=-\frac{x}{y^2}f'_1+\frac{1}{z}f'_2$; $\frac{\partial u}{\partial z}=-\frac{y}{z^2}f'_2$.

2. $\frac{\partial^2 z}{\partial x^2}=y^2f''_{11}+4xyf''_{12}+4x^2f''_{22}+2f'_2$; $\frac{\partial^2 z}{\partial x\partial y}=f'_1+xy(f''_{11}+4f''_{22})+2(x^2+y^2)f''_{12}$.

3. 略; 4. 略; 5. 略.

6. (1) $\frac{dy}{dx}=\frac{x+y}{x-y}$; (2) $\frac{\partial z}{\partial x}=\frac{yz}{e^z-xy}$, $\frac{\partial z}{\partial y}=\frac{xz}{e^z-xy}$;

(3) $\frac{\partial z}{\partial x}=\frac{1-(1-x)e^{z-y-x}}{1+xe^{z-y-x}}$, $\frac{\partial z}{\partial y}=1$; (4) $\frac{\partial z}{\partial x}=\frac{z}{x+z}$, $\frac{\partial z}{\partial y}=\frac{z^2}{y(x+z)}$.

7. $\frac{du}{dx}=\frac{\partial f}{\partial x}+\frac{y^2}{1-xy}\cdot\frac{\partial f}{\partial y}+\frac{z}{xz-x}\cdot\frac{\partial f}{\partial z}$.

8. 略.

习题7.5

1. (1) 极小值 $z(-4,1)=-1$; (2) 极小值 $z(1,1)=2$;

(3) $a<0$ 时有极小值 $z\left(\frac{a}{3},\frac{a}{3}\right)=\frac{a^3}{27}$; $a>0$ 时有极大值 $z\left(\frac{a}{3},\frac{a}{3}\right)=\frac{a^3}{27}$.

2. 存储投资6千元; 广告开支3千元; 最大收入额40千元.

3. $L(5,8)=16000$.

4. 极小值，$27a^3$.

5. 最大值$\sqrt{9+5\sqrt{3}}$；最小值$\sqrt{9-5\sqrt{3}}$.

6. 长、宽、高均为$\frac{\sqrt{6}}{6}a$时，体积最大，最大体积为$\frac{\sqrt{6}}{36}a^3$.

7. $x=100$，$y=25$；极大值为1250.

8. （1）$x=0.75$，$y=1.25$；（2）$x=0$，$y=1.5$.

习题7.6

1. （1）$\iint\limits_D (x+y)^2 d\sigma \geqslant \iint\limits_D (x+y)^3 d\sigma$；

（2）$\iint\limits_D (x+y)^2 d\sigma \geqslant \iint\limits_D (x+y)^3 d\sigma$；

（3）$\iint\limits_D \ln(x+y) d\sigma \geqslant \iint\limits_D [\ln(x+y)]^2 d\sigma$.

2. （1）$0\leqslant I\leqslant 2$；（2）$36\pi\leqslant I\leqslant 100\pi$.

3. 略.

4. $\frac{45}{8}$；5. $\frac{1}{2}$；6. $\frac{8}{3}$；7. 96；8. $\frac{1}{2}(e-1)$；9. $\frac{11}{15}$；10. $\frac{1}{45}$.

11. $\frac{4}{5}$. 12. 0.

13. （1）$\int_0^1 dx\int_x^1 f(x,y)dy$；（2）$\int_0^4 dx\int_{\frac{x}{2}}^{\sqrt{x}} f(x,y)dy$；（3）$\int_{-1}^1 dx\int_0^{\sqrt{1-x^2}} f(x,y)dy$；

（4）$\int_0^1 dy\int_{2-y}^{1+\sqrt{1-y^2}} f(x,y)dx$；（5）$\int_0^1 dy\int_{e^y}^{e} f(x,y)dx$.

14. $V=\iint\limits_{x^2+y^2\leqslant 1} |1-x-y| dxdy$.

15. $\frac{88}{105}$. 16. 6π.

17. $\pi\ln 2$；18. $\frac{32}{9}$；19. $\frac{16}{9}(3\pi-2)$；20. $\frac{3}{4}\ln 2$；21. $-6\pi^2$.

习题8.1

1. （1）$\frac{1}{2n-1}$；（2）$(-1)^{n-1}\frac{n+1}{n}$；（3）$\frac{x^{\frac{n}{2}}}{2\cdot 4\cdot 6\cdots(2n)}$；（4）$n\sin\frac{1}{2^n}$；（5）$\frac{nx^{n-1}}{n^2+1}$.

2. (1) $\frac{2}{n(n+1)}$; (2) $\frac{1}{4n^2-1}$.
3. (1) 发散; (2) 收敛; (3) 发散.
4. (1) 收敛; (2) 发散; (3) 发散; (4) 收敛; (5) 收敛; (6) 收敛.
5. $\frac{1}{4}$.
6. $\frac{3}{4}$.

习题 8.2

1. (1) 发散; (2) 发散; (3) 收敛; (4) 收敛; (5) $a>1$ 时收敛, $a\leqslant 1$ 时发散; (6) 收敛; (7) $p>1$ 时收敛, $0<p\leqslant 1$ 时发散; (8) 收敛.
2. (1) 发散; (2) 收敛; (3) 收敛; (4) 收敛; (5) 收敛; (6) 收敛; (7) 收敛; (8) 收敛.
3. (1) 收敛; (2) 发散; (3) 收敛; (4) 收敛; (5) 收敛;
(6) $b<a$ 时收敛, $b>a$ 时发散, $b=a$ 时不确定.
4. 略. 5. 略.

习题 8.3

1. (1) 条件收敛; (2) 绝对收敛; (3) 绝对收敛; (4) 条件收敛;
(5) 发散; (6) 绝对收敛; (7) $p>1$ 时绝对收敛, $0<p\leqslant 1$ 时条件收敛;
(8) 发散; (9) 绝对收敛.
2. 条件收敛.
3. 略.
4. $-3<a<1$ 时绝对收敛; $a<-3$ 或 $a>1$ 时发散; $a=1$ 时发散; $a=-3$ 时条件收敛.
5. (1) 否; (2) 否; (3) 否; (4) 是; (5) 是.
6. 略.

习题 8.4

1. A
2. $R=\frac{3}{2}$; $\left[-\frac{1}{2}, \frac{5}{2}\right)$
3. (1) $(-1, 1)$; (2) $(-\infty, +\infty)$; (3) $x=0$; (4) $(-3, 3)$;
(5) $\left(-\frac{1}{2}, \frac{1}{2}\right)$; (6) $(-\sqrt{2}, \sqrt{2})$; (7) $(4, 6)$.

4. (1) $[-1, 1)$; (2) $(-3, 3]$; (3) $(1, 2]$; (4) $(0, 1]$.

5. $s(x)=\dfrac{1}{(1-x)^2}$; 4.

6. $(-\infty, +\infty)$; $\dfrac{x}{2}(e^{\frac{x}{2}}-1)$; $2(e^2-1)$.

7. (1) $s(x)=\dfrac{1}{4}\ln\dfrac{1+x}{1-x}+\dfrac{1}{2}\arctan x-x,\ x\in(-1, 1)$;

(2) $s(x)=\dfrac{1+x}{(1-x)^3},\ x\in(-1, 1)$;

(3) $s(x)=\begin{cases}\dfrac{\ln 2-\ln(2-x)}{x}, & x\in[-2, 0)\cup(0, 2)\\ \dfrac{1}{2}, & x=0\end{cases}$.

8. (1) $1+\sum\limits_{n=1}^{\infty}(-1)^n\dfrac{(2x)^{2n}}{2(2n)!},\ -\infty<x<+\infty$.

(2) $\sum\limits_{n=0}^{\infty}(-1)^n\dfrac{x^{n+3}}{n!},\ -\infty<x<+\infty$.

(3) $\dfrac{1}{4}\sum\limits_{n=1}^{\infty}\left[(-1)^n-\dfrac{1}{3^n}\right]x^n,\ -1<x<1$.

(4) $\sum\limits_{n=1}^{\infty}\dfrac{(-1)^{n-1}2^n-1}{n}x^n,\left(-\dfrac{1}{2},\dfrac{1}{2}\right]$.

(5) $\sum\limits_{n=0}^{\infty}(-1)^n\dfrac{(2n)!}{(2^n n!)^2}x^{2n+2},(-1,1)$.

(6) $\sum\limits_{n=1}^{\infty}\dfrac{x^{4n+1}}{4n+1},(-1,1)$.

9. $\sum\limits_{n=0}^{\infty}(-1)^n\left(\dfrac{1}{2^{n+2}}-\dfrac{1}{2^{2n+3}}\right)(x-1)^n,\ -1<x<3$.

10. $\sum\limits_{n=1}^{\infty}\dfrac{(x-1)^n}{3^n},(-2,4)$; $f^{(n)}(1)=\dfrac{n!}{3^n}$.

11. $\sum\limits_{n=0}^{\infty}\dfrac{(-1)^n}{(2n+1)(2n+1)!}x^{2n+1},(-\infty,+\infty)$; $\sin 1$.

12. $\sum\limits_{n=2}^{\infty}\dfrac{n-1}{(n)!}x^{n-2},(-\infty,0)\cup(0,+\infty)$; 1.

13. (1) 0.6931; (2) 0.19737.

参 考 文 献

[1] 赵树嫄. 经济应用数学基础（一），微积分［M］. 3 版. 北京：中国人民大学出版社，2007.

[2] 同济大学数学系. 高等数学：上册，下册［M］. 6 版. 北京：高等教育出版社，2007.

[3] 朱来义. 高等学校经济管理学科数学基础，微积分［M］. 2 版. 北京：高等教育出版社，2007.

[4] 杨桂华，梁建英. 高等学校经济管理类数学基础课程系列教材，微积分［M］. 北京：高等教育出版社，2008.

[5] 吴赣昌. 大学数学立体化教材，微积分（经济类）：上册，下册［M］. 北京：中国人民大学出版社，2006.